AF341468

DOCTEUR GOUPIL

L'HOMME
ET SES MALADIES

ANATOMIE, MALADIES, HYGIÈNE
DU SEXE MÂLE

DOUZIÈME ÉDITION (avec di... royale)

Les notions nouvelles sur les Maladies ...
Microbes spécifiques, etc.) et les nouveaux ...
d'observation et de traitement, abortif et curatif, ont été
réunies en un Appendice (page 405) ajouté à cette dernière
édition. On trouvera également (page 409) à la fin de ce
... les renseignements et le questionnaire nécessaires
... le traitement par correspondance.

LE SEXE MÂLE

ANATOMIE — MALADIES — HYGIÈNE

DOCTEUR GOUPIL

LE
SEXE MÂLE

ANATOMIE — MALADIES
HYGIÈNE

Avec figures intercalées dans le texte

DOUZIÈME ÉDITION

PARIS

AU BUREAU DE PUBLICATIONS POPULAIRES

De Médecine et d'Hygiène

14, RUE DE RIVOLI, 14

ET CHEZ TOUS LES LIBRAIRES

SEXE MÂLE

PREMIÈRE PARTIE

LE SEXE MÂLE

Le sexe mâle comprend l'ensemble des organes qui, chez l'être fécondant, concourent à la fonction de reproduction de l'espèce et cette fonction elle-même.

Dans l'espèce humaine et chez les animaux supérieurs, l'appareil sexuel mâle se compose :

1° De glandes de sécrétion appelées Testicules, renfermées dans des enveloppes qui constituent les Bourses ;

2° De canaux d'excrétion qui portent successivement le nom de Canaux déférents, puis de Canaux éjaculateurs ;

3° D'un réservoir où le liquide fécondant s'accumule : c'est la Vésicule séminale ;

4° D'une glande annexe qui sécrète un élément accessoire de la semence, la Prostate ;

5° D'un organe chargé de porter ce liquide au sein de l'organisme féminin, c'est la Verge avec son canal d'émission, l'Urètre.

Quant aux phénomènes fonctionnels qui appartiennent au sexe mâle, ce sont :

1° La sécrétion du liquide fécondant, du Sperme ;

2° L'acte qui le met en rapport avec le germe féminin, c'est la Copulation ou le Coït ;

3° Le phénomène essentiel de la fonction génésique, c'est-à-dire la Fécondation.

Nous allons décrire ces diverses parties de l'appareil génital et les phases successives de la fonction de reproduction ; puis nous ajouterons à cet exposé quelques notions sommaires sur la formation du nouvel être, c'est-à-dire sur le développement de l'œuf et de l'embryon humains.

LIVRE PREMIER,

ANATOMIE

CHAPITRE PREMIER

Les glandes séminales et leurs enveloppes.

Les glandes séminales ou testicules sont deux petits corps glanduleux suspendus en avant et en bas du ventre, à la réunion des deux membres inférieurs.

Leur nom (qui veut dire *petits témoins*) vient de ce qu'ils sont les signes apparents du sexe mâle.

Ils ont la forme d'une amande; leur gros bout est tourné en bas et en arrière et leurs faces aplaties sont dirigées transversalement, de sorte que ces deux glandes semblent adossées l'une à l'autre, le long de la ligne médiane du corps.

Ils mesurent à peu près 5 centimètres de hauteur sur 3 de largeur, chez l'adulte; chez l'enfant ils sont réduits à une petitesse tout à fait disproportionnée avec les autres parties du corps.

Ils se composent d'un contenu, ou tissu propre du testicule, et d'une enveloppe de tissu fibreux très serré, très dense, d'une épaisseur de 3 à 4 millimètres au moins, qu'on appelle la tunique albuginée.

L'épaisseur de cette tunique augmente considérablement, et atteint jusqu'à 1 centimètre, 1 centimètre et demi, au bord postéro-supérieur de la glande, de celui qui est tourné vers le bas-ventre et par lequel pénètrent les vaisseaux qui la rattachent à l'organisme. C'est de ce bord aussi que partent des cloisons fibreuses, qui divisent une partie de la coque formée par l'Albuginée en lobes multiples, que remplit le tissu propre.

Celui-ci, par suite de cette disposition, forme une masse unique dans la moitié antérieure environ de son enveloppe et se trouve divisé en plusieurs faisceaux dans le voisinage du bord supérieur et postérieur de la glande.

Ce tissu propre présente, à l'œil nu, un aspect charnu, fibroïde, rougeâtre et peu compacte, analogue à celui du foie, mais le microscope y fait découvrir une organisation particulière, qui en fait un corps à part, dans la classe des glandes.

Il se compose, en effet, de canalicules très ténus, d'un calibre à peu près égal dans toute leur étendue, repliés, enroulés sur eux-mêmes et agglutinés avec les canaux voisins, au moyen d'un tissu cellulaire intermédiaire.

Alors que, dans les autres glandes, les canaux se terminent presque toujours par des cavités ou cellules à dispositions variables, ici la cellule glandulaire n'existe point. De ces canaux, des

unes se terminent purement et simplement en
cul-de-sac, sans augmentation de calibre, les
autres s'anastomosent, c'est-à-dire s'unissent
avec des canaux voisins, de façon à former des
anses, sans solution de continuité.

Enchevêtrés d'abord, dans une moitié environ
de leur masse, ces canaux se redressent, s'iso-
lent dans la partie cloisonnée du testicule. Alors
ils se réunissent deux à deux, pour former une
branche un peu plus grosse; deux de ces branches s'unissent à leur tour et ainsi de suite
jusqu'à ne plus former qu'une vingtaine de
canaux. Ceux-ci se dirigent tous vers la pointe
supérieure de la tunique qu'ils traversent en
arrière pour constituer, en se réunissant encore,
le canal d'excrétion que nous étudierons plus
loin.

C'est dans l'intérieur de ces petits canaux, qui
constituent l'élément glandulaire, que se fait la
sécrétion du liquide fécondant. On comprendra,
en étudiant la composition de ce liquide, pourquoi ces canaux sont si nombreux et pourquoi
ils ont cette longueur extraordinaire que dissi-
mulent leurs replis et qu'on hésite tout d'abord
à admettre, à cause du volume relativement restreint du corps glandulaire qu'ils constituent.

Le testicule est doué d'une sensibilité excessive et spéciale et sa situation l'expose à des
chocs fréquents; aussi la nature prévoyante l'a-

t-elle entouré de plusieurs enveloppes qui le protègent, non par leur résistance, mais par la rapidité des mouvements qu'elles peuvent lui communiquer : l'ensemble de ces enveloppes constitue les Bourses.

Elles se composent, en partant du testicule : d'abord, d'une tunique séreuse, dite Vaginale, qui, comme toutes les membranes de cette nature, est repliée sur elle-même de façon à former deux feuillets superposés, humidifiés par un liquide séreux qui, lubréfiant la surface du testicule, en facilite les glissements ; vient ensuite une membrane musculeuse, épanouissement d'un petit muscle attaché aux parois du ventre et qu'on appelle le Crémaster (crémaillère). Sous certaines excitations nerveuses, celle du coït en particulier, ce muscle se contracte, soulève le testicule et l'applique contre le bas-ventre, pour le préserver des chocs.

En dehors vient la tunique celluleuse, composée d'un tissu cellulaire extrêmement lâche, ce qui permet encore aux testicules de se mouvoir avec la plus grande facilité dans leur enveloppe cutanée.

Enfin, vient la peau elle-même, parsemée de poils, plissée en rides concentriques, et qui présente une extrême finesse, à peu près analogue à celle des paupières.

Cette peau est doublée d'un tissu musculaire

enchevêtré qu'on appelle le Dartos. C'est cette couche contractile qui, toujours dans un but de protection et sous certaines influences cérébrales, ratatine la peau des bourses et concourt, avec l'action du crémaster, à faire occuper, lorsqu'il en est besoin, le volume le plus restreint à l'organe délicat qu'elle renferme.

Toutes ces membranes s'adossent vers la partie médiane du corps de façon à constituer une cloison qu'on nomme Raphé, de telle sorte qu'il y a, en définitive, deux bourses comme il y a deux testicules.

CHAPITRE II

Les Canaux et Vésicules, la Prostate.

Le canal excréteur de la glande séminale porte le nom de canal déférent jusqu'à la vésicule séminale; à partir de cette vésicule jusqu'à l'urètre, dans lequel il se jette, on l'appelle canal éjaculateur.

Le canal déférent prend naissance à la pointe supérieure du testicule, à l'endroit où les divers canaux de la glande émergent à travers son enveloppe fibreuse; de là, tortueux, replié en anses nombreuses, il descend le long du bord postérieur, jusqu'au bout inférieur du testicule; arrivé là, il revient sur lui-même, remonte jusqu'à l'autre extrémité de l'organe, le long du même bord et c'est au point où il a pris naissance, qu'il s'en sépare enfin. Cette anse du canal déférent, accolée à la glande, forme ce qu'on appelle l'Épididyme (*sur-testicule*).

Après ces circonvolutions, le conduit séminal remonte directement vers le bas-ventre, constituant le noyau d'une réunion de canaux vasculaires et de nerfs, qui forment le cordon testiculaire; il pénètre avec eux dans le ventre par une ouverture qui s'appelle canal inguinal qui est le siège le plus fréquent des hernies; ensuite, il plonge de haut en bas dans le bassin, en passant derrière la vessie, et c'est là, près du bas-fond de cette poche, qu'il s'unit au canal de la vésicule séminale, pour constituer la deuxième partie du conduit testiculaire, c'est-à-dire le canal éjaculateur.

Ce qui frappe ici, comme pour les canalicules de la glande, ce sont les sinuosités de ce canal, dans sa partie épididymaire, et le long parcours qu'il fait ensuite pour revenir en quelque sorte à son point de départ. En effet, du testicule au confluent des canaux éjaculateurs dans l'urètre, il n'y a pas plus de 2 à 3 centimètres et pour les franchir, sans compter ses replis, le canal en parcourt au moins 30 à 40.

Ce fait tient à deux causes : d'abord la liqueur séminale ne sort point complètement formée de la glande ; elle s'élabore, les petits organismes qu'elle contient se complètent, dans tout le parcours de ces canaux et même dans la vésicule séminale. Ceci tient en outre au mode de développement des testicules : pendant la vie embryonnaire, ces glandes sont situées, non en dehors, mais en dedans du ventre, en avant des reins, et c'est au moment du développement complet de l'être, qu'attirés par un lien élastique qu'on appelle le *Gubernaculum testis* (gouvernail du testicule), ils sortent par l'orifice inguinal, entraînant derrière eux le canal déférent qui, nécessairement, se courbe pour suivre ce trajet.

Quant au diamètre de ce canal, il est également tout à fait insolite, en ce sens, qu'assez considérable extérieurement, il n'a qu'un calibre intérieur très étroit. Ainsi, il est à peu près de la grosseur d'une plume de pigeon et une aiguille à coudre peut à peine y entrer : cela tient à l'épaisseur considérable de ses parois, composées principalement d'une couche de fibres musculaires, entrelacées et revêtues d'un épiderme à cils vibratils.

L'épaisseur de ce conduit s'explique, d'ailleurs, par la compacité du liquide qui le parcourt et qui n'y peut cheminer que poussé par les contractions péristaltiques des anneaux musculaires qui le constituent. Lorsqu'en effet, par l'adjonction du liquide prostatique, le sperme s'est dilué, est devenu plus fluide, cette forte enveloppe musculaire lui fait défaut. Il est vrai de dire qu'à ce moment aussi, le liquide fécondant est soumis à la pression spasmodique d'autres muscles, qui ne se contentent pas de le faire cheminer dans le reste de son parcours, mais qui le projettent violemment, par l'acte qu'on appelle éjaculation. Ces muscles sont fixés à la dernière partie du canal excréteur des testicules, qui, pour cette raison, porte alors le nom de canal éjaculateur.

Dans sa partie extra-abdominale le canal déférent fait partie de ce qu'on appelle le cordon inguinal, mais il ne le constitue pas exclusivement ; autour de lui circulent l'artère, la veine et les nerfs du testicule, lesquels pénètrent dans la glande par son bord postérieur, entre les deux branches de l'anse de l'épididyme. La continuité de tissu entre le canal déférent et les canalicules de la glande explique l'extension fréquente des inflammations du testicule au cordon, de même que la communication du canal déférent avec l'urètre, que nous allons étudier plus loin, rend compte de la transmission non moins fréquente de l'inflammation de l'urètre au testicule, accident désigné banalement par cette locution populaire : chaude-pisse tombée dans les bourses.

Nous avons dit que le canal déférent venait aboutir derrière la vessie ; c'est là qu'il s'abouche avec un autre petit canal venant de la vésicule séminale.

Celle-ci est située en dedans du canal déférent, presque adossée à celle du côté opposé ; elle se compose d'une petite poche de capacité étroite, repliée sur elle-même, de façon à former des circonvolutions multiples et à n'occuper en longueur qu'une étendue de 4 à 5 centimètres, sur 1 à 2 centimètres de largeur. Sa contexture est à peu près analogue à celle du canal déférent lui-même, dont elle semble n'être qu'un *diverticulum* ou branche accessoire. C'est à partir de

cette vésicule que le canal commence à changer
de caractère, c'est-à-dire que la couche musculaire perd un peu de son épaisseur, au bénéfice
du calibre du conduit.

Presque aussitôt, d'ailleurs, il entre dans la
glande Prostate dont il reçoit les canaux de sécrétion, puis il vient aboutir, par un étroit orifice, dans le canal de l'urètre, de chaque côté
d'une petite proéminence muqueuse qu'on appelle le *Verumontanum*.

La Prostate est un petit corps glandulaire,
gros comme une noix, ayant la forme d'un cœur
de carte à jouer, dont la base est tournée en arrière sous le bas-fond de la vessie, dont la pointe
est accolée, en avant, à la portion membraneuse
ou prostatique de l'urètre. C'est ce qu'on appelle une glande en grappe, ce qui veut dire que,
débarrassée du tissu cellulaire qui en agglomère
tous les lobules et vue au microscope, chacune
de ses parties présente l'aspect d'une grappe de
raisin, dont chaque grain est représenté par une
cellule glandulaire et dont les branches et la
tige sont les canalicules et les canaux de sécrétion ; tous ces canalicules, d'ailleurs, se réunissent deux à deux jusqu'à ne plus constituer
qu'une vingtaine de canaux qui s'ouvrent, les
uns dans les canaux éjaculateurs, les autres directement dans l'urètre. Ces derniers sont pro-
bablement la source de cette espèce de salivation

urétrale qui, dans l'acte du coït, précède le
phénomène de l'éjaculation.

Entre la prostate et le bulbe de l'urètre, on
trouve deux autres petites glandes, de la grosseur d'un haricot, ayant la même contexture
que la prostate, et s'ouvrant directement dans
l'urètre par un canal d'excrétion particulier.
Ces petites prostates secondaires qui, chez certains animaux, dépassent le volume de la prostate principale, portent le nom de glandes de
Cowper.

CHAPITRE III

Le Pénis et l'Urètre

Pour en finir avec la description des organes qui, chez le mâle, servent à l'acte de la reproduction, il nous reste à étudier l'organe de la copulation : le Pénis ou la Verge, avec son canal d'émission, l'Urètre.

La Verge se compose essentiellement d'une masse de tissu érectile, qu'on appelle corps caverneux. C'est un tube de tissu fibreux, épais et solide, imparfaitement cloisonné à sa partie médiane, terminé en arrière par deux branches qui finissent en pointes et s'insèrent solidement aux branches du Pubis (os du bassin).

L'intérieur de ce tube est rempli par une masse de vaisseaux sanguins, d'un assez fort calibre, enchevêtrés, anastomosés, c'est-à-dire communiquant ensemble largement et traversant en beaucoup de points la cloison médiane, de manière à ne faire qu'un seul organe des deux moitiés du corps caverneux.

A son extrémité antérieure, l'enveloppe fibreuse cesse et fait place à une enveloppe muqueuse sous laquelle le tissu érectile se renfle en une masse cylindrique, légèrement aplatie et arrondie à son extrémité, qu'on appelle le Gland ; le point de jonction du gland et du corps caverneux proprement dit s'appelle la couronne du gland.

Jusqu'à cette couronne, le pénis est recouvert par la peau qui, en ce point, est fine, glabre et séparée du corps caverneux par un tissu cellulaire très lâche qui lui permet une grande mobilité. Elle s'avance en avant de la couronne en s'adossant à elle-même, de façon à former autour du gland une espèce de capuchon cutané qui s'appelle le Prépuce.

Après avoir formé ce repli, elle se continue, à la couronne même du gland, avec la muqueuse qui le recouvre : c'est à ce point de jonction que se trouvent la plupart des glandes sébacées qui sécrètent le mucus caséiforme dont le gland est sans cesse imprégné. Entre la peau et le corps caverneux circulent les vaisseaux et les nerfs qui alimentent l'organe.

Au-dessous de ce corps caverneux et inséré dans une espèce de dépression qui se rencontre dans toute sa longueur, au niveau de la cloison, est logé l'urètre.

C'est un canal commun à l'émission de l'urine et à l'éjaculation du sperme : il commence en avant du bas-fond de la vessie, par un orifice garni d'une épaisse couche de fibres musculaires, véritable sphincter qui ferme ou établit la communication entre le réservoir urinaire et le conduit, au gré de la volonté. Il se termine en avant par un orifice longitudinal, garni de chaque coté de petites tubérosités ou caroncules, c'est le Méat urinaire.

L'urètre mesure, entre ces deux points, une étendue variant de vingt à vingt-cinq centimètres ; il n'a point une direction rectiligne : dans sa partie vésicale, membraneuse ou prostatique, il descend en bas et en avant, arrivé sous l'arcade du pubis, il se relève et se dirige en haut jusqu'à son extrémité, si, toutefois, l'on suppose l'organe en état d'érection, et c'est cette direction qu'on doit imprimer à la verge, toutes les fois qu'on veut pénétrer dans le canal. Son diamètre est variable ; plus étendu à son extrémité postérieure où se trouvent les orifices des canaux éjaculateurs et prostatiques et à son extrémité antérieure où sa dilatation forme ce qu'on appelle la Fosse Naviculaire (c'est le siège d'élection des Blennorragies), l'urètre, dans le reste de son parcours, présente un calibre uniforme de 1 centimètre de diamètre environ.

L'urètre se compose d'une enveloppe cellulaire par laquelle il adhère fortement au pénis, et d'une couche de tissu propre, qui est aussi du tissu érectile, plus fin que le tissu érectile du corps caverneux.

Le gland que nous avons décrit avec le pénis est, en réalité, l'expansion du tissu érectile de l'urètre, adossé dans le canal lui-même au corps caverneux de la verge, il se compose comme lui de mailles plus fines que celles du corps caverneux du pénis.

Il existe en arrière, au point où la partie membraneuse de l'urètre fait place à la partie érectile ou spongieuse, une autre expansion terminale de ce tissu caverneux qu'on appelle le Bulbe et dont on sent très bien la saillie renflée en dessous et à la base de la verge, dans le phénomène de l'érection.

Ce système érectile de l'urètre, qui détermine la béance nécessaire de ce canal, au moment de l'éjaculation, est alimenté par des vaisseaux propres et n'a que des communications peu considérables avec le corps caverneux du pénis, c'est ce qui explique pourquoi, sous de certaines influences pathologiques (dans la blennorragie dite chaude-pisse cordée), il y a défaut de concordance dans l'érection de ces deux systèmes, d'où résulte une différence de longueur entre eux et, par suite, une douleur tout à fait caractéristique.

Le canal de l'urètre est revêtu d'une membrane muqueuse à épiderme pavimenteux, semée de quelques glandules et de quelques petits plis ou valvules transversales, qui rendent assez difficile la pénétration des instruments, surtout en avant, au niveau du sinus, où se trouve la plus grande de ces valvules.

Dans la partie membraneuse de l'urètre, la couche érectile disparaît ; la muqueuse restée seule, n'est plus soutenue et se plisse longitudinalement. Un de ces plis, le plus prononcé, renflé qu'il est par quelques glandes mucipares qui y sont logées, forme ce que l'on appelle le Verumontanum, relief muqueux sur les côtés duquel débouchent les canaux éjaculateurs et prostatiques.

LIVRE DEUXIÈME

PHYSIOLOGIE

CHAPITRE PREMIER

La Copulation,

Nous venons d'étudier tous les organes qui constituent le sexe mâle, nous allons maintenant décrire leur fonctionnement.

Nous avons dit que liquide fécondant était sécrété dans les petits canaux du testicule ; de là, ce liquide chemine, propulsé par les contractions de son enveloppe musculaire, dans toute l'étendue du canal déférent et vient s'accumuler dans la vésicule séminale, appendice indispensable, puisque la sécrétion étant continue, l'émission est intermittente.

Ce liquide peut être expulsé hors de ses réservoirs, soit spontanément par suite de la plénitude de la vésicule, soit par des manœuvres solitaires, soit enfin, dans l'acte physiologique auquel il doit concourir, c'est-à-dire dans le rapprochement des deux sexes ; c'est cet acte qui porte le nom de Copulation ou Coït.

Voyons comment s'accomplit ce phénomène.

Une sensation est perçue par le cerveau : la présence d'une femme désirée, la vue de certains tableaux, la lecture de certaines pages, la pensée seule ou encore une excitation directe des organes sexuels stimule la partie des centres nerveux qui préside à la fonction génésique, c'est-à-dire le cervelet ; de là, l'ordre part et l'organe viril se prépare à la copulation : l'Erection se produit.

Qu'est-ce que ce premier phénomène ? Comment le pénis, de flnet et flasque qu'il est normalement, devient-il tout à coup volumineux et dur ? Rien n'est plus simple ; nous avons étudié sa contexture ; nous savons que c'est une éponge vasculaire à cloisonnements multiples. Eh bien, sous l'influence de l'excitation vénérienne, le sang vient affluer au sein de ce tissu spongieux et en remplit les cavités ; au même moment, les muscles du périnée se contractent, pressent sur les vaisseaux de retour et emprisonnent ainsi dans le pénis le sang qui, distendant l'enveloppe fibreuse du corps caverneux, lui donne la rigidité d'un corps solide.

Si le désir est vif, une goutte de liquide d'aspect gommeux, apparaît à l'orifice du canal ; ce n'est pas du sperme encore, c'est du liquide prostatique qui s'écoule à l'avance, pour lubrifier l'organe. Si le rapprochement a lieu, la stimulation devient plus énergique et plus générale, les muscles des membres inférieurs y prennent part et amènent, par leur contraction spasmodique, inconsciente et involontaire, un frottement nécessaire. Bientôt la vésicule séminale entre à son tour en contraction, presse sur son contenu et l'expulse ; les muscles du périnée, violemment et subitement contracturés, chassent ce liquide, mêlé à l'humeur prostatique, et lui font

parcourir d'un seul jet toute l'étendue du canal
de l'urètre, rendu béant par l'érection de ses
parois : c'est l'éjaculation. Tous ces phénomènes
ne s'accomplissent pas sans être accompagnés
d'un violent ébranlement général : tout le système nerveux est en proie à une excitation qui
peut aller jusqu'à la douleur ; le sang afflue au
visage, tous les muscles sont tendus par une
contraction spasmodique et l'on a vu quelquefois cet éréthisme aller, chez les hommes à tempérament nerveux, jusqu'à la syncope et à la
convulsion. Toutefois, ce ne sont là que des
exceptions et, généralement, la copulation produit une sensation de plaisir, donnant un attrait
irrésistible à l'accomplissement de cette fonction
qui, sans cela, serait la plus rebutante et la plus
délaissée.

Y a-t-il, dans la dernière contraction, un contact intime entre l'orifice du méat et les lèvres
du col utérin, de façon à ce que le jet soit envoyé jusque dans l'intérieur de l'utérus? Le caractère des derniers mouvements spasmodiques
des membres inférieurs le ferait supposer.
Mais, si cet embrassement suprême des organes
est utile au but final de la copulation, il n'est
point indispensable, ainsi que nous le verrons
plus tard, en étudiant les phénomènes de la fécondation ; avant de les faire connaître, nous
allons exposer les caractères du liquide séminal.

CHAPITRE II

La Semence.

Quelle est la composition de ce liquide, dont l'émission met en jeu un tel appareil de forces physiologiques?

L'origine double du sperme se reconnaît manifestement à son aspect; on y retrouve, en effet, deux liquides plus ou moins parfaitement mélangés, l'un opaque, blanchâtre, adhérent comme de la colle de pâte, l'autre opalin, plus fluide et d'aspect gommeux; celui-là est le sperme proprement dit, celui-ci est le liquide prostatique qui s'y est ajouté.

Lorsqu'on examine ce dernier au microscope, on n'y remarque que les granulations muqueuses et les débris épithéliaux de tous les liquides muqueux; c'est dans la partie épaisse que se rencontrent les éléments propres du liquide fécondant, mêlés, là aussi, d'éléments granuleux et épidermiques.

Ces éléments spéciaux s'appellent Zoospermes ou Animalcules spermatiques; ce sont de petits corps filamenteux, d'une longueur de 3 à 5 centièmes de millimètre, présentant une extrémité renflée et une extrémité amincie, en forme de queue; on les a comparés, pour la forme, aux têtards de la grenouille; la tête, conique, terminée en pointe, est, dans sa partie la plus

large, d'une épaisseur de 3 millièmes de millimètre environ, c'est-à-dire double au moins du
plus fort calibre du corps. Le liquide séminal est
peuplé de ces petits animalcules.

Leurs formes tout à fait caractéristiques, les
distinguent déjà suffisamment de tous les autres
éléments organiques, mais ce qui en fait des
corps tout à fait à part dans l'organisme et ce
qui leur a valu leur nom, c'est qu'ils sont doués
d'un mouvement propre, comme de véritables
petits animaux, mouvement dont on a pu mesurer la vitesse : ils peuvent parcourir de 3 à 4
millimètres par minute, ce qui, par rapport
à leur longueur, est analogue à la vitesse de
natation des poissons les plus agiles. On a discuté longuement pour savoir s'ils sont ou ne sont
point des animaux : si l'on s'en tient aux défini-
tions jusqu'alors admises, ce sont évidemment
des animaux, car ils ne sont pas doués de mouvement sur place, comme les cils vibratils, par
exemple, mais ils ont en réalité, la faculté de lo-
comotion.

Ces petits organismes sont la partie fondamentale du sperme. Le sperme des enfants et des
vieillards, qui ne contient point de zoospermes,
est infécond. Chez les castrats, chez l'homme
comme chez les animaux supérieurs (car chez
tous les animaux supérieurs le mécanisme de la
génération est à peu près identique), et chez les

altérées, sous l'influence de certaines causes
morbides, la sécrétion spermatique est réduite à
un liquide séreux, où le zoosperme fait absolument défaut, et qui n'est doué d'aucune vertu
procréatrice. De plus, lorsqu'ils disparaissent, la
fonction dont ils constituent la cause primordiale, s'annihile, et les organes qui servaient
à cette fonction sont peu à peu frappés de décrépitude et d'atrophie. La présence des zoospermes dans le liquide séminal est donc le seul
signe absolu de la virilité; nous verrons plus
loin que l'apparition de cet élément caractéristique dans un liquide qui lui est normalement
étranger, dans l'urine, constitue aussi le signe
absolu de la maladie la plus grave de la fonction
génitale, de la spermatorrhée.

Comment sont formés ces petits organismes?
C'est le sang qui, ici comme partout, alimente la
sécrétion séminale. Les vaisseaux sanguins se
subdivisent en capillaires innombrables autour
des canaux séminaux; ils laissent suinter à
l'intérieur de ces canaux, par un phénomène
physique qu'on appelle endosmose, un liquide
chargé de principes organiques, lequel, dès
qu'il y est arrivé, subit une véritable organisation; on y voit, en effet, naître de petites
condensations de matière qui, peu à peu,
prennent l'apparence de cellules plongées d'un
liquide granuleux.

Plus tard, on voit la substance contenue dans
ces cellules spermatiques se segmenter; c'est-
à-dire se diviser et se subdiviser régulièrement
en deux, en quatre, et en un nombre toujours
plus grand de corpuscules; ces corpuscules
prennent bientôt la forme ovulaire, puis une de
leurs faces s'allonge en appendice caudal, et le
zoosperme est constitué.

Il y en a ainsi un nombre plus ou moins considérable pour chaque cellule spermatique et
c'est généralement en cet état, encore enfermés
dans leur vésicule de formation, quelquefois
même avant d'avoir acquis leurs caractères
essentiels que les zoospermes quittent la glande;
leur évolution se termine dans la vésicule séminale, où ils brisent leur enveloppe pour vivre
désormais d'une vie indépendante.

Ces cellules spermatiques, embryons de ce
qui sera plus tard l'embryon humain, ne se
rencontrent ni chez les vieillards, ni chez les
enfants, ni chez les adultes absolument inféconds; elles existent et elles existent seules, au
contraire, sans traces de zoospermes complètement formés, chez les adolescents au début de
la puberté, chez les vieillards bien avant la
perte absolue de la fonction sexuelle et chez les
hommes dont l'infécondité n'est point encore
radicale; on voit que la faculté de fécondation
est entièrement subordonnée à l'évolution des

zoospermes et qu'on peut en quelque sorte
mesurer mathématiquement la virilité d'après
leur degré de développement. Quant au nombre
des cellules spermatiques par rapport aux
zoospermes, il varie, non seulement selon
ces conditions d'âge et de santé, mais aussi
suivant le lieu où le sperme est recueilli. On en
trouve très rarement dans le sperme accumulé
dans la vésicule, et enfin le sperme pris dans le
testicule même ne renferme généralement que
ces cellules et très exceptionnellement quelques
zoospermes isolés.

On ne peut apprécier que très approximati-
vement la quantité de zoospermes contenue
dans la semence; ainsi, le champ du microscope, qui représente à peine la centième partie
d'une goutte de sperme, en montre toujours au
moins quatre ou cinq cents, se mouvant en
tous sens dans cet étroit espace.

CHAPITRE IV

La fécondation.

La fécondation résulte de la rencontre des deux éléments reproducteurs, le Zoosperme et l'Ovule; elle est le premier acte du développement du nouvel être.

La copulation, quoi qu'il paraisse, n'est point indispensable à la fécondation. Des espèces animales fécondent les œufs hors du sein maternel et la pisciculture établit qu'on peut procréer artificiellement ces espèces. Bien plus, des expériences faites sur des animaux supérieurs, sur des mammifères et même sur l'homme, démontrent qu'on peut de même les féconder artificiellement, en portant mécaniquement le sperme au sein des organes féminins profonds.

Nous disons que l'ovule et le sperme sont les éléments indispensables de la fécondation. Pour l'ovule, cela n'est point à démontrer : on a suivi, en effet, cet élément depuis sa séparation de l'ovaire jusqu'à son arrivée dans l'utérus, depuis ce moment jusqu'au développement complet de l'embryon, et l'on a pu constater que c'est aux dépens de sa substance que le nouvel être accomplit son évolution organique.

Il est indiscutablement établi aujourd'hui que le zoosperme est aussi l'agent unique et absolu de la reproduction. Et, en effet, toutes les fois que, par suite de l'âge ou d'une maladie, les zoospermes disparaissent dans la semence, la fécondation ne peut plus avoir lieu ; il en est de même, lorsque, en filtrant, on sépare les animalcules spermatiques du liquide où ils sont épars, ce liquide ne peut plus féconder tandis que les zoospermes isolés sur le filtre sont encore fécondants ; il en est de même enfin lorsque, par le contact d'un agent toxique ou par le passage d'un courant voltaïque, on a tué ces petits êtres.

Avant d'aborder l'étude des phénomènes de la fécondation, il nous paraît indispensable de donner un aperçu sommaire de l'appareil sexuel féminin et de la fonction génésique chez la femme.

L'appareil de la génération se compose dans le sexe féminin de deux petits organes glandulaires, où se développent les ovules ou éléments fécondables : ce sont les Ovaires ; d'une poche musculeuse, destinée à servir de lieu d'évolution au fœtus, la Matrice, et d'un canal de copulation, le Vagin, dont l'orifice extérieur s'appelle la Vulve.

Les ovaires ont une forme ovalaire ; leur grand axe est dirigé transversalement ; leur volume est à peu près égal à celui des testicules ; ils sont

placés dans le bas ventre, de chaque côté de la
matrice, à laquelle les attachent des replis liga-
menteux. Ils sont divisés en aréoles ou cavités
nombreuses et c'est dans ces petites cavités que
naissent et se développent les œufs. Chacune de
ces cavités se brise chaque mois et laisse
échapper le petit organisme qui est formé : c'est
leur rupture qui détermine le mouvement
fluxionnaire de la menstruation.

Entre l'ovaire et la matrice se trouve placé un
conduit musculeux, la Trompe de Falloppe ou
Oviducte, qui se termine, au voisinage de l'o-
vaire, par une espèce d'entonnoir découpé qu'on
appelle le Pavillon. Cette espèce de fleur charnue
s'applique sur l'ovaire au moment de la rupture
de la vésicule, et l'ovule tombe ainsi dans le
canal de l'oviducte qui le conduit à la matrice.

Celle-ci est une poche musculaire qui présente
la forme d'une poire aplatie d'avant en arrière
et dont la partie la plus élargie est tournée en
haut. Son extrémité inférieure, rétrécie, constitue
le col et vient saillir dans le fond du vagin.

Lorsque la matrice est en état de vacuité, ses
parois sont très épaisses et sa cavité fort étroite,
mais elle suit l'évolution du fœtus, pendant la
conception, et alors sa capacité s'agrandit et
ses parois s'amincissent, à mesure que l'enfant
se développe.

La cavité du col est extrêmement petite, elle

admet à peine l'introduction d'une aiguille à tricoter; elle se termine par un orifice entouré de reliefs charnus ou lèvres, qui constituent ce qu'on appelle le Museau de Tanche.

Le tissu de la matrice est très abondamment fourni de vaisseaux sanguins; d'un autre côté, la station assise qui place cet organe dans une position déclive, par rapport au tronc, y amène facilement et y maintient un afflux sanguin qui se transforme à la longue en congestion, puis en ulcération du col; c'est ce qui explique la fréquence de ces maladies chez les femmes trop sédentaires des villes; on peut affirmer que les neuf dixièmes des mères de famille en sont atteintes; heureusement que, contrairement à l'opinion populaire, ces affections ne sont nullement incurables.

Le canal vaginal est aplati d'avant en arrière; il est composé d'un tissu musculaire en forme d'anneaux et revêtu d'une muqueuse abondamment semée de glandes de sécrétion qui en lubrifient la surface, surtout au moment du coït; le liquide que ces glandes sécrètent sort quelquefois avant tant d'abondance qu'on croit assez généralement que les femmes ont, comme l'homme, une éjaculation de semence; il n'en est rien, ce liquide est une espèce de salive vaginale qui ne joue qu'un rôle accessoire dans la fonction de reproduction.

Le vagin se termine en avant par un orifice transversal et qu'on appelle la vulve.

Elle se compose des grandes et des petites lèvres, replis muqueux et cutanés, lesquelles se rejoignent en haut autour d'un petit corps qui constitue, chez la femme, comme un pénis rudimentaire, tout particulièrement doué de la sensibilité vénérienne et qu'on appelle le clitoris.

Immédiatement en arrière du clitoris et placé comme lui à la partie supérieure de la vulve se trouve l'orifice de l'urètre, lequel ne mesure qu'une longueur de 5 à 6 centimètres.

Entre la vulve et le vagin, on rencontre tout au travers un repli muqueux plus ou moins complet, c'est la membrane hymen; ce n'est pas un signe de la virginité, mais un signe qui peut faire défaut, car la conception et par conséquent le coït, a pu quelquefois avoir lieu sans aucun attouchement et, d'autre part, elle peut parfois se déchirer sans rapprochement sexuel, par l'introduction d'un corps étranger ou même par un mouvement brusque des cuisses.

Tels sont les organes qui, chez la femme, concourent à la reproduction et à la fécondation. Quant à l'élément reproducteur ou ovule, c'est un petit corps sphérique, mesurant un ou deux dixièmes de millimètre de diamètre; il se compose d'une première enveloppe transparente et

très épaisse, qu'on appelle la membrane Vitelline ; à l'intérieur se trouve une masse demi-
liquide, granuleuse, qu'on appelle le Jaune ou
le Vitellus, dans laquelle nage une autre sphère
assez fragile, la Vésicule germinative, contenant
elle-même un noyau opaque, qui porte le nom
de Tache germinative. Ces derniers éléments
disparaissent avec le développement complet de
l'ovule, et il ne se compose plus alors que du
vitellus et de la membrane transparente. Il se
garnit, en outre, dans son passage à travers les
trompes, d'une enveloppe albumineuse, analogue
à celle qui constitue le blanc de l'œuf des oiseaux.

Cette nouvelle enveloppe lui forme comme une
espèce d'atmosphère, et c'est dans cette couche
advenice que les zoospermes viennent s'unir à
l'ovule, ainsi que nous allons le voir.

Un et, quelquefois, plusieurs ovules se déta-
chent chaque mois de l'ovaire et par les oviductes
se rendent dans l'utérus ; c'est ce phénomène,
accompagné d'un mouvement fluxionnaire de
tout l'appareil, qui constitue la menstruation.

Revenons maintenant aux phénomènes de la
fécondation.

Nous savons que le sperme est propulsé vigoureusement en avant, par la contraction du
périnée et grâce à la béance du canal de l'urètre, en état d'érection.

On pense assez généralement qu'il est ainsi

lancé jusque dans la cavité utérine, mais ce fait nous semble tout au moins problématique; en effet, l'orifice du col, nous l'avons dit, est très étroit; il nous paraît difficile d'admettre que le jet de sperme, en masse, puisse le traverser, d'autant plus que le conduit en est le plus souvent obstrué par les flux muqueux sécrétés à la surface de l'utérus.

Nous pensons que les zoospermes sont seulement déposés au fond du vagin, à la surface du museau de tanche; ils progressent ensuite par un mouvement propre vers les parties plus profondes.

Ils peuvent parfois rencontrer l'ovule dans la matrice même, et s'y attacher; mais cela est rare, car l'ovule non fécondé, sitôt arrivé dans cette cavité, est rapidement entraîné ou détruit par les mucosités qu'elle sécrète; ils vont à sa rencontre dans les trompes et jusqu'au voisinage de l'ovaire et c'est là, à la surface même de ce corps, que le plus souvent ils pénètrent l'œuf et le fécondent.

Dès que les zoospermes ont rencontré l'ovule, ils entrent dans l'atmosphère albumineuse qui l'enveloppe; on les y a vus cheminer, circulant autour de l'ovule en nombre variable (depuis un jusqu'à cinq et six). Des observations plus récentes les ont montrés traversant la membrane vitelline et pénétrant jusque dans le vitellus; à ce moment la fécondation est accomplie. Mais à partir de ce point, peut-on savoir ce qui se passe au sein du petit organisme fécondé? Est-ce la zoosperme qui est le point de départ du petit être nouveau, et la substance de l'ovule, comme dans les espèces végétales, ne sert-elle qu'à son alimentation? Y a-t-il association, combinaison intime des deux principes, et quelle est la part de chacun dans la formation des organes de l'embryon? Nous allons examiner plus loin ces questions intéressantes.

En tout cas, au point de vue pratique, il résulte de ces données que le moment de la fécondation peut être plus ou moins éloigné de l'époque qui doit finir mais qu'il doit coïncider, dans une certaine mesure, avec la chute de l'œuf, c'est-à-dire, avec la période menstruelle, parce que les ovules ne peuvent être pénétrés par les animalcules spermatiques qu'après leur détachement de l'ovaire. En tenant compte de ce fait, en réservant le temps nécessaire au cheminement de la semence dans les voies profondes, on peut affirmer que, sauf de très rares exceptions, la conception a toujours lieu dans le voisinage de la menstruation, soit pendant sa durée, soit dans les cinq jours qui la précèdent, soit dans les cinq à huit jours qui la suivent.

La quatorzaine menstruelle est donc la période où le fait a le plus de chance d'être fécondant l'autre quinzaine, celle où il est, à peu près généralement, infécond.

Nous n'osons, dans une question de cette gravité, nous montrer aussi absolument affirmatif que notre conviction nous porterait à l'être; mais, en tout cas, les exceptions, s'il en est, sont si rares et si douteuses, qu'on peut admettre ce point comme une règle physiologique suffisamment établie. C'est une opinion très accréditée que la femme éprouve une sensation particulière au moment du coït, lorsqu'il est fécondant : l'étude de la fécondation prouve qu'il n'y a jamais simultanéité entre le coït et la conception, ce qui établit que cette opinion est mal fondée.

Les grossesses multiples sont dues à la chute simultanée et à la fécondation de plusieurs ovules; il y a, en effet, toujours un œuf par chaque enfant.

On a observé jusqu'à trois, quatre et même bien rarement cinq jumeaux dans l'espèce humaine, et les grossesses gémellaires paraissent parfois tenir à des conditions individuelles telles, que les mêmes femmes ont successivement plusieurs de ces grossesses.

Il se rencontre souvent des cas de grossesses multiples où, évidemment, l'un des produits était d'un âge moins avancé que l'autre. On a voulu imputer ce fait à des arrêts accidentels dans l'évolution de l'un des fœtus, mais il est indiscutable que la superfétation, c'est-à-dire la fécondation d'un nouvel ovule, dans l'utérus déjà occupé par un œuf en voie d'évolution, est un fait physiologique acquis, car souvent le deuxième enfant naît quelques mois après l'autre et complétement développé ; de plus, il y a des exemples de négresses accouchant de jumeaux de couleur différente, dus à des rapprochements sexuels distincts, accomplis à peu de distance les uns des autres. Le même fait a été observé pour des juments saillies successivement par un étalon et un baudet.

Une femme enceinte peut donc encore concevoir, bien rarement il est vrai, mais cela n'est point absolument impossible.

Les deux éléments et le zoosperme concourent donc à la formation de l'embryon ; il est impossible de dire lequel des deux a le plus d'influence dans la détermination du sexe de l'enfant. Certains auteurs ont voulu affirmer qu'on pouvait déterminer le mode de production des sexes ; les uns donnent à l'un ou à l'autre ovaire, à l'un ou à l'autre testicule, la propriété de produire l'un ou l'autre sexe ; d'autres l'attribuent à l'heure du coït, par rapport à la menstruation. Ce sont là de hautes fantaisies physiologiques auxquelles nous ne devons pas nous arrêter un instant.

CHAPITRE IV

L'Œuf et l'Embryon humains.

Que devient l'ovule fécondé? Quelles transformations successives subit-il pour passer, de ce premier état, à celui d'embryon, puis à celui d'organisme? Nous allons esquisser sommairement les diverses phases de cette mystérieuse évolution.

Lorsque les zoospermes pénètrent dans la substance granuleuse de l'œuf, ils s'y dissolvent, y perdent peu à peu leurs contours et s'unissent intimement avec le vitellus. Le liquide qui en résulte est le point de départ de phénomènes particuliers que nous allons faire connaître.

Le premier de ces phénomènes est ce que l'on appelle la Segmentation de l'œuf : nous devons dire que, si elle est la première manifestation qui suive la pénétration du genre mâle, on l'a observée aussi sur des œufs non fécondés.

Quoi qu'il en soit, voici en quoi il consiste : dans le vitellus, qui a présenté jusqu'alors un aspect uniforme, on voit se former deux, puis quatre, puis huit, puis seize, etc., concentrations de matière autour desquelles se développe bientôt une enveloppe, qui en fait autant de cellules

primitives ou embryonnaires. Bientôt l'ovule devient, sous l'influence de la fécondation, un
amas de cellules innombrables qui continuent à
pulluler et subissent des modifications que nous
ferons connaître. Ces cellules sont l'origine de
tous les tissus qui constituent l'être humain.

La segmentation s'accomplit dans la première
semaine de la fécondation et, pendant ce temps,
l'œuf, en se nourrissant, par endosmose ou pénétration des liquides maternels, à travers son
enveloppe, subit un accroissement de volume
qui porte son diamètre à un millimètre environ.
A ce moment, il est arrivé dans la matrice et s'y
trouve retenu par le repli de la muqueuse,
boursouflée par le mouvement fluxionnaire que
détermine la conception.

Les cellules primitives, qui occupent d'abord
toute l'étendue de l'ovule, se trouvent bientôt
refoulées à la circonférence et adossées à la
membrane vitelline, par suite de l'augmentation
continue du liquide granuleux que verse dans
son intérieur cette nutrition endosmotique; dans
les quinze derniers jours du premier mois, l'œuf
a acquis un volume mille fois plus considérable,
c'est-à-dire qu'il mesure à peu près 1 centimètre de diamètre. A ce moment les cellules
serrées contre les parois de l'œuf, ont, par ce
tassement même, pris la forme polyédrique et
forment deux couches superposées, concen-

triques à la membrane vitelline, ce sont les deux feuillets du Blastoderme, ou de la membrane proligère, qui, ainsi que l'indique son nom, est la partie de l'ovule qui va donner naissance à l'embryon.

C'est sur un des points de cette double membrane intérieure de l'œuf, que surgissent bientôt les premiers linéaments du petit être; ce n'est d'abord qu'une plus grande accumulation de cellules en ce point; cela présente l'apparence d'une tache, dite Tache embryonnaire, qui, circulaire d'abord, prend peu à peu une forme ovalaire. Les cellules qui la composent disparaissent ou plutôt se dissolvent et le résultat de cette dissolution, de cette espèce de liquéfaction des cellules, c'est un liquide amorphe qui porte le nom de Blastème (qu'on peut traduire par *Eau de germination*).

Le blastème est en effet le liquide générateur de tous les tissus; c'est dans son sein que se développeront graduellement nos os, nos muscles, notre cerveau, nos nerfs...

Avez-vous vu se former des cristaux dans une solution saline concentrée ou une masse d'eau se prendre en glace? Dans l'un et l'autre cas, on voit les aiguilles cristallines détacher leurs contours de la masse liquide, se réunir à des aiguilles voisines, puis à d'autres nées de la même façon, c'est-à-dire, émergées spontanément de

l'élément liquide et, bientôt, cela prend l'apparence du sel solidifié en cristaux ou des dessins
variés de l'eau congelée.

Eh bien, dans ce blastème, résultat de la
liquéfaction des cellules génératrices, on voit de
même apparaître des formes vagues, des contours mobiles, qui s'accentuent peu à peu et deviennent, avec le temps, le cerveau, la moelle,
les nerfs, les muscles, les os, tout l'organisme
enfin de l'embryon.

La tache embryonnaire est visible dès le hui-
tième jour de la fécondation : jusqu'à ce moment,
elle a suivi les contours de l'enveloppe, mais
alors elle s'infléchit, elle s'incurve vers l'intérieur par le relèvement de ses bords et prend
l'aspect d'une petite nacelle dont la cavité est
tournée vers le centre de l'œuf. Une des extrémités de la nacelle grossit, ce sera la tête de
l'embryon, l'autre extrémité s'amincit au contraire, ce sera sa terminaison caudale. Enfin
ses bords tendent à se réunir de plus en plus
en enfermant la partie du feuillet interne du
blastoderme qui doit constituer les viscères,
puis ils ne laissent bientôt qu'une ouverture
qui se rétrécit graduellement et par où passent,
d'abord la vésicule ombilicale, plus tard l'allantoïde, en dernier lieu les vaisseaux ombilicaux
qui mettent successivement l'intérieur du petit
être en communication vasculaire avec ses di-

verses sources de nutrition. Cet orifice, c'est l'Ombilic (*vulgo* le Nombril).

Cette fermeture accomplie, vers la fin du premier mois, l'embryon, qui mesure alors 1 centimètre de longueur, a déjà comme une forme humaine; mais quelle apparence, toutefois, a cet être qui doit devenir plus tard le chef-d'œuvre de la création : une tête énorme, mesurant à peu près la moitié de la longueur totale du corps, fendue par une bouche sans lèvres, qui en fait presque tout le tour, laquelle est surmontée de deux fentes sans relief, qui seront les narines et flanquée, sur les côtés, de taches noirâtres et de petits trous, rudiments des yeux et des oreilles.

Quant au corps, il ne présente encore aucune division entre le cou, la poitrine et le ventre : c'est à ce moment qu'on y voit apparaître quatre petits renflements à peine visibles, aux endroits où, plus tard, pousseront les quatre membres.

Voici dans quel ordre apparaissent successivement les divers systèmes de l'embryon : on voit surgir tout d'abord au centre du petit organisme une ligne centrale (*la ligne primitive*), c'est le rudiment de la moelle épinière, auquel se rattachent peu à peu les filaments nerveux qui vont s'irradier dans toute son étendue. De même des vaisseaux sanguins naissent en divers points, s'étendent, s'abouchent puis se réunissent en un point central, point palpitant (*punctum saliens*), qui sera plus tard le cœur. Le cœur microscopique n'envoie d'abord dans les vaisseaux qu'un liquide granuleux, puis plus tard on voit apparaître, dans le sang embryonnaire, ses éléments fondamentaux, les globules.

A ce cœur aboutit une double circulation : l'une qui va porter dans tous les organes de l'embryon les principes nourriciers, l'autre qui va puiser ces principes, d'abord dans l'intérieur même de l'ovule, soit par les vaisseaux de la vésicule ombilicale, soit, plus tard, par ceux de l'allantoïde, puis, en dernier lieu, directement dans les vaisseaux maternels, par un mécanisme que nous allons expliquer.

Comment, en effet, se nourrit le petit organisme? Qui lui fournit les éléments de son accroissement? Tout d'abord il reçoit par endosmose, c'est-à-dire, par pénétration à travers les enveloppes de l'œuf, un liquide nourricier, exsudé à la surface de la muqueuse utérine; une première poche, l'allantoïde, provenant du feuillet interne du blastoderme et parsemée d'un réseau vasculaire abondant, puise ce liquide nourricier à la surface de l'œuf et le porte aux organes embryonnaires.

Plus tard une autre poche analogue, la vésicule ombilicale, remplace l'allantoïde dans cette fonction. Jusqu'alors l'ovule a été enchatonné dans des replis de la muqueuse utérine, bou-

rachée par le travail congestif de la fécondation ;
mais bientôt il contracte avec l'organe maternel
des liens plus étroits ; un des points de sa surface s'organise en une masse sanguine, divisée
en espèce de follicules charnues, lesquelles s'en-
chevêtrent avec des digitations analogues développées à la surface de la muqueuse utérine : ce
sont les deux Placenta, placenta fœtal et placenta
maternel, dont l'ensemble plus tard formera le
Délivre. C'est dans cet organe que se fait la transmission du sang de la mère aux organes de
l'embryon, par l'intermédiaire des vaisseaux
ombilicaux.

Les muscles, les cartilages qui, plus tard, se dif-
férront pour former le squelette, apparaissent
peu à peu dans la masse du blastème, puis on
voit se former, aux dépens du feuillet interne du
blastoderme, les viscères intestinaux, qui, l'embryon étant alimenté par les vaisseaux maternels,
sont d'abord sans communication avec la bouche
et sans orifice anal, ce qui explique la fréquence
de l'imperforation de l'anus.

La dernière partie de l'intestin est, à ce moment, confondue avec l'appareil urinaire, en une
espèce de cloaque commun, et c'est vers le milieu de la vie intra-utérine qu'une cloison s'établit
entre eux.

Les organes sexuels externes se forment aussi
fort tard ; jusqu'au troisième mois, les organes

mâles et femelles sont identiques et il est impossible de distinguer le sexe de l'embryon; plus tard, certaines cavités se creusent, certains reliefs s'accentuent et le sexe s'établit. Il en est de même pour les organes sexuels internes dont le développement se fait, pour l'un et l'autre sexe, à l'intérieur du ventre, dans le voisinage des reins : la suture ou la non suture d'un canal (canal déférent ou oviducte, selon le cas), au corps qui représentera l'ovaire ou le testicule, fait le mâle ou la femelle, et c'est parce que cette détermination est tardive qu'on rencontre fréquemment des cas d'Hermaphrodisme apparent, dont nous aurons à nous occuper ultérieurement.

Les poumons restent, chez l'embryon, à l'état de petit champignon charnu jusqu'au jour de la naissance, où l'air en pénétrant leur substance leur fait emplir la cavité pectorale ; c'est à ce moment aussi ou quelques jours avant, que, chez l'homme, se déchire la membrane pupillaire, laquelle, on le sait, persiste encore, quelque temps après la naissance, chez certaines espèces animales.

Il est intéressant de suivre l'accroissement graduel de cet organisme qui part d'un infiniment petit, pour arriver aux proportions de l'homme adulte : voici un tableau qui donnera l'idée de ces dimensions, depuis celle de l'ovule

TABLEAU

DES

Dimensions moyennes de l'être humain, aux diverses phases de son développement.

Diamètre de l'ovule, à sa sortie de l'ovaire........	1er jour	0m,0002
Diamètre de l'œuf humain fécondé, arrivé dans la matrice........	8e jour	0m,001
Longueur de l'embryon à........	1 mois	0m,01
— à........	2 »	0m,02
— à........	3 »	0m,10
— à........	4 »	0m,20
— à........	5 »	0m,25
— à........	6 »	0m,35
— à........	7 »	0m,40
— à........	8 »	0m,45
Taille de l'enfant à sa naissance.	9 »	0m,50
— à........	1 an	0m,70
— à........	2 ans	0m,80
— à........	3 »	0m,85
— à........	4 »	0m,90
— à........	6 »	1m,00
— à........	10 »	1m,25
— à........	15 »	1m,60
— à........	20 »	1m,68

au moment de sa chute, jusqu'à celle de l'être humain, arrivé à son développement complet.

Les dimensions que nous donnons ici pour le
fœtus peuvent considérablement varier, mais
il faut se garder d'ajouter foi aux exagérations
répandues, dans un sens ou dans l'autre, sur le
poids et le volume de certains nouveau-nés.
L'enfant à sa naissance pèse habituellement de
3 à 4 kilogrammes, il peut aller au maximum à
5 ou 6 et ne peut, étant viable, peser moins de
2 kilogrammes.

On peut se rendre compte du volume total de
l'œuf, en ajoutant au fœtus celui du liquide
amniotique, dans lequel il est plongé, et qui, au
moment de la naissance est de 1 à 2 litres. Ce
liquide est enfermé dans une poche appelée
Chorion, laquelle est doublée à l'intérieur par
la membrane Amnios et renforcée, à l'extérieur
par un double repli de la membrane muqueuse
de la matrice, qui porte le nom de membrane
Caduque. Ce liquide ne sert en rien à la nutrition
du fœtus ; il constitue un coussinet liquide et
partant très mobile, entre cet organisme délicat
et la poche où il se développe. De plus, par la
rupture de l'enveloppe qu'il contient et qui constitue alors ce qu'on appelle la poche des eaux,
il humidifie le passage, et facilite l'expulsion du
fœtus, au moment de l'accouchement. Les membranes déchirées sont généralement expulsées
avec les deux placentas, qui portent le nom de délivre, plus ou moins longtemps après l'accou-

chement. Il n'est pas rare, toutefois, de voir le petit être emporter avec lui un morceau de la poche d'enveloppe, c'est ce qu'on appelle naître coiffé.

Que de choses nous aurions encore à dire sur cet intéressant sujet! Mais il est temps de passer aux questions pratiques, c'est-à-dire à l'étude des maladies qui, chez l'homme, peuvent atteindre et troubler l'importante fonction de reproduction.

DEUXIÈME PARTIE

MALADIES

Maintenant que nous connaissons bien ces organes et leurs usages physiologiques, il nous sera plus facile de suivre l'étude des diverses affections qui en peuvent altérer la contexture ou troubler le fonctionnement. De toutes ces affections, quatre dépassent toutes les autres en fréquence et en importance : l'Onanisme, la Spermatorrhée, la Blennorragie et la Syphilis ; aussi, leur consacrerons-nous une plus large part dans cette étude, mais nous ne justifierions pas notre titre si nous négligions les autres états pathologiques dont l'appareil sexuel peut être le siège ; nous les passerons donc tous en revue.

Pour apporter de l'ordre dans ce travail, nous avons divisé les maladies du sexe mâle en sept groupes, savoir : les Inflammations, les Flux, les Virus, les Parasites, les Affections organiques, les Vices de conformation et enfin les Perversions fonctionnelles.

Il nous paraît inutile de consacrer un chapitre spécial aux Plaies et Blessures, car nous n'avons qu'un mot à en dire, c'est qu'elles présentent les mêmes caractères et réclament

les mêmes soins que celles de toute autre
partie du corps, sauf lorsque la glande ou son
canal sont sérieusement endommagés, auquel
cas les conséquences peuvent être les mêmes
que celles de la Castration chirurgicale (voir
plus loin l'article Sarcocèle et Castration). Les
tumeurs sanguines du testicule ou Hématocèles,
spontanées ou déterminées par des contusions,
n'exigent également aucun traitement spécial :
on les traite comme les tumeurs sanguines des
autres régions.

LIVRE PREMIER

INFLAMMATIONS

CHAPITRE PREMIER

La Balanite.

Ce nom tiré du mot grec *Balanos* qui signifie gland, désigne l'inflammation du gland et de son enveloppe cutanée, le prépuce. C'est une affection assez fréquente, surtout dans la jeunesse et chez les sujets atteints de ce vice de conformation que nous étudierons plus loin, le phimosis, qui empêche le gland de se découvrir. La difficulté de nettoyer la muqueuse où s'accumule peu à peu le produit sébacé de la sécrétion, l'extrême sensibilité qui en résulte pour cette membrane et l'humidité continue dont elle est le siège, font que, chez ces personnes, le passage seul de l'urine peut parfois déterminer cette inflammation. Mais, d'autres causes, telles que le contact de vêtements rudes ou neufs, les attouchements répétés et brusques de la masturbation, le contact des liquides féminins, en l'absence des soins minutieux de propreté qui doivent suivre le coït, le contact des fleurs blanches ou du flux menstruel et enfin le contagium de la vaginite spécifique, peuvent encore faire naître cette affection.

Le gonflement du gland et la douleur sont les premiers signes de cet état pathologique ; puis, après quelques jours, on voit poindre, non à l'orifice du canal, mais à l'ouverture du prépuce, un pus jaunâtre qui augmente quand on presse la couronne du gland. Les bords du prépuce sont tuméfiés, rougis, recouverts de croûtes et très douloureux. Quelquefois l'irritation est assez vive pour amener une congestion des ganglions lymphatiques de l'aine; toutefois cela est beaucoup plus rare que dans l'urétrite.

La balanite est d'ailleurs une affection moins sérieuse, en général, que l'inflammation du canal et, sauf les cas où elle est symptômatique de manifestations syphilitiques à la surface du gland, elle guérit promptement sous l'influence de la médication suivante.

Il faut tout d'abord, pour combattre la balanite, faire disparaître la cause, et, si l'on se rappelle que presque tous les accidents de ce genre frappent les sujets dont le prépuce est mal conformé, on comprendra toute l'utilité de parer de bonne heure à ce défaut organique par un moyen que nous ferons connaître, la circoncision. En outre, l'observation rigoureuse des soins de propreté intime, surtout au moment du coït et particulièrement dans les rapprochements douteux, peut presque toujours en préserver. Quand l'inflammation est acquise, l'interposition d'un linge fin et souvent renouvelé entre les surfaces enflammées suffit habituellement pour faire cesser l'irritation. Sinon, des lotions émollientes d'abord (bains et lotions de graine de lin ou de guimauve), puis s'il le faut, astringentes (lotions avec l'eau blanche, la décoction d'écorces de chêne, etc.), ou même résolutives (solution de nitrate d'argent, de sulfate de zinc, etc.), seront prescrites. Dans les cas rebelles, et lorsque la conformation du prépuce le permet, on peut pratiquer la cautérisation superficielle avec la pierre infernale. Tels sont les moyens qu'on peut opposer à cette maladie. En cas de phimosis, les ablutions étant impossibles, il faut les remplacer par des injections sous la calotte préputiale. Quelquefois, dans ce cas, on est obligé de recourir de suite à l'opération de la circoncision ; mais cela est exceptionnel. Il est tout aussi rare que la réaction fébrile soit assez forte pour exiger une émission sanguine, des sangsues à l'aine ou à l'anus ; un régime doux, sans exagération, l'abstinence d'excitants alcooliques et autres, peuvent suffire le plus souvent. La suppression du vin et du café, si désobligeante pour les jeunes gens, en ce sens qu'elle trahit toujours un état qu'ils désirent dissimuler, est une mesure excessive, même en cas de blennorragie, à plus forte raison dans cette irritation qui n'en est, en somme, qu'un diminutif.

CHAPITRE II

L'herpès préputial, les végétations.

§ 1. — *Herpès.*

Disons un mot d'un bobo assez fréquent: l'herpès du gland et du prépuce; il a pour effet d'alarmer immédiatement les jeunes gens, qui y voient aisément l'ulcération primitive de la syphilis. Cet herpès, causé le plus souvent par l'oubli des soins de propreté ou par un coït irritant, a le même aspect que l'herpès des lèvres, vulgairement connu sous le nom de boutons de fièvre; comme lui, il se manifeste par de fines vésicules dont la pointe blanchit, se déchire et laisse échapper une sérosité qui forme croûte. Cette éruption se guérit d'elle-même et promptement; toutefois, dans l'indécision où est le malade sur son véritable caractère, il n'y a aucun inconvénient à l'attaquer, par prudence, avec une légère cautérisation au nitrate d'argent, pratique assez familière aux jeunes gens pour toutes manifestations suspectes des parties sexuelles; des lotions au vin aromatique ou avec quelque alcoolat de toilette constituent tout le traitement de cette légère dermatose, dont des soins hygiéniques plus attentifs préviennent facilement le retour.

§ 2. — *Végétations.*

Les végétations sont souvent aussi le résultat de la malpropreté; ce sont de petites productions charnues, de nature épithéliale, qui se développent à la surface du gland et affectent des formes très variables; on les appelle, d'après ces formes, choux-fleurs, poireaux, crêtes de coq, etc. Elles sont parfois, nous le dirons plus loin, une des conséquences de la blennorragie; enfin, il y a des végétations syphilitiques. Celles-ci réclament le traitement spécifique; quant à celles qui naissent spontanément ou sous l'influence de l'inflammation blennorragique, elles cèdent généralement à des applications d'une poudre composée par parties égales de sabine et d'alun (5 grammes de chaque), ou au badigeonnage avec la teinture d'iode, répété tous les deux jours. Rarement il faut en faire l'ablation, soit avec le bistouri, soit avec une ligature. C'est, en somme, un accident peu grave, qui inquiète surtout parce qu'on croit, à tort, qu'il se rattache toujours à l'affection syphilitique.

CHAPITRE III.

La Blennorragie

C'est le nom le plus usité, avec la qualification vulgaire de *Chaude-pisse*, de l'inflammation de l'urètre qui s'appelle encore Urétrite.

Elle est caractérisée par la rougeur, la turgescence, la sensibilité douloureuse de la muqueuse du canal de l'urètre et par l'écoulement plus ou moins abondant d'un pus qui remplace la sécrétion muqueuse de cette membrane.

§ 1. — Causes.

On croit assez généralement que la blennorragie est toujours due à une cause spécifique, au contagium d'un coït impur. Cette erreur trop accréditée amène fréquemment dans les cabinets des médecins, le conflit d'accuseurs et d'accusés, souvent aussi innocents les uns que les autres. Il est nécessaire de bien établir que, comme toutes les muqueuses, l'urètre peut s'enflammer par des causes multiples, en dehors de tout contact et qu'il est à peu près impossible de trouver, dans les caractères propres de la maladie, un signe distinctif de la blennorragie simple et de l'urétrite spécifique. L'examen des organes de la femme pourrait seul renseigner à ce sujet, s'il était possible de déterminer toujours lequel des deux contaminés a été le premier atteint, et il y aurait encore de nombreuses chances d'erreur. Aussi croyons-nous que l'origine d'une blennorragie ne peut jamais être déterminée, d'une manière absolue, comme celle de la syphilis.

En effet, l'abus d'excitants (condiments ou boissons), surtout l'abus de la bière, du thé, etc., l'acidité de l'urine, très ardente dans certains états physiologiques, des excitations morales vives, amenant des érections prolongées, les excès de masturbation, la pression de vêtements durs sur la peau si délicate de ces parties, des chocs violents ou répétés (coït avec une vierge, viol), et, par-dessus tout, le contact de toutes les sécrétions féminines, mêmes normales, lorsque, par l'abus des rapprochements sexuels, la pression est trop prolongée ou trop souvent répétée, toutes ces causes peuvent enflammer le canal urétral ; de même, lorsque les organes féminins sont le siège de cet état de phlogose physiologique, qui s'appelle la menstruation, ou de désordres pathologiques, engendrant des écoulements blancs ou purulents, les liquides qui les baignent peuvent irriter les muqueuses sexuelles mâles, alors même qu'ils respectent le canal urétral de la femme. Toutes

ces causes agissent bien plus souvent que le virus
blennorragique dans la production de la maladie, et nous sommes convaincu que, sur cent cas
de blennorragie, quatre-vingt dix fois, c'est
l'homme qui, par ses excès ou ses imprudences,
s'est donné à lui-même l'inflammation urétrale.
On serait, d'ailleurs, mal fondé à prétendre qu'une
blennoragie était de nature spécifique, parce
qu'elle a ensuite développé la contagion, car
l'inflammation simple de l'urètre donne naissance à un pus virulent.

Nous avons dit que l'abus des excitants ali-
mentaires, des condiments et des spiritueux peut
faire naître cette maladie ; c'est un fait de remarque, parmi les viveurs, que les épices, le
poivre, le piment, certains tubercules de haut
goût, les truffes, les aromates, c'est-à-dire la
cuisine très relevée des cabarets de grand luxe,
excitent les organes sexuels et stimulent tout
particulièrement la fonction génésique. Or, l'irritation succède facilement à l'excitation, et la
blennorragie est souvent la conséquence de
cette alimentation trop relevée.

Il en est de même des boissons alcooliques ;
si, à certaines doses, elles frappent en quelque
sorte la fonction sexuelle d'atonie, à des doses
moindres, elles la surexcitent et peuvent en
enflammer les organes. On a surtout remarqué
cet effet pour la bière, dont l'action est tellement

comme que, dans les pays du Nord, où il est
fait un fréquent usage de cette boisson, on connaît, dans le peuple, ce qu'on appelle la chaude-
pisse de bière.

Les vices de conformation des organes sexuels
et particulièrement le phimosis qui prédispose
à la balanite, rendent également les blennorragies plus fréquentes. On a dit que les affections dartreuses voisines, les hémorroïdes y pré-
disposaient aussi. Mais il est une prédisposition
générale tellement certaine, que de deux individus, voyant la même femme, l'un peut acquérir la blennorragie, tandis que l'autre reste
indemne ; cette disposition individuelle peut
tenir à la nature même des tissus et aussi à ce
fait, qu'une première chaude-pisse guérie expose
à en contracter d'autres facilement, mais elle
tient surtout au tempérament lymphatique,
qui voue ceux qui en sont affligés à la blennorragie, comme à toutes des purulences.

Le siège de prédilection de la blennorragie
est le canal de l'urètre, surtout dans sa partie
antérieure (fosse naviculaire); mais nous avons vu
que le prépuce et le gland y étaient aussi exposés,
quoique en proportion beaucoup moindre. Cette
différence s'explique par le caractère des deux
muqueuses ; l'une, restant cachée, se maintient
tendre et perméable, l'autre, lorsque du moins
le gland est bien découvert, finit par se durcir

au contact incessant des corps extérieurs, ce qui
lui fait acquérir des caractères analogues à ceux
de la peau et lui fait perdre, en partie, sa faculté
d'absorption. C'est qu'en effet le pus blennorragique, qu'il provienne d'une inflammation
simple ou d'une source contagieuse, pénètre
toujours par la voie des muqueuses et de certaines muqueuses seulement. La peau, non
excoriée, ne le peut absorber. Après la muqueuse qui recouvre la fosse naviculaire, viennent, pour la facilité d'absorption du pus blennorragique, d'abord le prépuce et le gland,
puis les parties plus profondes de l'urètre,
ensuite la muqueuse de l'œil, puis celle de l'anus
et enfin la peau, souvent excoriée chez les gens
obèses, des aines et de l'ombilic.

Il est à remarquer que la muqueuse buccale,
souvent exposée à son contact, reste réfractaire
à la contagion. Chez la femme, toutes les parties
du canal sexuel, et par ordre de fréquence, de
l'orifice valvaire à l'utérus, l'anus et l'œil y sont
exposées; l'urètre, chez elle, est beaucoup plus
rarement atteint et toujours, ou presque toujours, il l'est seulement quand la blennorragie
est contagieuse, en sorte que ce phénomène
pourrait peut-être fixer sur l'origine du contagium.

La virulence de ce pus paraît résider dans les
globules purulents, aussi lorsqu'à l'émission du

pus franchement inflammatoire succèdent le muco-pus, puis l'écoulement muqueux qu'on a appelé blennorrhée, la vertu contagieuse a graduellement décru et disparaît à la fin entièrement.

Ce contagium, contrairement à celui de la syphilis, pénètre directement à travers la muqueuse, sans qu'il soit besoin d'excoriation ou de déchirure, mais l'excitation et l'humidité produites par l'acte vénérien en rendent l'absorption plus rapide et plus certaine ; d'un autre côté, porté là, sans coït, soit par un linge, de la charpie, un instrument mal nettoyé et même par l'eau de toilette d'une personne contaminée, il peut parfaitement être absorbé et déterminer la maladie. On a remarqué, en effet, que l'eau peut conserver quelque temps (d'un à deux ou trois jours) les globules purulents et partant le virus blennorragique : c'est pour cela qu'il faut employer des liquides acidulés, alcalinisés ou alcoolisés et non de l'eau pure, dans la toilette prophylactique de la fin du coït.

Nous avons dit que la prédisposition individuelle était toute-puissante dans la production de la blennorragie, et que tout individu déjà atteint était, par cela même, plus exposé ; ajoutons que le contact prolongé de l'élément contagieux, la cohabitation continue avec une femme malade a pu souvent, on l'a observé, émousser

la propriété absorbante de l'organe, à ce point
que l'amant habituel reste indemne, où des
amants de passage sont infectés.

Cela tient peut-être à ce que, pour l'un, manquent habituellement et pour les autres, se trouvent réunies, toutes les conditions d'excitation
morale et physique, qui, nous l'avons dit, sont
les adjuvants les plus efficaces de l'infection
blennorragique.

§ 2. — *Symptômes.*

Le signe fondamental, pathognomonique, duquel dérive le nom même de la maladie, est
l'écoulement; les signes accessoires sont, comme
pour toute inflammation, la douleur, la rougeur,
le gonflement et les productions plastiques.
Nous allons les étudier successivement.

L'écoulement est essentiellement variable, selon l'intensité et le siège de l'affection. Dans les
urétrites franchement aiguës, dont le siège se
maintient le plus souvent à la fosse naviculaire
(car il est de remarque que plus l'inflammation
est violente, moins elle a tendance à s'étendre
dans la profondeur de l'urètre), le pus est abondant, jaunâtre ou verdâtre, bien lié, quelquefois
un peu rouillé par l'effet de quelques exsudations sanguinolentes; à mesure que la maladie
avance vers la profondeur, ou lorsqu'elle s'y dé-

veloppe d'emblée, le pus est moins épais, moins dense, il a, en un mot, presque dès le début, l'aspect du flux leucorréique ou du muco-pus.

C'est aussi le caractère qu'il présente dans les blennorragies légères, superficielles, qu'on désigne vulgairement sous le nom d'Échauffements. Plus l'état se prolonge, plus la nature de l'écoulement se rapproche de l'aspect du mucus, et bientôt, en effet, ce n'est plus qu'un flux muqueux surabondant, contenant toujours, mais en petite quantité, des globules de pus ; c'est alors la blennorragie chronique ou blennorrée.

La douleur, qui précède le plus souvent l'écoulement, souvent aussi ne vient qu'après et, quelquefois même, manque tout à fait : ces blennorragies indolentes ne sont pas aussi rares qu'on pourrait le croire. Mais le phénomène douleur prend parfois au contraire, un développement tel qu'il prédomine et tourmente terriblement le malade.

Cette douleur est, au début de l'affection, une sensation d'ardeur, de titillation dans le canal, puis, bientôt un sentiment de brûlure au passage de l'urine ; quelquefois lorsque la maladie s'est étendue jusqu'auprès du col, elle amène un état spasmodique de cet orifice, et il en résulte une difficulté d'uriner, d'autant plus pénible, que l'état du canal fait reculer devant l'emploi de la sonde.

Cette dysurie est beaucoup plus fréquente chez la femme à cause de la brièveté du canal.

Il est rare, d'ailleurs, que la rétention, amenée par cet état, exige absolument la sonde, les moyens ordinaires (bains de siège, injections et lavements calmants) suffisent le plus souvent, et il est possible d'épargner aux malades la douleur atroce et l'irritation consécutive du cathétérisme pratiqué dans ces conditions.

Outre la douleur à la pression, il y a une douleur lourde, gravative, continue, à la région périnéale, surtout quand l'inflammation a son siège dans la partie membraneuse de l'urètre.

La rougeur des parties enflammées accessibles à la vue, est très caractérisée : c'est le méat et ses bords, la muqueuse du gland et du prépuce qui chez l'homme en sont le siège. Cette rougeur, cette turgescence inflammatoire de la muqueuse peut aller quelquefois assez loin pour déchirer l'épithélium et donner lieu à des excoriations superficielles, qu'il ne faut pas confondre avec les ulcères spécifiques simples ou infectants de la syphilis.

Il n'est pas rare aussi de voir, par suite du défaut de soins de propreté, le contact du pus offenser la muqueuse du gland et y faire apparaître quelques petites éruptions herpétiques, surtout vers la limite extrême du bonnet préputial.

Le gonflement est manifeste, surtout aux deux lèvres du méat, qui doublent de volume ; on peut aussi apprécier à la main l'épaississement inflammatoire et la dureté du canal urétral, au point affecté, et c'est même cet engorgement et la douleur à la pression, qui peuvent faire reconnaître (ce qui n'est pas sans importance au point de vue du pronostic et du traitement) le siège précis de l'inflammation.

Cet état de phlogose, qui augmente l'épaisseur du canal urétral, peut souvent le raccourcir dans le sens de la longueur, de telle façon qu'il ne peut plus suivre la turgescence de la verge, dans le phénomène de l'érection. C'est cet antagonisme fréquent, entre le corps du pénis et l'enveloppe érectile du canal enflammé, qui constitue le phénomène qu'on appelle vulgairement *Chaude-pisse cordée*, laquelle est caractérisée par une douleur atroce à l'érection et la déformation de la Verge.

La blennorragie donne naissance à des exsudations plastiques, comme toute inflammation, et le canal des sujets qui en ont été atteints reste longtemps plus dur, plus épais, plus résistant sous les doigts. Quelquefois l'exsudation inflammatoire est de nature purulente, et devient la source d'abcès urétraux, qui peuvent percer en dehors ou en dedans et quelquefois des deux côtés, c'est l'origine des fistules urinaires, cette infirmité si pénible et si rebelle, que nous étudierons plus loin. Cet épaississement de la muqueuse, qui persiste parfois pendant toute la vie, n'est peut-être pas sans influence sur la facilité plus grande à contracter la blennorragie, qu'on remarque chez ceux qui l'ont eue une première fois. Lorsque l'exsudat plastique se fait à l'extérieur, il donne naissance aux végétations blennorragiques, dont nous avons parlé précédemment.

§ 3. — *Complications.*

Nous venons d'exposer les signes qui appartiennent en propre à l'urétrite; mais il est une série de complications qui peuvent s'y adjoindre et que nous devons étudier; ce sont les inflammations des organes voisins, des canaux éjaculateurs et déférents, des vésicules séminales, de l'épididyme et des testicules; ces inflammations des parties appartenant à l'appareil sexuel, seront étudiées en leur lieu; c'est aussi l'inflammation de la vessie ou de son col, celle des ganglions lymphatiques inguinaux, enfin l'inflammation de la muqueuse oculaire.

Il est d'autres complications consécutives, la blennorrhée ou blennorragie chronique, les rétrécissements, les fistules, qui seront aussi, dans ce livre, l'objet d'études spéciales.

Ne nous occupons ici que de ces trois inflammations consécutives à l'uréthite, la Cystite, l'Adénite inguinale et l'Ophtalmie blennorragique.

Quoi qu'on ait dit, il est absolument exceptionnel de voir une cystite générale, aiguë ou chronique, succéder à la blennorragie. Bien que contigu à la vessie, le canal de l'urètre, par ses caractères physiques et par ses tendances pathologiques, semble être plutôt la continuation du système spermatique ou sexuel que du système urinaire. Certes, il y a là un point de rencontre, comme entre les canaux aériens et digestifs, à l'isthme du gosier; mais, comme là aussi, il semble que la continuité histo-pathologique se maintienne; de même que les irritations du nez traversent le carrefour du gosier, pour descendre sur le larynx et les bronches, et rarement sur l'œsophage, de même les inflammations de l'urètre semblent s'étendre de préférence vers les canaux et organes sexuels et s'arrêter au seuil du réservoir urinaire.

Nous savons bien que quelques faits sont contraires à cette assertion et qu'on a décrit des cystites, des pyélites, des néphrites, d'origine blennorragique; mais combien compte-t-on de cas de ce genre et comment ont-ils été observés? Combien pouvaient n'être que des uréthrites déterminées, au contraire, par la cystite ou la néphrite, dont les produits irritent si facilement les canaux qu'ils traversent.

Si l'urétrite s'arrête presque toujours au seuil de la vessie, ce seuil lui-même, c'est-à-dire le sphincter vésical ou col de la vessie, est souvent atteint et nous en avons décrit les effets douloureux : rétention d'urine, hémorragie vésicale, etc. ; mais ce n'est à proprement parler que l'inflammation de la partie la plus profonde du canal, à son point d'union avec la vessie.

Les inflammations des organes sexuels, consécutives à l'inflammation de l'urètre, sont au contraire très fréquentes ; en somme, la maladie, conçue dans l'acte sexuel, limite le plus souvent ses progrès de voisinage aux organes propres à cet acte physiologique.

Il n'y a pas que les végétations qui soient un signe commun à la syphilis et à la blennorragie, et en voyant par combien de points ces deux affections, si éloignées pourtant dans l'ordre nosologique, se rapprochent en apparence, on comprend pourquoi il a fallu tant de travaux et tant d'efforts, pour établir la ligne précise de démarcation qui les sépare.

Les Bubons, ou inflammations des ganglions de l'aine, sont, en effet, une des complications les plus ordinaires de l'une et l'autre affection ; mais quelle différence de forme, de marche et d'état, entre les bubons simples et les bubons spécifiques!

Ne nous occupons actuellement que des premiers; nous ferons ressortir plus loin, en étudiant la syphilis, les caractères distinctifs.

Les bubons de la blennorragie présentent, purement et simplement, les caractères habituels de toute inflammation des ganglions lymphatiques; de même que les stomatites et les angines donnent lieu à l'engorgement des glandes sous-maxillaires et cervicales, de même que les plaies des mains et des bras irritent les ganglions de l'aisselle, que celles des pieds et des jambes donnent lieu à des inflammations des ganglions de l'aine, de même aussi l'état inflammatoire simple ou contagieux des parties sexuelles donne lieu à l'engorgement de ces mêmes ganglions dans lesquels vont se déverser les canaux lymphatiques de ces parties.

Cette inflammation est aiguë, c'est-à-dire qu'elle s'accompagne de douleur, d'augmentation de volume et même de rougeur à la surface de la peau voisine, quelquefois même, surtout si l'on ne prend point tout de suite des mesures abortives, elle peut finir par la suppuration. Quelle que soit, d'ailleurs, la nature de la blennorragie, cause de cette adénite, le pus qui y est recueilli est dénué de la propriété virulente. Cette complication qui effraye les malades, à cause d'un accident analogue déterminé par la syphilis, est assez rare et presque toujours l'adénite blennorragique se termine sans suppurer ; c'est donc un accident d'une moindre importance qu'on ne le croit.

Il n'en est pas de même de l'ophtalmie purulente, de cause blennorragique : il faut le dire très-haut, il est rare que cet accident n'entraîne pas fatalement les conséquences les plus graves, voire même la perte de l'œil, si l'on n'a pas recours, dès le début, aux agents les plus énergiques.

Il faut donc éviter, avec le soin le plus rigoureux, tout contact des doigts, du linge ou de l'eau de toilette avec le visage, pendant le cours de la maladie ; il se rencontre pourtant par milliers des jeunes gens, qui, par insouciance ou ignorance du péril, touchent les organes sexuels et s'imprègnent les doigts de pus, sans avoir le soin de se préserver de contacts ultérieurs par des ablutions, qu'il faut faire de suite, non pas simples et superficielles, mais avec du savon ou tout autre détersif sérieux. Il faut se rappeler que sagement circonscrite par une propreté méticuleuse, la blennorragie perd beaucoup de sa gravité et que au contraire, traitée par tous les agents possibles, elle peut, faute d'une attention suffisante, frapper des accidents les plus redoutables et celui qui la porte et tous ceux qui l'entourent.

c'est dire assez que tout médecin qui est appelé à soigner cette affection, doit apporter à l'entretien de ses instruments les soins les plus scrupuleux. Exagérer les précautions devient ici un devoir et, pour notre part, nous n'employons jamais un instrument d'exploration des parties sexuelles, sans qu'il ait préalablement subi le nettoyage complet qu'on appelle remise à neuf.

On peut trouver que c'est pousser trop loin le souci, mais qu'on songe aux mille recoins d'une sonde ou d'un spéculum, dans lesquels peut se nicher le globule virulent et qu'on réfléchisse à l'effroyable responsabilité d'un praticien qui peut, par cette voie (qu'il s'agisse du virus blennorragique ou du virus syphilitique), contaminer à tout jamais une personne absolument saine jusque-là; nous ferons la même observation pour les linges de toilette, dans les établissements publics, pour les sièges des cabinets d'aisances, pour les baignoires, pour tout ce qui, enfin, dans la vie ordinaire, sert à l'usage de plusieurs et se peut trouver en contact immédiat avec le tissu muqueux ou cutané.

Il arrive parfois que la blennorragie fait naître aux jointures des douleurs analogues à celles du rhumatisme, c'est l'arthrite blennorragique, qui, comme le rhumatisme, peut être local ou généralisé et présente des caractères identiques. Cette complication assez rare n'est

b.

pas sans gravité et il n'est possible de l'éviter qu'en soignant, dès le début, la cause qui la peut produire, c'est-à-dire la blennorragie. D'ailleurs le rhumatisme spécial à l'état blennorragique se traite comme le rhumatisme ordinaire.

§ 4. — *Marche et terminaison.*

C'est habituellement vers le quatrième ou cinquième jour après un contact impur ou les excès qui la peuvent engendrer que la blennorragie se manifeste, quelquefois le surlendemain, quelquefois beaucoup plus tard (jusqu'au quinzième jour et même, mais très exceptionnellement, au delà). La durée est essentiellement variable et subordonnée à l'intensité de l'affection, à l'état général du malade et surtout à la régularité, à la continuité du traitement. Il n'est pas, en effet, de maladie, comme nous le verrons plus loin, dont le traitement soit plus difficile à faire bien exécuter que celui de la blennorragie, et il est évident que cette diversité dans les soins doit entraîner aussi une grande variété dans les résultats.

Il est impossible de déterminer d'une façon rigoureuse la durée absolue d'une urétrite; on peut limiter à une semaine ou deux, au plus, la durée de la période franchement inflammatoire;

mais la persistance du flux muco-purulent qui lui succède, peut dérouter tous les calculs.

La terminaison de l'urétrite est heureuse quatre-vingt-dix fois sur cent, et c'est même ce qui engendre une sécurité trompeuse qui fait que beaucoup de malades la traitent légèrement; ce sont ceux-là qui sont voués à toutes les fâcheuses complications qui en aggravent le pronostic.

Il est impossible de méconnaître une blennorragie franche; le diagnostic ne peut donc porter que sur la blennorragie chronique ou goutte militaire, et sur le chancre urétral ou larvé, qui donne quelquefois lieu à l'écoulement d'un peu de muco-pus; nous établirons plus tard leurs caractères différentiels.

Quant au diagnostic entre la blennorragie contagieuse et la blennorragie simple, nous avons vu que ni les caractères, ni les recherches sur l'origine, ne peuvent donner de résultats absolus. Mais cette recherche diagnostique perd énormément de son importance, puisque l'une et l'autre, une fois déclarées, présentent les mêmes caractères et ont la même activité contagieuse.

§ 5. — *Régime et traitement.*

Le traitement de la blennorragie doit être ici exposé avec soin, car il n'est point de maladies plus fréquentes et il n'en est pas non plus que les malades hésitent autant à révéler, non pas seulement à leurs proches, mais même à leurs médecins.

La déplorable conviction que cette maladie est une faute et non un accident, alors que tout prouve que ce sont souvent les plus sobres et les plus inexpérimentés en plaisirs qui en sont frappés, fait que, de nos jours encore, si l'on ne fouette plus les malades atteints de cette affection, on les plaisante assez cruellement pour que la plupart s'en cachent avec une inquiète préoccupation.

Aussi est-il rare que les jeunes gens, les débutants dans ces tristes aventures, aient de suite recours à l'expérience d'un praticien; ils aiment mieux se droguer eux-mêmes et fort mal, prendre, au hasard, les spécialités multiples recommandées pour ces accidents, ou demander directement au pharmacien une médication dont il ne peut apprécier l'opportunité : le plus grand nombre, se fiant à la prétendue innocuité de certaines blennorragies, ne se soignent pas du tout, attendant naïvement que cela parte... comme cela est venu... Cela part bien, en effet, tout seul, mais en laissant, presque toujours, quelques-uns de ces souvenirs cuisants que nous avons énumérés à l'article complications, et qui, si, par elle-même, la blennorragie est une maladie relativement légère, sont des états pathologiques sérieux et persistants.

Pour réagir contre cette fâcheuse tendance, il faut déclarer très-haut que si une blennorragie bien soignée n'est rien, elle devient par elle-même, étant mal traitée ou abandonnée à elle-même, une source d'accidents fâcheux.

Il en est de l'inflammation de la muqueuse de l'urètre, comme de celle des bronches, et le bon sens populaire a toujours admis, sans conteste, la gravité particulière du *rhume négligé*.

Il faut rappeler (et l'étude précédente le démontre) qu'il y a autant de formes, autant de types, autant d'incidents de blennorragies que de malades et que, partant, le médecin seul peut en bien apprécier la nature et en combattre sérieusement les développements.

Il faut enfin établir que, si les bons vieux médecins du temps passé plaisantaient facilement leurs jeunes malades sur les accidents vénériens dans un pathos où Vénus et Mercure leur fournissaient des périphrases égrillardes, aujourd'hui tous les praticiens savent que, bien qu'il y ait peu de jeunes gens qui échappent à ces accidents de l'amour, il n'en est aucun qui ne puisse être frappé dans ses intérêts ou ses affections par une divulgation maladroite. Le monde ne sait établir aucune différence, entre les diverses affections des parties sexuelles et rien ne peut ébranler la vigueur d'un soupçon imprudemment semé; le praticien donc, qui, directement ou indirectement, par une allusion toujours comprise ou de quelque façon que ce soit, éveille l'attention sur les confessions de cette nature, ne commet pas seulement une haute inconvenance, mais un véritable délit, qualifié tel, par la loi, et nous ne croyons pas qu'aucun médecin, soucieux de ses devoirs, et habitué par sa pratique à la réserve que ces accidents réclament, soit capable de telles légèretés.

Cette loi tutélaire de la santé publique, en nous recommandant le secret professionnel, ne nous défend pas seulement de parler, mais elle ordonne implicitement au médecin de s'ingénier pour que rien ne puisse faire soupçonner le secret confié.

On peut le livrer par omission aussi bien que par commission, et l'un est aussi blâmable que l'autre; c'est donc avec une extrême habileté et une grande réserve que le médecin doit converser avec ces malades devant toute autre personne, quelles que soient les instances, il ne doit jamais révéler ni à leur famille ni à quiconque, sans leur aveu formel, la nature de leur mal; il doit enfin entourer ses correspondances de toutes les précautions qui, dans une petite ville surtout, sont indispensables pour donner une entière sécurité à ceux qui ont besoin de son concours. Mais, quelle que soit la sécurité qu'on leur donne, il n'en restera pas moins beaucoup de malades qui voudront se soigner eux-mêmes; nous devons, pour que du moins ils le fassent le plus rationnellement possible, exposer ici le traitement le plus simple, le plus pratique, des diverses phases de cette maladie.

Nous devrions commencer cette étude par l'exposé des moyens préservatifs de la blennorragie, mais leur importance est telle que nous avons cru devoir leur consacrer un chapitre spécial de ce livre.

Lorsque la blennorragie est déclarée, il faut de suite entamer le traitement curatif. C'est une profonde erreur de croire qu'il faut laisser couler une blennorragie; cette théorie mène tout droit aux complications. Dès le début, dès la première goutte de pus, il faut agir et c'est surtout alors qu'il faut, si l'on est prudent, recourir à l'intervention d'un praticien compétent, car il peut, par des moyens dont l'usage est interdit aux malades eux-mêmes, abréger beaucoup, couper, comme l'on dit, la blennorragie et cela, sans crainte d'accidents ultérieurs; il peut toujours, d'ailleurs, en agissant promptement, en atténuer les effets.

Les moyens à employer sont locaux ou généraux.

La médication générale ou interne de la blennorragie, celle qui est le plus à la portée du malade lui-même, a été déplorablement formulée.

Abstinence de boissons spiritueuses, même de vin, tisanes délayantes, rafraîchissantes, diurétiques, etc. Comment voulez-vous qu'un jeune homme entame tout d'un coup un pareil régime, sans dire clairement ce qui l'afflige ?

Il faut que les remèdes soient aussi discrets que le médecin, et il faut édicter, autant que cela se peut, des règles facilement applicables et facilement dissimulables.

D'ailleurs, cela se peut, car l'abstinence de vin, la seule mesure qui puisse être révélatrice, est complètement inutile et même nuisible... Il faut pour ces irritations purement locales, apyrétiques, continuer le régime habituel et se nourrir convenablement, boire de l'eau rougie et même un peu de vin pur, à la fin des repas, si on l'a fait jusque-là ; nous savons qu'ici nous heurtons une opinion fort accréditée, mais elle ne repose sur rien, elle est absurde au premier chef et elle fait que, ne pouvant, sans se trahir, exécuter la première prescription du régime, les jeunes gens désespèrent du reste et laissent le mal aller à sa guise.

Le café n'est pas non plus interdit, car, en réalité, il ne peut augmenter l'inflammation; or, le vin et le café sont les deux liquides usuels, ceux qu'il est difficile de supprimer sans se trahir.

Cette singulière proscription du vin, un excitant toujours utile, s'il est pris sobrement, et du café, un stimulant innocent, nous paraissent tenir encore aux anciennes idées sur les accidents vénériens : ne pouvant plus châtier les malades, comme jadis, on les met en pénitence, au pain et à l'eau : il faut s'affranchir de ce préjugé ridicule.

Quant aux autres boissons spiritueuses, les liqueurs, l'eau-de-vie, et surtout la bière, dont l'action diurétique spéciale est tout à fait défavorable, il faut, autant que possible, les supprimer ou tout au moins en restreindre beaucoup l'emploi.

Les jeunes gens peuvent toujours, avec un prétexte quelconque, remplacer ces boissons, non par ce sirop d'orgeat traditionnel, qui a toute la valeur d'un aveu, mais par les liqueurs sirupeuses étendues d'eau : cassis, curaçao, etc., etc.

Les tisanes ne servent en général pas beaucoup en médecine, et, pour la plupart, ce ne sont que des moyens plus ou moins ingénieux pour déguiser l'eau, qui en est le seul élément réellement diurétique; mais, dans le cas actuel, elles sont plutôt nuisibles, car la diurèse qu'elles amènent fait plus souvent agir les organes malades, ce qui est contraire à toutes les saines notions de thérapeutique.

Si l'on ajoute qu'elles demandent l'intervention de la famille, c'est-à-dire encore la révélation de l'accident, on comprendra la répugnance qu'ont les jeunes gens à y avoir recours.

Si, pendant la première période, le malade a besoin de boire entre ses repas, de l'eau pure ou mieux édulcorée avec un sirop balsamique quelconque, sirop de tolu, sirop de térébenthine, ou de l'eau de goudron, toutes préparations qui se peuvent faire à froid, pourront être administrées, mais il en est rarement besoin.

Le traitement débarrassé de ces deux points, il devient plus facile au malade de se soigner secrètement lui-même ou avec l'aide de son docteur.

Les vrais, les seuls médicaments de la blennorragie sont le cubèbe et le copahu et ces agents s'administrent heureusement, aujourd'hui, sous des formes tout à fait discrètes.

Ces médicaments agissent d'une manière générale sur l'organisme, mais aussi d'une façon locale, par les modifications qu'ils font subir à l'urine. Ils sont véritablement spécifiques de cette affection, mais il ne faut pas croire qu'ils réussissent à toutes les périodes de la maladie. Au début, quand elle est franchement aiguë, ils sont sans efficacité; aussi, jusqu'à ce que l'inflammation tombe, et que le muco-pus apparaisse, il n'y a, en dehors des moyens locaux, rien à prescrire à l'intérieur, si ce n'est les quelques sirops balsamiques que nous avons signalés plus haut.

Mais, après cette première période, c'est-à-dire quand la douleur et la tuméfaction ont cessé, leur efficacité est notable. Sous quelle forme et dans quelle proportion les donner? Toutes les formes sont bonnes, capsules, copahu liquide, opiat, copahine, etc., etc., toutes se valent ; toutefois, nous donnons toujours la préférence aux préparations qui renferment à la fois les deux éléments réunis.

Voici la formule de nos bols anti-blennorragiques.

BOLS ANTI-BLENNORRAGIQUES

Baume de Copahu	} de chaque..	25 centigrammes.
Cubèbe pulvérisé		
Cire blanche..........................		10 centigrammes.

Pour un bol. Faire fondre la cire et y ajouter successivement le copahu, puis le cubèbe ; ces bols ont la consistance voulue et, grâce à la cire, ne durcissent pas en vieillissant.

En prendre de 3 à 10, quatre fois par jour.

Si le malade préfère des capsules Mothes, Raquin ou autres, l'effet sera tout aussi satisfaisant, mais il devra en même temps prendre chaque jour une certaine quantité de cubèbe en poudre (2 à 8 grammes en quatre fois), ce qui est peu agréable. Il nous paraît inutile d'essayer isolément les deux principes, la pratique nous ayant appris que leur efficacité repose sur leur association.

Il ne faut pas oublier que le copahu peut donner une éruption cutanée, espèce de roséole qui effraye les malades par sa ressemblance avec la roséole syphilitique, mais qui est insignifiante et disparaît par la cessation momentanée de l'agent médicamenteux qui l'a fait naître.

Le traitement local consiste exclusivement en injections, car, par sa nature, cette inflammation ne réclame que très rarement l'emploi d'antiphlogistiques locaux, des sangsues au périnée par exemple, dont l'application est, avec raison, à peu près abandonnée.

Nous avons dit qu'il faut, dans cette maladie, intervenir tout de suite, mais c'est le médecin seul qui peut agir dès le début, car lui seul peut déterminer, d'après le siège et les caractères de l'accident s'il doit, oui ou non, recourir à la méthode abortive, couper, en un mot, la maladie.

En effet, quand l'urétrite est étendue à tout
le canal ou a son siège à la partie membraneuse
de ce conduit, cette pratique donne peu de résultats et peut, quoi qu'on en ait dit, être l'origine, en ces points, de cicatrisations vicieuses,
origines de rétrécissements ultérieurs ; ce n'est
donc que lorsque l'inflammation est aiguë et a
son siège dans la fosse naviculaire, à l'origine
du canal (point qui, par sa nature, se prête
moins à ces développements cicatriciels) qu'on
peut y recourir ; mais, là encore, sous peine
de ne donner aucun résultat sérieux, ou d'être
même dangereuse, l'injection doit être donnée
de certaine façon, avec de certaines précautions,
qu'un médecin seul peut connaître.

Toutefois, comme il y a des jeunes gens
devenus fort experts, par nécessité, dans le
traitement de ces maladies, pour eux, nous
dirons qu'il est important, lorsqu'on use de la
médication abortive, de ne pas injecter au delà
de la fosse naviculaire, à deux ou trois travers
de doigt du méat urinaire, ce qu'on obtient
facilement en comprimant le canal en ce point ;
le liquide employé est le nitrate d'argent cristal-
lisé, en solution concentrée, dans la proportion
de 1 gramme d'azotate d'argent, pour 30 grammes d'eau distillée.

Avec ces précautions, les injections cautéri-
santes sont généralement sans suites fâcheuses ;

mais, elles ont l'inconvénient d'alarmer le malade, et, sauf les cas d'urgence, par exemple la nécessité pour un époux coupable de guérir rapidement, on préfère attendre un peu plus, et recourir à des agents moins cuisants.

Ce sont les diverses injections astringentes : il y en a de toutes les façons, douces, d'après leurs inventeurs ou propagateurs, de vertus sans pareilles. Mais, au total, ces préparations sont toutes à peu près de même efficacité, et le mieux est de s'en tenir aux plus simples et aux moins coûteuses. Voici celle qui nous a toujours donné les meilleurs résultats, au début de la blennorragie :

INJECTION

    Sulfate de zinc.................... 1 gramme.
    Eau distillée simple ou mieux :
      Eau distillée de copahu.......... 300 grammes.

On peut y ajouter, si la douleur inflammatoire est vive : 20 à 40 gouttes de laudanum. Plus tard, quand la venue du muco-pus succède à la période aiguë nous prescrivons celle-ci :

INJECTION

    Sous-nitrate de bismuth............ 10 grammes.
    Eau distillée simple ou de copahu... 300 grammes.

Ajoutons à cette injection celle-ci d'un usage

plus commode : l'injection avec du vin du Midi ou autre, fort en tanin et pur, ou bien avec de l'eau additionnée d'une cuillerée à bouche de notre Cosmal pour un verre de liquide (l'injection de Cosmal pur est abortive autant que la solution de nitrate d'argent).

Quel que soit le liquide choisi, il est bon, l'injection lancée, d'appliquer sur le gland un dé à coudre où le liquide reflue et se répand, de façon à baigner les caroncules du méat toujours enflammées.

Les injections abortives doivent être rares, (tous les deux ou trois jours au plus), car il faut, pour recommencer l'opération, que l'escarre superficielle déterminée par une première injection soit tombée : ces dernières injections, au contraire, doivent être faites fréquemment, matin et soir au moins, trois fois et même quatre fois par jour, lorsque cela est compatible avec la situation ou les occupations du malade.

Résumons-nous : aussitôt pris de blennorragie, il faut se soigner; aller trouver le docteur est toujours de simple prudence, et cela devient d'absolue nécessité quand l'on veut faire avorter l'urétrite. Sinon, il faut recourir immédiatement et tant que dure la période inflammatoire (pus concret, jaunâtre, rougeur et douleur) à l'injection au sulfate de zinc; il ne faut prendre à l'intérieur, pendant cette première période, rien autre chose que de l'eau sucrée avec du sirop de térébenthine ou de tolu, ou encore de l'eau de goudron et ne supprimer de son régime habituel, que les alcools et la bière, le vin et le café pouvant être maintenus.

Ajoutons qu'un repos relatif (le repos assis est parfaitement suffisant), l'abstinence de rapports sexuels, imposée à tous les titres, le maintien des parties sexuelles à l'aide d'un suspensoir, ne font qu'aider à l'effet de cette médication, et empêchent les complications de surgir.

Dès que l'inflammation baisse, que le pus devient plus fluide, moins homogène, on doit recourir à l'injection au sous-nitrate de bismuth et à la médication interne, indiquée ci-dessus, c'est-à-dire au cubèbe et au copahu.

Voici le traitement des complications de la blennorragie. Contre les végétations suffit, le plus souvent, le traitement topique que nous avons fait connaître au chapitre précédent; quelquefois il faut recourir à l'ablation. Quand la difficulté d'uriner, accompagnée de besoins fréquents et de ténesme, fait craindre l'apparition de la cystite du col, le malade peut recourir de suite au camphre, qui est la partie fondamentale du traitement de cet accident. On en croque quelques petits grumeaux, jusqu'à un demi-gramme au maximum par jour, ou on peut recourir à cette formule, un peu complexe, mais très efficace.

PILULES

Camphre }
Thridace } de chaque............. 5 centigrammes.
Lupulin .... 15 centigrammes.
Extrait de belladone........... 1 centigramme.

Pour une pilule : en faire quantité nécessaire. En prendre 2 à 6 par jour (midi et soir), en augmentant graduellement, de deux en deux jours.

Le meilleur et le plus rapide mode d'administration, est dans ces cas, à cause même du voisinage du col de la vessie et du rectum, le lavement camphré, dont voici la formule, et dont un ou deux dans la même journée suffisent presque toujours, pour faire cesser cette dysurie pénible.

PRÉPARATION POUR 2 LAVEMENTS :

Camphre........................ 1 gramme.
Jaune d'œuf, n° 2.............
Eau............................ 300 grammes.

Il est bon de débarrasser préalablement l'intestin, par un lavement simple, avant de prendre celui-ci, qu'on doit d'ailleurs (c'est pour cela qu'on le formule de façon à faire un quart de lavement) garder le plus longtemps possible.

Pour les bubons d'origine blennorragique, il est rare qu'ils arrivent à suppuration, surtout si l'on a soin de les combattre promptement par le repos et des frictions fondantes, à l'iodure de potassium, ou à l'iodure de plomb, quand ils tendent à la chronicité.

POMMADES

Iodure de potassium ou iodure de plomb. 13 grammes.
Axonge benzoïné . . . . 30 grammes.

Si la suppuration arrive, il faut pour éviter les décollements, d'où résultent des cicatrisations apparentes, ouvrir vite et d'un fin coup de pointe de bistouri.

Pour ces complications, il est encore, à la rigueur, possible de se soigner soi-même, mais, pour l'ophtalmie blennorragique, ce serait s'exposer à perdre l'œil. Sitôt qu'un malade croit avoir touché l'œil, après un pansement, et avant d'avoir nettoyé ses doigts au savon, il doit de suite l'absterger avec de l'eau fraîche, ou mieux, avec de l'eau additionnée d'un peu d'alcool, ou de Cosmal ou d'eau de toilette, d'abord, et avec de l'eau fraîche ensuite. Ce lavage doit être fait de façon à pénétrer sous les paupières, car c'est par la muqueuse seulement que le virus peut pénétrer.

Si quelque temps après, un picotement, un

commencement de rougeur se manifestent, il
faut de suite voir un praticien et lui confier,
sans hésiter, la cause probable de l'accident :
prévenu à temps, il pourra souvent arrêter les
progrès de ce terrible mal; tandis que, par un
retard imprudent, on s'expose à une ophtalmie
purulente des plus redoutables, puisqu'elle peut
aller jusqu'à la fonte de l'œil. C'est par des cautérisations rapides, avec la solution de nitrate
d'argent, et par des onctions altérantes autour
des paupières qu'on pourra quelquefois s'en
rendre maître.

Nous ne devrions pas dans ce livre, consacré
exclusivement au sexe mâle, aborder le traitement des accidents vénériens de la femme; mais
le livre que nous consacrerons au sexe féminin
ne comportera que les maladies avouables,
non vénériennes, de ce sexe, il nous faudra
en éliminer toute expression crue, que ce
traité, au contraire, nous permet d'employer.
Nous dirons donc ici, en quelques mots, ce que
nous conseillons dans les accidents blennorragiques des femmes.

A l'intérieur, le traitement est identique à
celui que nous avons indiqué pour la blennorragie chez l'homme; les balsamiques, térébenthine,
goudron, copahu, le camphre, le cubèbe en font
les frais; et les doses et le mode d'administration sont les mêmes. Mais on a généralement

recours, pour les injections qui doivent être
très étendues et faites profondément, à l'alun,
au tanin, ou à des préparations riches en
tanin, principalement à l'écorce de chêne. Voici,
du reste, quelques formules qui peuvent s'appliquer à tous les cas :

DÉCOCTION

Écorce de chêne............... 60 grammes.
Eau.......................... 1 litre.

SOLUTION

Alun......................... 25 grammes.
Eau.......................... 1 litre.

SOLUTION

Tanin........................ 25 grammes.
Eau.......................... 1 litre.

Nous avons étudié les complications immé-
diates de la blennorragie, il nous reste à parcourir, et nous l'allons faire maintenant, les
complications éloignées, ce sont la blennorrée ou goutte militaire, les rétrécissements et
les fistules urinaires.

CHAPITRE IV

La Blennorragie chronique.

(Goutte militaire.)

Une des terminaisons habituelles de la blennorragie, surtout de la blennorragie négligée, est la blennorrée ou plutôt la blennorragie chronique, vulgairement appelée goutte militaire.

Cette affection consiste dans un écoulement intermittent, quotidien, ayant lieu le matin principalement, d'un liquide mucoso-purulent, se rapprochant beaucoup plus du mucus que du pus, et qui semble n'être qu'une sécrétion exagérée du mucus normal du canal; toutefois, il faut ici prendre garde, car plusieurs sources peuvent donner lieu à cet écoulement; ce fluide peut, en effet, provenir des canaux spermatiques, de la prostate et enfin du canal de l'urètre chroniquement enflammé.

L'examen microscopique du liquide peut seul fournir des données diagnostiques précises à ce sujet. Pour le cas où la goutte militaire est due à la sécrétion du liquide séminal ou prostatique, nous renvoyons à la spermatorrée et à la prostatorrée, car il convient de réserver exclusivement le nom de blennorragie chronique à l'écoulement provenant du canal de l'urètre.

C'est généralement vers la partie profonde de

l'urètre, dans sa portion membraneuse, que persiste cette irritation lente, atone, ce boursouflement apathique de la muqueuse; mais il n'est pas absolument rare de la rencontrer en d'autres points, vers le méat urinaire quelquefois.

Le muco-pus s'accumule surtout la nuit, et c'est généralement le matin qu'il est émis, sous forme d'une gouttelette d'apparence gommeuse, empesant légèrement le linge, mais non filante; c'est ce qui lui a valu son nom populaire de goutte militaire. Il n'y a généralement qu'une douleur peu appréciable, au passage de l'urine ou à la pression et un léger épaississement. Cet écoulement modeste, mais incessant, rebelle à toute médication, et qui, par cela même, alarme et irrite le malade plus qu'un accident sérieux, est presque l'unique signe de cette irritation. Si ce muco-pus ne peut être le véhicule d'une contagion, la muqueuse ainsi irritée n'en devient pas moins plus sensible à toutes les causes d'irritation et rien n'est plus fréquent que de voir, par les causes les plus légères, une blennorragie aiguë s'enter sur ces blennorrées interminables.

Ici, toute la médication étant subordonnée à la nature même de ce fluide, il faut tout d'abord savoir d'où il provient, et, nous l'avons dit, le microscope est tout-puissant à ce sujet, puisqu'il peut indiquer si ce liquide est du muco-pus ou le produit de la sécrétion prostatique ou enfin du sperme.

Les complications de cet état, s'il se prolonge, sont souvent, d'ailleurs, l'irritation de la glande prostate, ou des canaux séminifères, en sorte qu'avec le temps, quelle que soit la cause primordiale, on peut rencontrer réunis les éléments de cette triple inflammation.

D'autres complications peuvent encore la suivre. Cet épaississement de la muqueuse peut à la longue s'indurer, par le dépôt sous-muqueux de lymphe plastique, assez pour être appréciable au dehors, assez aussi pour obturer en partie le canal lui-même, et il n'est pas rare de voir ainsi les rétrécissements succéder à la blennorrée. Dans d'autres cas, au contraire, c'est le rétrécissement qui la fait naître. De même l'inflammation chronique donne lieu quelquefois à des fusées de pus sous la muqueuse, comme l'inflammation aiguë, et il en peut résulter des abcès et des fistules urinaires.

L'injection de sous-nitrate de bismuth, dont nous avons donné la formule et, à l'intérieur, les préparations balsamiques sont les éléments principaux du traitement de cette inflammation. Quand cet état est tout à fait rebelle à ces agents, et que la nature et le siège du mal sont formellement établis, la cautérisation locale, que nous décrivons à l'article spermatorrée, doit lui être opposée.

CHAPITRE V

Les Rétrécissements.

Quand l'inflammation, aiguë ou chronique, de l'urètre donne lieu à un dépôt de lymphe plastique qui s'organise dans l'épaisseur de la muqueuse, ou en dessous de cette membrane, il en peut résulter des brides fibreuses qui diminuent le calibre du canal, ce sont les rétrécissements. Si ce dépôt inflammatoire est purulent il en résulte des abcès urétraux, et à la suite, les fistules urinaires que nous décrirons plus loin.

Les rétrécissements de l'urètre peuvent être simples, doubles, multiples, rétrécir presque imperceptiblement le conduit ou l'obturer tout à fait, et, enfin, siéger dans toutes les parties de ce canal. Toutefois, la partie profonde ou membraneuse est leur siège d'élection.

Ils se présentent toujours sous la forme d'une bride fibreuse plus ou moins résistante, et embrassant une partie ou toute la circonférence de l'urètre, en forme d'anneau sous-jacent à la muqueuse; celle-ci, repliée sur cette bride, y est toujours plus ou moins épaissie et enflammée, surtout en arrière de l'obstacle et cette irritation donne lieu à cette sécrétion mucoso-purulente, qu'on observe dans presque tous les rétré-

cissements. Cette inflammation, lorsque l'obstacle
date de longtemps, peut s'étendre jusqu'à la
vessie elle-même, où le séjour plus long de
l'urine entraîne fréquemment une irritation ca-
tarrhale ou le dépôt de sédiments qui peuvent
être le point de départ de graviers et de calculs.
Le signe caractéristique du rétrécissement est la
difficulté croissante de l'émission de l'urine.
Quand le rétrécissement est peu serré, il y a ir-
régularité dans le jet, qui se fait en tire-bouchon,
se divise en deux filets, etc., etc. L'examen à
l'aide d'une bougie à bout olivaire, peut seul
donner une certitude sur l'existence du rétrécissement fibreux, car il y a des spasmes du col,
dits rétrécissements nerveux, qui simulent parfaitement les rétrécissements fibreux, et que
cet examen seul peut faire reconnaître. Il faut
se hâter de faire traiter les rétrécissements;
car, légers accidents au début, ils sont alors
beaucoup plus facilement curables, et d'ailleurs, de graves désordres, particulièrement
des fistules, peuvent en être la conséquence. Il
ne faut pas attendre que des rétentions complètes viennent avertir de l'aggravation de
l'obstacle, et de la nécessité du traitement; car,
alors, les moyens à employer, sont notablement
plus douloureux et moins certains qu'au début.
Ces moyens se réduisent à trois principaux,
dont nous allons successivement déterminer la

valeur, ce sont : 1° la cautérisation ; 2° l'incision ; 3° la dilatation. La cautérisation ne nous paraît utile que lorsque le rétrécissement, ou plutôt la dysurie, est causée par un boursouflement inflammatoire de la muqueuse, dans ce qu'on a appelé improprement les rétrécissements inflammatoires, et qui ne sont que de véritables blennorrhagies chroniques, dont la rétention d'urine est un symptôme. Toutefois, comme ce boursouflement inflammatoire accompagne très souvent des rétrécissements fibreux, et en augmente l'étroitesse, on peut y recourir à titre de moyen accessoire. Dans ces deux cas, on peut pratiquer la cautérisation, et c'est alors à l'instrument que nous décrirons plus loin qu'on doit avoir recours de préférence.

L'incision est, depuis quelques années, fort en vogue ; mais, nous ne partageons pas l'engouement de certains praticiens pour cette opération. Il nous semble contraire à toutes les données physiologiques, de penser qu'on peut élargir une bride fibreuse en la coupant. A moins de laisser dans la plaie, à poste fixe, un corps étranger qui maintienne l'écartement de la plaie et dirige la cicatrisation, il nous paraît que la coupure ainsi produite, doit se réunir, se cicatriser, et comme tout tissu cicatriciel, se resserrer encore et augmenter l'obstacle. Y laisser une sonde à demeure, c'est engendrer une suppuration longue, dont on ne peut prévoir les résultats, et qui, dans ce point où l'urine passe incessamment peut aller jusqu'à produire les accidents les plus redoutables : des abcès, l'infection urineuse, etc. Aussi réservons-nous la section des rétrécissements aux cas, tout à fait pressants, dans lesquels l'étroitesse du pertuis laissé libre, ne permet pas de recourir à la dilatation, qui est, et restera le moyen le plus sûr, sinon le plus rapide, de combattre ces accidents.

Dans les cas où l'incision est imposée par la nécessité de sacrifier la sécurité à la promptitude, c'est avec un instrument appelé Urétrotome que se pratique cette opération qu'on appelle Urétrotomie. C'est une sonde, de la cavité de laquelle un mécanisme fait surgir une lame tranchante, dès qu'elle est introduite dans le canal. La section faite, malgré l'inconvénient de laisser la plaie se cicatriser à sa guise et renouveler peut-être l'accident, nous ne croyons pas prudent de laisser une sonde à demeure ; nous nous contentons de l'introduire de temps en temps, et ce procédé suffit assez généralement pour empêcher la bride de se réformer.

Le procédé le plus sûr est la dilatation graduelle. On la pratique en introduisant, plusieurs fois par jour, dans le canal, une sonde d'un calibre de plus en plus gros. Ce procédé est long ; mais il donne des résultats décisifs, et il est généralement sans péril.

Un praticien seul et un praticien habitué à ces manœuvres, peut exécuter ce traitement, les accidents qui peuvent résulter d'un cathétérisme mal dirigé sont trop redoutables pour que le malade puisse tenter de faire lui-même ces opérations délicates.

CHAPITRE VI.

Les fistules urinaires.

Nous avons déjà expliqué le mécanisme de la formation des fistules urinaires ; ce n'est pas seulement le pus de l'inflammation de l'urètre, qui peut les faire naître ; l'introduction de l'urine, dans la plaie produite par une opération chirurgicale quelconque, ou dans la déchirure produite par un sondage inhabile, peuvent aussi être le point de départ d'un abcès. On voit avec quelle délicatesse doit être exploré ce canal, sans cesse traversé par un liquide irritant, aussi ne doit-on recourir à toutes les manœuvres directes sur les voies génito-urinaires qu'avec la plus grande réserve et quand tout autre moyen fait défaut. C'est pour cela que nous préconisons si fort l'étude chimique et microscopique de l'urine, qui peut souvent épargner au malade les douleurs et les dangers de ces recherches.

L'abcès développé, par l'une de ces causes, dans les parois du canal peut se guérir sans s'ouvrir au dehors et tous les efforts doivent tendre à ce but. Après les moyens de résolution ou de résorption habituels, la compression méthodique de l'abcès peut y aider, mais malheureusement ces abcès ont (par le fait même du passage de l'urine qui les remplit à tout instant), une funeste tendance à fuser au dehors et alors c'est la fistule.

C'est la fistule, c'est-à-dire une des infirmités les plus rebutantes, les plus déplorables, qui puissent frapper l'humanité, et aussi l'accident le plus rebelle à tous les efforts. Heureux encore quand le passage de l'urine n'est point incessant, comme lorsque la vessie elle-même est atteinte par le trajet fistuleux ; car, dans ce cas, le malade toujours baigné de son urine, à charge à lui-même et à tout son entourage, arrive bientôt à un véritable marasme, surtout quand une affection générale telle que l'albuminurie, ce qui est fréquent, a été l'origine de la fistule et en aggrave les conséquences. Quelquefois aussi, les abcès urineux donnent lieu, par la résorption de l'urine qui les baigne à une véritable intoxication générale, qu'on appelle l'infection urineuse et qui est presque toujours fatale.

Tout a été proposé contre ces accidents : mèches simples ou enduites de préparations altérantes dans le trajet fistuleux, injections, cautérisations à l'aide des agents déjà étudiés par nous ; mais on réussit rarement à les faire disparaître. Souvent, surtout contre la fistule vésicale, tout reste insuffisant, parce que le passage incessant de l'urine détruit l'œuvre des agents médicamenteux et renouvelle sans cesse l'irritation des parois du trajet.

En tout cas, les soins de propreté minutieux, le changement fréquent de linge ou l'adaptation d'un appareil collecteur de l'urine, sont des moyens palliatifs qui peuvent éloigner les symptômes généraux et diminuer la gêne que cause cette pénible infirmité.

CHAPITRE VII

L'Orchite.

Nous avons décrit les complications immé-
diates de la blennorragie ; mais elle peut avoir
d'autres conséquences éloignées, parmi lesquelles nous devons signaler les inflammations
des autres parties de l'appareil génital, qui nous
restent à étudier. On croirait que l'inflammation dût suivre, en se développant plus profondément, l'ordre même de ces diverses parties ;
que, débutant à l'urètre, elle dût successivement gagner le testicule, en parcourant les
canaux, depuis la prostate jusqu'à l'épididyme.
Il n'en est rien ; par un phénomène assez fréquemment observé dans d'autres systèmes, c'est
la glande elle-même qui est le plus fréquemment
atteinte d'inflammation sympathique. C'est ce
phénomène, qu'on désigne vulgairement par
cette phrase : *chaude-pisse tombée dans les
bourses.* Ce n'est que dans le cas de blennorragie aiguë, que ce phénomène se manifeste, et
quelquefois il semble qu'il y a un véritable
transport de l'inflammation, car il n'est pas
rare de voir l'écoulement urétral cesser ou du
moins notablement diminuer, quand l'orchite se
déclare. L'inflammation du testicule est une

affection douloureuse, à cause de l'étranglement que subit le tissu enflammé, enserré qu'il est dans une poche inextensible, la tunique albuginée. Toutefois, malgré sa résistance, ce tissu n'empêche pas l'organe d'augmenter de volume, dans une proportion notable, qui peut aller parfois jusqu'au double de son volume ordinaire. Bien que l'orchite puisse survenir par toutes les causes qui font naître les inflammations, un heurt, une pression quelconque, la fatigue, etc., elle est si généralement liée à la blennorragie, que les autres causes ne peuvent compter que pour de rares exceptions.

Lors donc que, dans le cours d'un écoulement aigu, et le plus souvent au début, le testicule est le siège de douleur, avec rougeur des bourses et augmentation de volume, il faut de suite songer à l'orchite et la combattre. En la prenant ainsi dès le début, on la réduit le plus souvent à un accident sans gravité, et elle cède assez vite aux antiphlogistiques, c'est-à-dire aux applications de sangsues, aux onctions altérantes et narcotiques (pommade à l'iodure de potassium belladonée) accompagnées d'un repos rigoureux, de la diète, d'un léger purgatif, s'il y a lieu, et de boissons émollientes. Peu à peu, les signes s'atténuent, puis disparaissent, et l'écoulement diminué ou interrompu par cet épisode, reprend habituellement son cours.

Quelquefois, pourtant, l'inflammation s'étend vers les canaux, et ces irritations nouvelles donnent lieu à des signes et ont quelquefois des conséquences dont il convient de dire un mot.

CHAPITRE VIII

L'inflammation des Vésicules et des Canaux.

L'inflammation de la première partie de ces canaux, ou épididymite, est fréquente; elle accompagne souvent l'orchite et présente les mêmes caractères; le même traitement lui convient. Mais cette inflammation présente cette grave particularité, que souvent les produits plastiques de l'inflammation s'accumulent dans l'étroit conduit séminifère et l'obturent, en y formant ce qu'on appelle les *tubercules du cordon*, ce qui, d'après certains praticiens, entraînerait fatalement une infécondité absolue pour ceux dont les deux épididymes ont été atteints.

On comprend quelle réserve il faut apporter ici; car l'infécondité du mari est toujours exposée à de fâcheux démentis. Cette réserve doit être d'autant plus grande, qu'à notre avis beaucoup de tubercules du cordon ne sont que des épaississements d'une partie des parois pouvant laisser, au milieu, un conduit capillaire suffisant pour le passage des éléments dont se compose le sperme. Si les globules du sang peuvent circuler dans les vaisseaux capillaires, il nous semble que le sperme peut aussi parcourir son

canal, quelque restreint qu'en soit le calibre.
Cependant il y a des cas d'occlusion absolue.

Quand l'inflammation gagne le cordon, et la
partie abdominale du canal déférent, les douleurs prennent le caractère d'épreintes, et c'est
par la pression sur le bas-ventre qu'on constate
l'étendue de l'irritation. C'est aussi sur le parcours de ce conduit qu'il convient alors de faire
les applications de sangsues et les onctions altérantes.

A notre avis, l'irritation peut également, soit
sous l'influence de la blennorragie, soit directement par l'abus des plaisirs sexuels, par la
continence trop prolongée, ou par l'onanisme,
atteindre la vésicule séminale; et nous pensons
que bien des cas de spermatorrée n'ont d'autre
cause qu'une inflammation aiguë ou chronique
de ce réservoir. On comprend, en effet, que l'inflammation, épaississant ses parois, obturant
son orifice, le sperme s'écoule sans trève, directement, à mesure qu'il est formé, et c'est le
caractère essentiel de la spermatorrée. Si ces
diverses causes peuvent amener l'atonie musculaire des canaux et des sphincters, elles peuvent
aussi enflammer les muqueuses de ces conduits.
Des faits nombreux nous ont démontré la réalité
et la fréquence de ces altérations. Dans des spermatorrées rebelles aux excitants nerveux, l'examen microscopique a décelé, dans le produit

de l'écoulement, un mélange de zoospermes et de globules purulents. Or, ces inflammations que l'examen microscopique seul peut faire découvrir (car il ne faut pas trop compter sur le palper rectal) ont, comme les inflammations de la vessie urinaire, une grande tendance à la chronicité, et résistent comme elles aux divers agents médicamenteux.

On voit tout de suite quelle est ici l'importance de ce mode de diagnostic, et l'utilité de la micrographie urinaire, puisque les agents qui peuvent réussir contre une spermatorrhée due au relâchement des conduits ne feraient qu'aggraver celle qui est de nature inflammatoire. Pour celle-là, les lavements émollients et tièdes, souvent répétés, les onctions altérantes et narcotiques, et enfin la cautérisation de la partie accessible, toujours consécutivement inflammée, c'est-à-dire de l'embouchure des canaux éjaculateurs, à l'aide du porte-caustique, sont les moyens indiqués, qui conviennent également, on le comprend, du reste, à l'inflammation de la partie prostatique des canaux éjaculateurs.

CHAPITRE IX

La Prostatite.

L'inflammation de la prostate est assez fréquente; elle est due le plus souvent à des excès,
quelquefois à des inflammations voisines. Elle
exerce sur le moral des malades une influence
qui a paru inexplicable à certains praticiens,
qui n'en ont pas vu, et n'en pouvaient voir la
cause.

La prostatite, qui très souvent prend le caractère de chronicité et devient la prostatite chronique ou prostatorrée, exerce, par suite de la
corrélation de fonction, une influence absolue
sur l'écoulement du sperme lui-même, en sorte
qu'il n'y a point (qu'elle soit cause ou effet) de
prostatite sans spermatorrée et, partant, sans
les caractères généraux si graves qui appartiennent à ce flux particulier. En vain prétendrait-
on que l'aspect gommeux du liquide éloigne
l'idée de la présence des zoospermes; il arrive
ici le phénomène observé dans l'acte vénérien:
le liquide prostatique, plus fluide, sort parfois
isolément; mais la partie séminale, plus compacte, reste dans le conduit, et l'examen microscopique de l'urine la fait parfaitement retrouver.

Donc, point de prostatique chronique, de

prostatorrée sans perte séminale, et de là la gravité, jusqu'alors inexpliquée, de cette inflammation. La douleur au périnée, l'augmentation de volume de la glande, l'écoulement, font facilement reconnaître cette maladie, qui réclame le traitement de toute inflammation : sangsues si elle est aiguë, frictions altérantes et autres si elle est chronique.

prostatorrée sans perte séminale, et de là la gravité, jusqu'alors inexpliquée, de cette inflammation.

LIVRE DEUXIÈME

FLUX

CHAPITRE PREMIER.

Les Pertes séminales.

On désigne sous ce nom l'écoulement involontaire du sperme. On l'appelle encore Spermatorrée, et nous nous servirons indistinctement de ces deux termes dans le cours de cette étude.

La spermatorrée est une des maladies les plus graves et les plus fréquentes. Si cette opinion a pu paraître exagérée à quelques praticiens, c'est que cette affection est aussi une des plus insidieuses et celle que les malades ont le plus de tendance à cacher.

C'est pour cela, et aussi parce que la spermatorrée est une affection encore mal connue et généralement mal soignée, que nous allons lui consacrer une étude aussi complète que possible.

Pour mettre un peu d'ordre dans ce travail, nous étudierons successivement les causes, les symptômes, les complications, le diagnostic et le traitement de la spermatorrée.

§ 1er. — Causes.

On peut diviser les causes de la spermatorrée en prédisposantes et occasionnelles.

Les causes prédisposantes des pertes sémi-

nales sont extrêmement nombreuses et se rapportent surtout à des caractères de faiblesse native dans les organes génitaux.

Nous avons fait connaître le mode de développement de ces parties, et nous savons que le
testicule accomplit son développement, pendant
la vie intra-utérine, dans l'intérieur même de la
cavité abdominale, au voisinage des reins ; à la
naissance, il descend dans le scrotum, qu'il
occupera désormais. Cette descente est généralement l'indice d'un développement complet de
l'organe.

Lorsqu'au contraire le testicule reste caché,
c'est qu'il a subi dans son évolution un temps
d'arrêt dont tout l'appareil subit le contre-coup.

L'absence apparente des testicules est donc
un signe de faiblesse génésique.

Dans ces cas, d'ailleurs, souvent le testicule
est déformé, atrophié, ramolli, et il est de remarqué que ces caractères fâcheux dans la contexture et l'aspect de la glande de sécrétion sont
une cause prédisposante sérieuse des pertes
séminales.

Il en est de même de certains défauts organiques ayant pour siège les parties occupées
par le testicule ou le cordon qui le nourrit.
Ainsi les varices du cordon (*varicocèle*) semblent,
en envahissant sur le calibre des vaisseaux testiculaires, entraver le développement de la glande,

et il n'est pas rare de voir le testicule corres-
pondant être d'un volume inférieur à ses dimensions normales. A cette insuffisance organique
peut se rattacher plus tard une déviation fonctionnelle analogue, la spermatorrhée.

Il en est de même encore de l'insuffisance de
développement des autres parties de l'appareil :
la petitesse du pénis, qui se manifeste par la
longueur du pli préputial, la largeur démesurée
du canal, son ouverture à la partie inférieure du
gland ou hypospadias, l'étendue des cordons
testiculaires, la largeur et la flaccidité de la peau
des bourses, tous ces signes visibles d'atonie
des organes sexuels apparents indiquent une
débilité réelle dans les organes profonds, et les
canaux et réservoirs séminaux sont habituellement flasques et relâchés chez ceux dont le
pénis et le scrotum ont si peu de ressort.

On peut également expliquer pourquoi un canal de l'urètre très élargi est une cause prédisposante des pertes séminales : il est en effet
permis de supposer que cette largeur inusitée
s'étend jusqu'aux canaux éjaculateurs qui s'y
déversent.

Tous ces caractères congénitaux constituent
de véritables prédispositions, mais sont insuffisants, le plus souvent, pour déterminer les
pertes ; mais que ceux dont les parties sexuelles
sont ainsi constituées se livrent au moindre

excès génésique, ou, au contraire, vivent dans une continence rigoureuse ; ainsi que ceux qui n'ont point de prépuce dès la jeunesse, par des habitudes de chasteté absolue ; qu'ils pratiquent, même avec réserve, la masturbation ; en un mot, qu'il survienne, dans le cours de leur vie, une cause déterminante quelconque, et ils deviendront spermatorréiques, tandis que ceux qui sont vigoureusement doués de ce côté peuvent impunément, en apparence, se livrer à tous les débordements sans qu'il en résulte rien. C'est même cette différence dans les suites, qui fait taxer d'exagérations les études faites sur tous ces abus et leurs redoutables conséquences.

Les viveurs bien doués ne peuvent croire que tant de maux puissent être la suite de ces excès auxquels ils se livrent sans accidents. Les praticiens seuls savent combien de malheureuses victimes payent ces abus d'une existence de misère.

Cette insuffisance organique et native de la fonction de reproduction procède souvent de l'hérédité, et elle est assez sensible, parfois, pour imprimer sur l'être tout entier un cachet caractéristique.

Assez généralement on voit, en effet, chez des sujets les hanches s'accentuer, le tissu adipeux, plus abondant, arrondir les contours, la voix rester grêle, le système pileux peu fourni ; en un mot, il semble que la diminution des conditions

fondamentales de la virilité amène aussi la perte
des formes caractéristiques du sexe mâle, en
sorte que ces hommes se rapprochent beaucoup
de la forme et des allures des femmes ou plutôt
des castrats.

Le rapport étroit qui existe entre l'appareil
génital et l'appareil urinaire, rapport dont nous
verrons tout à l'heure l'influence, comme cause
occasionnelle, se manifeste encore ici, et les
signes de faiblesse de la fonction urinaire peuvent
être tenus pour des indices sérieux qu'à l'époque
de la puberté la fonction génésique ne sera pas
bien vigoureuse. Ainsi les enfants qui ont des
incontinences d'urine un peu rebelles pourront
présenter souvent, à l'âge adulte, une incontinence de sperme.

On a même observé que ceux chez lesquels
une émotion morale vive se portait sur le col
vésical, y déterminait une constriction ou un
besoin pressant d'uriner, pouvaient voir la même
cause agir sur les vésicules séminales et leur
donner des pertes.

Entre tous ces signes de débilité, nous avons
dit qu'il fallait compter la disproportion entre le
volume du pénis et des testicules et l'étendue de
la peau qui les recouvre; ajoutons que la disproportion entre le calibre du corps caverneux de la
verge et celui du gland est aussi un signe fâcheux.

C'est le phimosis qui est le résultat immédiat

de cette longueur démesurée de la peau des parties, et nous verrons comment il peut provoquer des pratiques onaniques, et par elles les pertes séminales; mais il peut aussi les provoquer directement. Lorsque le prépuce recouvre complétement le gland et tombe au devant du méat, il garde, accumulée sous son repli muqueux, la sécrétion sébacée du gland. Ce produit, en se desséchant, devient acre et irritant pour ces parties délicates; l'irritation qu'il détermine peut engendrer des inflammations, des balanites et faire naître des adhérences entre le prépuce et le gland, qui ne font que consolider le phimosis. Mais ce séjour du dépôt sébacé que la toilette intime ne peut atteindre, puisque l'ouverture du prépuce s'y oppose, exerce une titillation sur tout l'appareil sexuel, qui s'étend jusqu'aux vésicules séminales.

Il peut paraître singulier que des excitations s'exerçant à la surface du gland, sur les parties sexuelles externes ou même, ainsi que nous le verrons plus loin, dans leur voisinage, à l'anus ou dans les voies urinaires, puissent influer sur la sécrétion séminale.

Rien n'est plus facilement explicable : tous les organes contenus dans le bassin sont sous la direction des mêmes nerfs, le plexus hypogastrique, et les troubles de l'une des parties se transmettent facilement par cette voie et par sympathie fonctionnelle à tous les appareils voisins. Mais il existe, de plus, un lien de continuité et de concours fonctionnel entre le gland et les canaux profonds. Ce corps caverneux n'est que l'expansion terminale du canal d'évacuation uro-séminal, et il est de remarque que toute stimulation opérée à l'orifice d'un canal de sécrétion exerce une influence sensible sur la fonction de la glande dont il procède. C'est ainsi que les agents sialagogues (poussant à la salive), font sécréter les glandes salivaires, en agissant seulement sur leur orifice de sécrétion; c'est ainsi que les purgatifs provoquent les contractions de la vésicule biliaire et l'évacuation de son contenu.

Ce que font là des excitants médicamenteux, l'excitation mécanique, déterminée par la présence d'un élément étranger sur le gland, la même pour la vésicule séminale. Sous l'influence de ce contact, elle se vide avant même d'être remplie, et cette évacuation est le point de départ de la spermatorrhée.

Cela est si vrai, que l'ablation de ces prépuces exubérants et l'enlèvement des dépôts irritants qu'ils recouvrent sont toujours suivis du rétablissement immédiat de la fonction, toutes les fois, du moins, que l'on recourt à ce moyen en temps utile. Il est impossible, en présence de semblables résultats, de nier le lien de cause à effet qui existe entre ce vice de conformation et l'apparition des pertes séminales. Il reste bien entendu qu'une cause déterminante, surtout l'onanisme, s'ajoute souvent à cette prédisposition; mais il n'est pas rare de voir les pertes naître sans autre cause appréciable que cette conformation fâcheuse des parties sexuelles.

A cet obstacle mécanique à l'écoulement de la sécrétion du gland s'ajoute encore, chez certains sujets, une âcreté particulière de cette sécrétion; en général, les enfants à tempérament strumeux, ceux dont l'enfance est vouée aux éruptions du cuir chevelu, aux engorgements de ganglions, aux maux d'oreilles, aux croûtes nasales, etc., voient, vers l'âge de la puberté, cette acrimonie constitutionnelle se porter vers les parties sexuelles, et des éruptions, des croûtes, des échauffements y surgir, sous la seule influence de l'âcreté du flux balanique. Chez ceux-là, la sécrétion du gland est non seulement surabondante, comme toutes celles du corps, mais elle est aussi douée de qualités irritantes toutes spéciales; elle est donc, par elle-même, susceptible de faire naître l'écoulement séminal, et c'est ce qui arrive, en effet, même chez certains sujets dont le prépuce n'a rien d'anormal.

A ces causes prédisposantes locales nous

pouvons ajouter une prédisposition, qui a son
siège dans le système nerveux, et dans la partie
du système nerveux spécialement afférente à la
fonction génésique, c'est-à-dire dans le cervelet.
Il est indubitable que certains hommes sont
doués d'un développement de cet organe tout à
fait exceptionnel, et, par cela même, portés plus
que quiconque à toutes les perversions du sens
génésique et à tous les désordres de la fonction.

La corrélation qui existe entre cette partie de
l'encéphale et la fonction de la reproduction
n'est plus à démontrer. Des faits indiscutables
l'établissent : des lésions du cervelet ont pu produire la suppression radicale de la virilité,
d'autres s'accompagnent d'un priapisme in-
coercible. Il n'est pas douteux, pour nous, que
c'est à cette corrélation qu'il faut attribuer les
manifestations, du côté des parties génitales,
qui accompagnent la mort par suspension.

On a pensé aussi qu'il y avait lien de cause à
effet entre les affections de la moelle et les troubles génésiques, mais nous croyons plutôt que
les lésions fonctionnelles ou matérielles qui
sont observées du côté de la moelle épinière
dans les pertes séminales ont été produites
secondairement par elles et doivent être tenues
plutôt pour des complications que pour des
causes : aussi nous en occuperons-nous plus
loin.

Toutes ces dispositions congénitales sont, comme tous les vices de conformation, tantôt individuelles, tantôt le résultat d'un héritage physiologique.

Ce dernier cas est le plus fréquent, et il faut attribuer une large part à l'hérédité dans la production de ces prédispositions organiques à la spermatorrhée.

Il est certain que le père, en se livrant aux abus de la fonction sexuelle, développe outre mesure, par l'exercice exagéré, la partie du système nerveux qui y est affectée. Ce développement, une fois acquis, se transmet par voie d'héritage à sa descendance, en sorte que les fils des débauchés ont, dès en naissant, une propension fatale à suivre les mêmes égarements. S'il s'y ajoute une éducation vicieuse, et c'est là le cas le plus habituel, l'enfant succombera à des désordres fonctionnels auxquels le père, nativement mieux doué, a pu échapper.

Nous allons maintenant exposer les causes déterminantes des pertes séminales; il en est trois principales, que nous étudierons en dernier lieu, et une foule de secondaires que nous allons rapidement énumérer.

Toutes les inflammations des diverses parties de l'appareil génital peuvent être le point de départ de spermatorrhées.

Si l'on a bien suivi ce que nous avons dit de

l'influence des vices de conformation ou des troubles fonctionnels des parties sexuelles externes et des organes urinaires sur la production des spermatorrées, on comprendra aisément que les diverses inflammations de toutes ces parties de l'appareil sexuel puissent déterminer les pertes séminales.

En effet, il en est ainsi, et l'on a vu les spermatorrées suivre presque toutes les inflammations des voies génito-urinaires ou coïncider avec elles.

Il est évident que si l'irritation causée par la présence de la matière sébacée accumulée sous le prépuce peut faire naître des pertes, *a fortiori* l'inflammation du gland et du prépuce, c'est-à-dire la balanite, la détermine, et nous l'avons observé souvent.

Il est vrai que, dans un grand nombre de cas, cette inflammation est elle-même causée par des pratiques brutales de masturbation; mais cela n'est pas toujours et cependant des pertes en sont la conséquence.

La blennorragie a été plus souvent encore cause déterminante, et c'est presque toujours une perte séminale réelle qui, sous le nom de goutte militaire ou de blennorrée, succède à l'urétrite aiguë et présente tant de résistance aux divers agents de médication.

Il faut attribuer, sans nul doute, à ce caractère

de l'écoulement urétral succédant aux blennorragies la préoccupation incessante et exagérée que ces accidents font naître chez ceux qui en sont atteints, préoccupation qui se rapproche beaucoup de l'hypocondrie symptomatique des pertes de semence.

Mais toutes les parties de l'appareil génital peuvent être, soit par transmission, soit spontanément, atteintes d'inflammation. Si l'on ne connaît bien que celles qui frappent les parties accessibles, celles de l'urètre, du testicule, etc., des autopsies ont démontré que les canaux éjaculateurs, la prostate, les vésicules séminales, les canaux déférents, peuvent être congestionnés, déformés, érodés par l'inflammation, et l'on conçoit que ces désordres doivent être toujours accompagnés de l'émission du sperme.

Mais ce n'est pas tout : les irritations plus ou moins profondes des parties de l'appareil urinaire, les cystites, les inflammations des uretères, des bassinets ou des reins, ont souvent produit le même résultat ; les rétrécissements consécutifs peuvent causer aussi des pertes, soit par suite de l'irritation des parties situées au delà de l'obstacle, soit par suite de la dilatation des orifices des canaux éjaculateurs, sous la pression de l'urine arrêtée par les coarctus du canal.

C'est par la stimulation qu'ils déterminent sur

le système urinaire que les agents diurétiques, ou excitants spéciaux du rein, sont en même temps aphrodisiaques ; aussi tous ces agents, les alcools et les boissons alcooliques, le café, le thé, les cantharides, etc., sont des causes fréquentes de pertes séminales, et l'on peut même attribuer à l'abus de ces produits excitants de la fonction sexuelle la perte précoce de la virilité qu'on remarque chez les peuples orientaux.

Ce fait n'a rien d'extraordinaire : il tient toujours à la connexion organique et fonctionnelle entre les deux appareils ; mais il y a d'autres influences, toutes de voisinage.

Si les titillations produites à la surface du gland excitent la sécrétion spermatique, il en est de même de celles qu'occasionnent les affections dartreuses des parties sexuelles ou du pourtour de l'anus ; presque toujours les malades atteints de ces dermatoses sont affligés de pertes séminales.

Il en est de même encore pour les affections diverses qui ont l'anus pour siège. Ainsi rien n'est plus fréquent que de voir les petits vers qui pullulent dans le rectum, au voisinage de l'orifice anal, déterminer les pertes de semence. Les démangeaisons qu'elles occasionnent excitent le système nerveux commun à tous les appareils contenus dans le bassin, et le résultat peut être soit de provoquer à la masturbation, soit d'amener l'écoulement involontaire du sperme.

Cet accident, très fréquent dans le jeune âge, doit être à ce titre surveillé avec une extrême attention chez les petits garçons et chez les petites filles, car chez ces dernières il provoque des abus de même nature.

Les fistules, les fissures, les hémorroïdes, les ulcères, les excitations produites par l'abus des lavements, etc., toutes ces causes peuvent déterminer aussi, sympathiquement, la spermatorrée ; quant à la constipation, c'est mécaniquement qu'elle la produit : par les efforts d'expulsion qu'elle provoque, elle fait entrer en jeu tous les muscles abdominaux, qui pressent également sur tous les organes contenus dans le ventre et provoquent l'expulsion de tous les liquides qui y sont contenus (c'est ce qui, pour le dire en passant, explique le besoin impérieux d'uriner qui accompagne la défécation). D'un autre côté, les vésicules séminales sont situées en avant du rectum, et il est possible que les excréments durcis pressent directement sur elles, au passage, et en expulsent le contenu.

C'est de la même façon qu'agiraient les pratiques de pédérastie active, lesquelles ne peuvent exercer une influence si funeste et si appréciable sur la santé des malheureux qui s'y adonnent qu'en provoquant des flux spermatiques.

Tous les agents médicamenteux qui sont sus-

ceptibles d'engendrer la constipation et tout régime échauffant peuvent donc avoir pour résultat des pertes séminales. C'est aussi par leur
action constipante, et peut-être par l'excitation
spasmodique qu'ils déterminent dans le périnée,
que l'équitation, les voyages prolongés en voiture, une situation trop sédentaire, peuvent
amener des spermatorrées.

Et ici encore, nous pouvons signaler un fait
qui a son importance. Tous les praticiens ont
remarqué que les affections des voies urinaires,
que les diverses altérations de l'anus, et notamment les fistules, les fissures et les hémorroïdes,
provoquaient chez les malades un état d'affaissement moral, de préoccupations tristes, incessantes, tout à fait en désaccord avec le caractère
et la gravité de la maladie. Les malades atteints
dans ces parties s'assombrissent, se tourmentent, deviennent moroses et acariâtres.

Quelle raison peut-on invoquer pour expliquer
l'influence funeste de ces accidents sur l'intellect? Aucune sérieuse, si ce n'est l'existence
de pertes séminales concomitantes causées par
eux et dont cette hypocondrie, nous le verrons
tout à l'heure, est un des caractères principaux.

Toutes ces causes déterminantes ont pu être
observées, mais elles sont, en somme, assez
rares, surtout comparativement aux trois causes
principales de spermatorrées qui nous restent

à examiner et qui sont : l'onanisme, les excès vénériens et enfin la continence rigoureuse.

Nous verrons, en étudiant l'onanisme, qu'il y a des masturbateurs qui, par cela seul qu'ils cessent leurs déplorables pratiques, recouvrent presque immédiatement la santé, tandis qu'il en est d'autres chez lesquels le rétablissement de la santé ne peut être obtenu, bien qu'ils renoncent à leurs habitudes solitaires.

Cette différence dans les conséquences de l'onanisme a été signalée par tous les auteurs, mais l'explication qui en a été donnée ne nous paraît pas rationnelle; on a pensé que, chez les uns, l'organisme n'était point assez profondément atteint, le système nerveux suffisamment perverti par les abus, tandis que dans les cas rebelles l'onanisme aurait déterminé une perturbation organique telle que rien désormais ne pouvait ramener l'être à l'état normal.

Ce n'est point, à notre sens, la cause réelle de ces différences, mais elles tiennent à ceci : que chez certains masturbateurs, moins acharnés ou mieux doués, les manœuvres onaniques peuvent être continuées assez longtemps avec impunité, tandis que chez d'autres, au contraire, plus pervertis ou prédisposés, ces pratiques déterminent promptement des pertes séminales qui survivent à la cause qui les a fait naître, et qui continuent leur œuvre funeste, même après l'abandon radical de la masturbation ; dans ces cas, d'ailleurs, la conversion du masturbateur est plus apparente que réelle et n'est due, le plus souvent, qu'à une véritable impuissance déterminée par les pertes.

En définitive, la spermatorrée est quatre-vingt-dix fois sur cent la terminaison des manœuvres oniniques.

On peut expliquer facilement cette transformation de la maladie ; tantôt, chez les sujets nerveux, l'excitation de la masturbation détermine dans les parties sexuelles un état de susceptibilité nerveuse tel que les vésicules séminales se vident bientôt d'elles-mêmes sous la titillation d'une gouttelette de sperme. Le réservoir, devenu étrangement impressionnable, ne peut plus laisser s'accumuler la semence, dont le cours devient alors, non plus intermittent, mais continu.

Beaucoup plus souvent, ces appels anormaux à l'émission séminale produisent un état de congestion, puis de phlogose, dans les parties sexuelles profondes. Cet ébranlement nerveux, artificiellement provoqué, comporte toujours un afflux sanguin considérable dans les canaux et les réservoirs ; et, répété, il y fixe des inflammations plus ou moins étendues.

Donc, sauf les cas, assez exceptionnels, que nous signalions tout à l'heure, presque toutes les

spermatorrées d'origine organique sont de nature inflammatoire. Nous verrons plus tard
l'importance de cette donnée, et pour le diagnostic, et pour le traitement.

La preuve de ce fait se trouve dans ces accidents immédiats, observés si souvent dans la
masturbation, des émissions de sang succédant
à l'éjaculation du sperme, des balanites, des
blennorragies, des prostatites, et même des
orchites. Si les inflammations des autres parties
de l'appareil ont été moins souvent observées,
c'est, encore une fois, parce que leur petitesse
et leur situation profonde le permettent difficilement.

Entre toutes ces inflammations, la plus fréquente est celle d'une partie restreinte du canal
de l'urètre, du point où les canaux éjaculateurs
débouchent dans ce conduit, c'est-à-dire de la
portion membraneuse, et, en effet, dans presque
toutes les pertes séminales, c'est en ce point
que l'examen direct fait trouver des traces certaines d'irritation de la muqueuse. On conçoit
facilement que ce doit être aussi le point où
l'inflammation exerce le plus d'influence sur le
flux séminal, puisqu'elle se trouve placée immédiatement à l'ouverture des canaux d'éjaculation.

Mais ce ne sont pas seulement les pratiques
solitaires qui déterminent la spermatorrée, tou-

les abus et tous les excès sexuels la provoquent également.

Tous les excès, c'est-à-dire l'accomplissement exagéré du coït, même normalement accompli, soit dans les premières ardeurs du mariage, soit dans la vie à outrance des viveurs. Cette observation est vieille comme le monde, puisque Hippocrate lui-même, qui a consacré à la spermatorrée l'étude la plus intéressante et la plus exacte, l'a qualifiée « la maladie des jeunes mariés et des libertins ».

Mais les abus, c'est-à-dire les modes insolites employés pour provoquer l'érasme vénérien, sont beaucoup plus redoutables encore. Nous venons de le voir pour le plus fréquent de tous ces abus, l'onanisme; il ne faut pas croire que le péril soit moindre lorsque l'abus est consommé avec la coopération de la femme. C'est pourtant là une idée assez générale, et nombre de gens qui connaissent les dangers de l'onanisme, et en ont horreur, se livrent sans scrupule, avec les femmes, à des débauches pour le moins aussi dangereuses.

On croit que l'on peut impunément demander à la copulation plus qu'elle ne doit normalement donner. Certains tempéraments excessifs cherchent dans l'amour des plaisirs inconnus, et, chaque sensation nouvelle s'émoussant vite, ils vont plus loin chaque jour dans leurs appétits.

Il faut se rappeler que toutes les fois que par des recherches libidineuses on augmente la sensation attachée par la nature à l'acte vénérien, l'ébranlement nerveux qui en résulte peut être funeste. On a comparé l'amour à l'ivresse. Eh bien, ces excitations abusives, répétées, constituent une espèce d'ivrognerie amoureuse et, comme la funeste passion de l'alcool, elles mènent vite aux dépravations et aux désordres les plus graves.

Nous ne pouvons sur ce point être trop précis, mais les viveurs, les dévots du culte de Vénus nous comprendront ; il n'y a que le mode conjugal qui, en amour, soit sans danger ; toute autre forme a ses périls, et, entre toutes, le coït debout, dont l'influence sur les paralysies des membres inférieurs a été signalée par tous les praticiens.

Ajoutons que les dépravations monstrueuses, les vices de sodomie et de bestialité, sont aussi presque toujours liés, comme causes ou effets, à des flux séminaux.

La continence rigoureuse est aussi une cause importante de spermatorrée. Il est assez singulier que deux causes absolument contraires mènent à un effet identique ; rien n'est pourtant plus facilement explicable.

La fonction génésique est aussi impérieuse que toutes les autres, et ce n'est point impunément qu'on peut tenter de la supprimer. Pourtant, c'est celle que l'on soumet, avec le plus d'insouciance, à toutes les fantaisies de l'imagination, à toutes les exigences de situation et de convenance, c'est la seule aussi qu'on ait ouvertement rayée de la série des fonctions organiques; on n'a jamais songé à supprimer la fonction de respiration ou de digestion, mais beaucoup d'hommes croient pouvoir se vouer impunément à un célibat rigoureux.

Et l'on s'étonne que les désordres génésiques soient si fréquents, le contraire seul serait surprenant, puisqu'il n'est pas de fonction aussi facilement violée que celle-là.

La continence absolue a des conséquences très diverses selon des organisations. Il est évident que les êtres à complexion génitale peu accentuée, qui sont affligés d'une faiblesse congénitale de ces parties, peuvent la subir plus aisément ; mais les tempéraments vigoureux, ceux qu'une prédisposition congénitale du cervelet voue aux appétits vénériens excessifs, ceux-là, sous l'influence de la continence, succombent forcément à quelque dépravation des appétits génésiques ou se livrent à la masturbation avec acharnement et finissent par devenir victimes de pertes spermatiques épuisantes.

Nous aurons occasion de revenir sur ces données en étudiant l'hygiène de la fonction génitale.

nous n'avons ici qu'à signaler la continence, comme cause et comme l'une des causes les plus importantes de la spermatorrée.

Peut-on expliquer physiologiquement cette influence? Très facilement.

La production de semence, n'étant point stimulée par le coït, est moins abondante, il est vrai, mais elle n'en est pas moins incessante et elle finit par remplir la vésicule. Celle-ci, excitée par la seule présence du sperme, entre en action et l'expulse; mais cette excitation toute locale se répète bientôt et à des intervalles de plus en plus rapprochés, parce que la sensibilité du réservoir et des conduits s'accroît à mesure... Ce sont donc d'abord des pertes intermittentes, puis, à la fin, le flux devient continu et la spermatorrée passive existe.

Nous bornons à ces notions ce qui concerne l'étude des causes des pertes séminales, car, encore une fois, nous aurons à y revenir.

Nous allons maintenant parcourir les symptômes multiples et divers que peut présenter cette affection.

§ 2. — *Symptômes.*

On peut distinguer, dans l'évolution de cette maladie, trois phases bien distinctes. Les auteurs, ne s'attachant qu'au moment où les symptômes qui les caractérisent s'accomplissent, ont distingué les pertes séminales en pertes nocturnes et diurnes. Cette division nous semble arbitraire et vicieuse, car si les pertes dites nocturnes ont lieu surtout la nuit, il n'est pas rare de les voir se manifester dans l'état de veille, et, d'un autre côté, les pertes dites diurnes ont lieu également la nuit et le jour. Nous diviserons la maladie en trois degrés : la spermatorrée active, la spermatorrée passive et un troisième et dernier degré, caractérisé par l'altération absolue du liquide séminal et par la perte de la fonction.

La spermatorrée active s'accompagne des signes apparents de l'érasme vénérien ; elle précède toujours les autres désordres. Elle se manifeste le plus généralement la nuit, sous l'influence de la chaleur du coucher, mais il n'est pas rare de la voir survenir pendant le jour, par suite des plus légères excitations sexuelles.

Elle se produit à la suite d'une érection, développée généralement par un rêve qui se rapporte à l'accomplissement de l'acte sexuel. C'est à la suite de cette excitation génésique, dont la durée est plus ou moins longue, que l'éjaculation a lieu.

Dans certains cas de continence rigoureuse, ce phénomène, loin d'être nuisible à la santé, semble lui être favorable, en ce sens qu'il vide des réservoirs spermatiques, remplis de semence.

Dans ces évacuations déplétives, l'état général accuse, en effet, au réveil, un sentiment de bien-être et de soulagement. C'est que, sous l'influence de la plénitude des vésicules, due à une suppression absolue de la fonction, il y a un sentiment de gêne, de pléthore génitale, qui peut influer sur tout l'organisme chez les hommes vigoureusement doués : l'évacuation involontaire fait cesser cette tension génésique. Mais, dans tous les cas, l'effet favorable qu'elle produit est de peu de durée ; bientôt l'écoulement se fait sans qu'il y ait surabondance du liquide séminal ; il a lieu toutes les nuits, et alors il ne laisse plus au réveil que la sensation d'une fatigue considérable et d'un grand affaissement.

Lorsque les pertes actives ont lieu dans le jour, elles se manifestent également après une érection que les moindres causes peuvent solliciter : le voisinage d'une femme ; quelquefois, chez les continents, la présence d'un jeune garçon, d'un enfant ; la vue d'images lascives, la lecture de livres licencieux ; une causerie libidineuse ; quelquefois la vue ou l'idée de rapprochements sexuels accomplis par des animaux, le mouvement de la voiture, du cheval, etc., peuvent provoquer cet érasme. Le malade a beau faire effort pour distraire sa pensée, chasser l'idée qui a pro-

voqué cette excitation, son esprit y est invinciblement attaché; s'il peut résister jusqu'au bout
aux désirs de masturbation qui le sollicitent, il
ne tarde pas à sentir l'éjaculation se faire. Ces
accidents sont beaucoup plus rares que les pertes
actives nocturnes, car, la nuit, une foule de causes
agissent sur le sens génésique et provoquent
l'écoulement séminal.

D'abord, la nuit, toutes les facultés cérébrales
sont endormies; et pendant ce sommeil les stimulations de la fonction sexuelle retentissent
beaucoup plus vigoureusement sur la matière
nerveuse; la chaleur et la mollesse du lit agissent sur la portion lombaire du système nerveux et par lui sur les organes de la reproduction. De plus, la vessie se remplit peu à peu pendant la nuit, et lorsqu'elle est pleine d'urine elle
presse mécaniquement sur les vésicules et finit
par en provoquer la contraction, c'est ce qui
explique pourquoi le *decubitus* dorsal provoque
les pertes.

Enfin, si, pendant le jour, la volonté peut réagir
contre l'appétit vénérien, la nuit il n'en est point
ainsi.

C'est ce fait que les pertes actives s'observent
surtout la nuit, qui a fait croire qu'elles n'avaient
jamais lieu dans l'état de veille et les a fait dé-
nommer pertes nocturnes.

Tous les spermatorrhéiques savent qu'ils en

ont été fréquemment affligés pendant le jour, soit sous l'influence de certaine conversation, soit par les excitations résultant de la présence d'une femme désirée ou le manége d'une coquette, et c'est, bien souvent, à des causes de ce genre qu'ils attribuent leurs premiers accidents.

Quoi qu'il en soit, la spermatorrée ne garde pas longtemps ce caractère. A la longue, les ressorts nerveux s'émoussant, la vésicule se vide de plus en plus facilement. C'est d'abord après une érection prolongée que l'évacuation a lieu, ensuite après un commencement d'érection; à la fin, elle se produit sans donner lieu à aucun signe extérieur d'excitation sexuelle : c'est alors la spermatorrée passive. D'abord, l'écoulement se fait en masse, et comme la verge garde sa position, on retrouve les traces de l'accident en des points qui démontrent que l'écoulement s'est fait sans stimuler l'organe. Quelquefois, pendant le jour, la perte est provoquée par l'acte de la défécation ou par l'émission de l'urine. Enfin, plus tard encore, la perte se fait goutte à goutte, incessamment, à mesure que le liquide est sécrété; c'est une véritable incontinence de sperme, et le malade en est prévenu seulement par certains frémissements intérieurs et par une sensation d'humidité à l'extrémité de la verge, quelque-

fois, et c'est le plus fréquent, par les signes généraux et par les complications que la maladie fait
naître.

Au premier degré, le liquide séminal ne subit
généralement aucune altération ; au deuxième
degré, il est moins élaboré, plus fluide, comme
aqueux, ainsi que l'a si judicieusement observé
Hippocrate, et le microscope décèle des altérations correspondantes. Les zoospermes sont
moins abondants, moins agiles, moins développés et moins nombreux par rapport aux cellules
spermatiques, qui, à la fin, apparaissent seules.
Cet écoulement incessant supprime, en effet,
pour les cellules spermatiques, la phase de leur
développement, qui doit s'accomplir dans le parcours des canaux et des vésicules. Le troisième
degré, qui se manifeste par une aggravation des
signes généraux, se traduit, à l'examen microscopique par un phénomène d'une extrême gravité : par la disparition complète des animalcules
spermatiques et de leurs cellules procréatrices.
C'est le signe absolu de la perte de la virilité,
accident désormais irrévocable et sans nulle
ressource.

Tels sont les caractères particuliers des diverses
phases de la maladie ; habituellement les signes
généraux ne surgissent qu'avec le deuxième degré,
en sorte qu'à cette époque le malade, en l'absence
des signes sensibles, immédiats, qu'il observait

jadis, ne sait à quoi imputer des désordres dont le lien avec la spermatorrée est souvent peu apparent.

La spermatorrée présente des formes diverses, et, à ce point de vue, on peut établir qu'il existe trois variétés fondamentales : la spermatorrée inflammatoire, la plus fréquente de toutes ; la spermatorrée nerveuse, et la spermatorrée atonique.

Les pertes séminales de nature inflammatoire sont celles qui succèdent à des irritations des organes sexuels ou urinaires ; ce sont celles-là que développent surtout les abus génésiques.

C'est, en effet, le plus souvent en déterminant un état d'irritation chronique des canaux et réservoirs spermatiques, ou seulement de la partie de l'urètre où ces canaux se déversent, que la masturbation et les excès vénériens font naître l'écoulement séminal.

Habituellement, cet état de phlogose se traduit au dehors par la rougeur et le gonflement de l'orifice du canal, mais parfois ce signe peut manquer ; il en est de même de la douleur à la région périnéale. Souvent c'est par le contact direct d'un cathéter sur la partie de la muqueuse enflammée que le phénomène peut être constaté. Dans ces cas, la sonde passe assez aisément dans tout le parcours de l'urètre, mais, en arrivant à la partie membraneuse, elle détermine une douleur vive, quelquefois intolérable. Dans la spermatorrhée de nature nerveuse, au contraire, l'introduction de la sonde détermine, dès l'orifice, une douleur intense.

La spermatorrhée nerveuse est également produite par l'influence sympathique des maladies des parties voisines : les ascarides, les affections du rectum, les dermatoses des parties sexuelles, le phimosis et l'accumulation de matière sébacée, etc., déterminent de préférence, et cela se conçoit, cette forme particulière de pertes séminales ; il est juste, toutefois, d'attribuer une valeur considérable au tempérament des malades ; il est certain que les abus et les excès qui, le plus souvent, donnent lieu à la forme inflammatoire de l'affection peuvent faire naître la forme nerveuse, chez les sujets à tempérament nerveux excessif.

Dans cette forme, des évacuations sont amenées par une susceptibilité nerveuse extrême des canaux et des réservoirs : ce sont de véritables spasmes qui propulsent le liquide, presque à mesure qu'il est sécrété, et c'est ainsi que la perte passive s'établit.

La spermatorrhée atonique tient plutôt à la disposition congéniale des parties, elle se lie à ces signes de faiblesse de la fonction que nous avons étudiés. Elle semble due à un relâchement musculaire des fibres et à une dilatation des canaux éjaculateurs, analogue à celle qui se manifeste, au dehors, par la largeur du canal, son ouverture anormale, la longueur ou la flaccidité des cordons et de leurs enveloppes. Dans cette forme, il n'est pas rare de voir la spermatorrhée s'établir d'emblée, et on le comprend, puisque c'est l'insuffisance des conduits qui engendre l'incontinence spermatique.

§ 3. — *Complications.*

Nous venons d'exposer les caractères propres aux diverses pertes séminales.

Nous allons maintenant parcourir les symptômes généraux, c'est-à-dire ceux qui frappent des parties de l'organisme autres que la fonction qui est le siège du mal; nous y joindrons l'étude des complications qui peuvent surgir, car souvent ces complications ne sont que l'exagération et le terme des premiers désordres symptomatiques.

Pour plus d'ordre, et il en faut toujours dans un sujet aussi complexe, nous parcourrons les diverses fonctions de l'organisme : la digestion, la nutrition, la circulation, la respiration et enfin l'innervation.

On observe généralement que les spermatorrhéiques mangent comme à l'ordinaire, quelquefois même avec un redoublement d'appétit, qui est dû au besoin de réparation de l'organisme. Cette augmentation peut aller jusqu'à une véritable Boulimie; mais, après un temps, les digestions se troublent, des signes de dyspepsie se manifestent, quelquefois même c'est une véritable gastralgie, avec brûlements, acidité et émissions abondantes de gaz.

Comme le malade constate une aggravation dans les désordres de l'appareil génital, lorsque son régime alimentaire est plus abondant en excitants de toutes sortes (vins, alcools, thés, café, condiments, etc.), on le voit bientôt apporter une recherche minutieuse à tout ce qui concerne son régime, et c'est là le point de départ de cette hypocondrie dont nous parlerons plus loin. Il en est de même de la constipation habituelle, causée par le ténesme de toutes les parties contenues dans le bassin; comme elle est souvent cause de pollutions, par suite des efforts de défécation qu'elle exige, les malades la redoutent fort et on les voit attentifs à combattre par des précautions sans nombre, par le choix des aliments, par l'usage de mets et de remèdes rafraîchissants, de lavements, etc., un symptôme dont ils sentent instinctivement l'importance. Ce soin incessant finit par devenir une véritable manie hypocondriaque dont ils obsèdent leur entourage, qui, ne voyant point de causes appréciables à ces minuties et ne pouvant en connaître les causes secrètes, taxé de maladie imaginaire une affection d'autant plus douloureuse qu'elle ne peut trouver nulle part consolation ou assistance.

La constipation est le phénomène habituel, mais souvent il survient des diarrhées abondantes et d'une grande fétidité. D'un autre côté, l'émission de gaz, dus aux difficultés de la digestion, donne lieu à des coliques venteuses, à des besoins impérieux qui n'entrent pas pour une petite part dans la tendance qu'ont les spermatorrhéiques à rechercher la solitude.

Parfois ces flatuosités peuvent distendre les diverses parties du tube intestinal, au point de donner lieu à de véritables attaques de nerfs, analogues à celles de l'hystérie chez la femme.

Nous avons dit que souvent les spermatorrhéiques mangeaient bien; mais, selon l'expression populaire, le manger ne leur profite pas.

Il est de remarque, en effet, que tous ceux qui, par des excès, des abus ou des pertes, font une grande dépense de fluide séminal, restent maigres. Un bon coq n'est jamais gras, dit le proverbe, et, sauf quelques exceptions, le proverbe a raison.

La nutrition est, en effet, profondément atteinte par les pertes séminales : la réparation des tissus ne se fait pas bien, et l'on voit surgir, autant sous l'influence des troubles de la digestion que par des désordres de l'innervation; un état d'anémie que suit rapidement la consomption.

La face pâle et émaciée, les yeux caves, les lèvres violacées sont symptomatiques de cet état de langueur. On observe assez fréquemment, chez les hommes faits surtout, une calvitie précoce qui découvre habituellement le devant du cuir chevelu.

En est-il toujours ainsi ?

Non, il est des cas assez nombreux où l'on voit, au contraire, l'organisme conserver ses conditions générales, le teint se maintenir frais et vermeil et la santé rester, en apparence, parfaite : c'est surtout lorsque les pertes sont causées par un état d'atonie congéniale.

Du côté de la circulation, on remarque, que, sauf le cas où les inflammations intestinales ou pulmonaires viennent compliquer la spermatorrée, les tabescents n'ont point de fièvre et même ont une frigidité générale qui les rend très impressionnables aux variations de température et les pousse à devenir très minutieux dans le choix de leurs vêtements, de leur habitat, etc. Mais souvent ils ont des palpitations nerveuses (pouvant, s'il y a prédisposition, aboutir à des maladies organiques du cœur), des battements, des bruits d'artères, des bourdonnements d'oreille, une respiration courte, des étouffements et des essoufflements au moindre effort, des vertiges, etc.

Enfin, c'est du côté de la respiration que peut surgir et que surgit fatalement, chez les prédisposés, la complication la plus redoutable, nous voulons parler de la phtisie pulmonaire. Nous savons que souvent il existe, chez les spermatorrhéiques, une toux nerveuse, sèche, qu'on peut prendre pour un symptôme de phtisie, d'autant plus qu'elle s'accompagne généralement des signes de dépérissement dont nous venons de parler; mais, en dehors de cette espèce de névrose pulmonaire, il est indubitable que la phtisie est, neuf fois sur dix, la terminaison des spermatorrhées qu'on n'a pu guérir. Une pratique malheureusement trop nombreuse en affections de ce genre nous a démontré que, chez les hommes, les pertes séminales sont des causes aussi actives de phtisie, que les affections de la matrice et les flueurs blanches chez les femmes.

Nous reconnaissons aussi que, souvent, c'est la phtisie qui fait apparaître les désordres génésiques et les pertes, à la suite; mais cela n'enlève rien à la valeur de notre observation.

Il convient toutefois de faire ici une large part aux prédispositions organiques. Il est certain que les hommes lymphatiques, atteints de spermatorrhée, seront plutôt frappés de phtisie, tandis que les tempéraments nerveux seront, au contraire, plus sérieusement atteints dans la fonction de l'innervation.

Ici, comme partout, l'influence des tempéraments est prépondérante, et il faut en tenir le plus large compte dans la détermination des conséquences des pertes séminales.

Tous ces désordres de la fonction de nutrition, désordres essentiellement passagers, tiennent à une perturbation fonctionnelle survenue dans le système nerveux ganglionnaire affecté spécialement à la direction de toutes les fonctions de la vie végétative. Il s'agit bien là, en effet, d'un trouble fonctionnel, puisque ces désordres sont en corrélation continue avec la cause qui les détermine, augmentent si la maladie s'aggrave et cessent immédiatement lorsqu'elle guérit.

On peut observer une perversion analogue dans le système nerveux Cérébro-Spinal, dans toutes ses parties et dans tous les appareils qui lui sont subordonnés.

Ainsi, on observe presque toujours, sous l'influence de grandes déperditions séminales, abus, excès ou pertes, un certain affaiblissement de la puissance musculaire. Nous savons que la coordination des mouvements et le sens génésique ont le même centre de direction cérébrale; c'est le cervelet qui préside à cette double fonction; il est explicable que les abus génésiques exercent une influence sensible sur la musculature.

Et, en effet, les spermatorréiques accusent rapidement une grande faiblesse musculaire, de l'hésitation dans les mouvements des membres, des membres inférieurs surtout.

Il se produit là un effet analogue à celui que détermine l'abus des alcools : on sait que l'usage modéré de l'alcool donne au cerveau une stimulation agréable et avantageuse et que l'abus de cette excitation finit par émousser la fonction et la troubler à ce point qu'elle devient inapte à remplir sa destination fonctionnelle. Chez les ivrognes, l'hésitation des mouvements, les troubles de la sensibilité se manifestent toujours, à la longue.

L'excitation vénérienne abusive produit les mêmes résultats, non seulement, ainsi que nous venons de le dire, sur les mouvements, mais aussi sur la sensibilité, et, comme les ivrognes, les tabescents perdent bientôt la netteté du toucher et la finesse des sensations.

Des phénomènes analogues peuvent se manifester du côté des organes des sens : le goût, l'odorat, peuvent être affaiblis ou pervertis; l'ouïe est souvent le siège de bruits, de souffles particuliers; souvent elle devient obtuse; mais c'est la vue qui est le siège des désordres les plus appréciables : des éblouissements, un affaiblissement ou une sensibilité extrême, des mouches des nuages, des scintillations plus ou moins bizarres sont observés, et ces désordres peuvent aller jusqu'à l'amaurose, c'est-à-dire jusqu'à la cécité complète.

Cette cécité, quoi qu'on en ait dit, présente, comme toutes les complications de la spermatorrhée, ce caractère essentiel, qu'elle disparaît toujours avec la cause qui la détermine; elle n'est, sauf de rares exceptions, qu'un affaiblissement fonctionnel de l'organe de la vision, et non un trouble organique, absolu, irrémédiable.

Les troubles de la motilité peuvent prendre chez certains sujets, surtout chez les enfants, le caractère spasmodique, et ils donnent lieu à des contractures des membres.

Presque toujours ces désordres s'accompagnent d'une sensation de douleur dans la région des lombes, attribuée par erreur à une inflammation de la deuxième portion de la moelle; il ne s'agit, ici encore, que d'un effet passager et non permanent, et ce qui le prouve c'est que cette douleur, sourde et un peu confuse, s'atténue ou s'aggrave selon les variations que subit la spermatorrhée elle-même.

Les tabescents sont généralement pâles et exsangues, mais il n'est pas sans exemple de les voir frappés de congestions à la tête, qui peuvent simuler les accidents apoplectiques et pour lesquels on a eu quelquefois recours à des émissions sanguines, formellement contre-indiquées, on le conçoit, dans une affection aussi profondément débilitante.

Ils accusent habituellement des douleurs céphaliques continues, et quelquefois des élancements dans certains points de la région cranienne, au front ou à la nuque.

Mais ce qui est le plus sensible et le plus douloureux parmi ces désordres nerveux, c'est la perturbation apportée au sommeil. Jamais les spermatorrhéiques ne jouissent d'un repos normal et réparateur. Leurs nuits sont troublées par une insomnie cruelle, ou par des songes douloureux; quelquefois les images les plus bizarres, se reliant presque toujours à la fonction malade, tourmentent les malheureux tabescents; aussi, il en est qui font tous leurs efforts pour reculer l'heure du sommeil, qui passent une partie de leurs nuits en promenades, qui recherchent les plaisirs nocturnes, pour éviter cette affreuse solitude et les idées de désespoir et de suicide qu'elle fait surgir dans leur esprit.

C'est le matin seulement qu'ils peuvent goûter quelques heures de repos; mais, au réveil, leur fatigue, leur faiblesse, loin d'être moindres, paraissent s'être, au contraire, accrues, ce qui tient à la nature même du sommeil et à l'augmentation des pertes pendant la nuit.

Ainsi que nous le disions tout à l'heure, l'exci

lation nerveuse incessamment sollicitée par les
pertes finit par déterminer une diminution générale dans l'activité du système nerveux. Tous les
symptômes que nous venons de parcourir sont
causés par cette espèce d'anémie nerveuse, d'ap-
pauvrissement de l'influx nerveux, qu'on observe,
d'ailleurs, dans toutes les stimulations excessives et continues de la substance cérébrale, et
notamment dans l'alcoolisme chronique, qui a,
nous ne saurions trop le répéter, plus d'un point
d'analogie avec les abus sexuels.

Sous l'influence de cet affaiblissement, toutes
les facultés cérébrales sont diminuées ou perver-
ties : le sens génésique est, naturellement, le plus
sûrement et le plus promptement atteint ; en
dehors de l'impuissance matérielle, sur laquelle
nous aurons occasion de revenir, il se développe,
chez les tabescents, certains phénomènes très
caractéristiques : une timidité excessive avec les
femmes, allant bientôt jusqu'à une véritable
répulsion ; quelquefois des appétits dépravés, en
contradiction absolue avec l'éducation reçue.

Pour notre part, nous croyons qu'il se rencontre peu de cas d'habitudes contre nature ou
d'autres perversions de ce genre qui ne se rattachent, comme cause ou comme effet, à des désordres pathologiques de la fonction et surtout à
des pertes séminales.

A la longue, toutes les autres facultés subissent

une dépression analogue : la volonté s'anéantit, le courage disparaît ; les tabescents sont lâches et efféminés, ils redoutent la douleur, même la plus légère ; éprouvent des terreurs folles, surtout dans l'obscurité, à ce point qu'il en est qu'il faut veiller pour leur épargner de véritables accès d'aliénation mentale.

Ce n'est point sans raison que le mot viril a cette double acception qui fait qu'on l'applique à la puissance reproductrice et au courage moral. C'est, sans nul doute, à cette influence du sens génésique sur le moral des races humaines qu'il faut attribuer la décadence des peuples orientaux voués à tous les abus sexuels.

L'humeur des malades s'altère avec rapidité ; les plus ouverts deviennent dissimulés, acariâtres ; le souci de leur mal les rend indifférents, égoïstes ; la crainte des quolibets les rend faux et méfiants ; enfin ils arrivent promptement à cet état nerveux, qui n'est point une maladie imaginaire, mais qui est, au contraire, une affection très réelle, et des plus douloureuses : nous voulons parler de l'hypocondrie, qui est la complication la plus habituelle des pertes séminales.

Cette névrose se manifeste par un souci minutieux de la santé, de l'état des fonctions, et de leurs moindres désordres, et aussi par un profond dégoût de la vie pouvant aller jusqu'à la monomanie du suicide.

C'est le spleen des Anglais, et la fréquence de cette perturbation intellectuelle chez ce peuple pourrait bien tenir à la sévérité plus grande de ses mœurs pendant la période de suractivité sexuelle.

C'est encore la mémoire qui s'affaiblit rapidement et d'une façon telle qu'il est peu de malades qui ne signalent ce symptôme. L'intelligence subit aussi une baisse notable, ainsi que l'aptitude au travail; cela est à ce point que, chez les enfants, toutes les fois qu'on observe un certain changement dans les résultats de l'étude, on peut presque à coup sûr soupçonner qu'il y a onanisme ou pertes séminales.

Chez les adultes, l'effet n'est pas moins sensible, et l'on a vu les intelligences les mieux douées sombrer tout à coup par suite de ce mal insidieux et les hommes les plus actifs abandonner forcément des carrières jusque-là brillamment parcourues.

Ces désordres peuvent aller jusqu'à l'idiotie et à l'aliénation mentale : dans ce cas, celle-ci affecte généralement la forme mélancolique quelquefois, avec une tendance invincible au suicide ou au meurtre, toujours avec un sentiment profond de méfiance et de misanthropie.

La folie, suite d'abus sexuels, a ce caractère commun avec la folie alcoolique, qu'elle aboutit fréquemment à la paralysie générale, et cela se conçoit, puisque les deux causes agissent d'une manière identique. Mais ni la démence ni la paralysie des tabescents ne présentent un caractère d'incurabilité absolue, et on peut les voir disparaître promptement si l'on obtient la guérison de l'affection qui les a fait naître.

§ 4. — *Diagnostic.*

Il n'est pas d'affection qui présente autant de difficulté au diagnostic que la spermatorrée ; tant qu'elle est active, elle se manifeste par des signes physiques appréciables ; mais, dès qu'elle passe au second degré ces signes font défaut, et le malade se croit souvent guéri, alors que la maladie entre dans une phase plus redoutable.

C'est alors par ses complications qu'elle se manifeste ; mais il se passe un long temps avant que le malade puisse attribuer à une cause aussi profondément cachée des désordres étrangers, en apparence, à la fonction génitale.

Si les symptômes nerveux prédominent, on imputera tout à une névrose, à l'hypocondrie ; quelquefois même on hésitera à admettre un dérangement sérieux de la santé ; les désordres de la musculature ont fait traiter des spermatorréiques pour des affections de la moelle ; les désordres du système nerveux central ont fait croire à des lésions organiques de la substance encéphalique.

Les troubles digestifs font voir dans les labescents des malades atteints de gastrites, de gastralgies, de dyspepsies, d'affections organiques des viscères; les palpitations nerveuses du cœur ont été traitées comme des lésions profondes de cet organe; enfin la toux sèche et nerveuse que détermine cette maladie est souvent imputée à un commencement de tuberculose pulmonaire.

Et le diagnostic est d'autant plus difficile que tous ces désordres peuvent exister, en effet, comme complications de la maladie, et se montrent rebelles à toutes les médications habituellement favorables, par cette raison que la cause qui les a fait naître demeure ignorée.

Nous avons fait ressortir la difficulté de distinguer la spermatorrée passive de la blennorragie chronique; nous verrons plus loin qu'il est difficile également de la distinguer de la prostatorrée.

Souvent la débilité sexuelle pourrait servir d'indice; mais, outre qu'il y a un grand nombre de situations où les malades ne peuvent mesurer la force du sens génésique, ils ont généralement une tendance insurmontable à se dissimuler à eux-mêmes ce signe caractéristique, et ils attribuent facilement à leur vertu ce qui n'est le fait que de leur impuissance.

On comprend combien il doit être difficile de reconnaître une affection dont les signes sont si divers et si multiples; aussi, on peut affirmer, sans crainte, qu'un nombre incalculable de spermatorrhées restent inaperçues; c'est même ce qui fait la gravité réelle de l'affection; car, lorsqu'elle est bien constatée, elle est à notre avis toujours curable, sauf lorsqu'elle est arrivée au troisième degré, qui constitue l'impuissance absolue et sans ressource.

Y a-t-il donc un moyen certain de la constater? Oui. Et c'est ici que la méthode Uroscopique, à laquelle nous nous faisons honneur d'avoir attaché notre nom, trouve ses applications les plus saisissantes.

Tout écoulement de sperme, lorsqu'il est trop restreint pour se manifester au dehors, baigne les parois du canal de l'urèthre au point où les canaux éjaculateurs s'abouchent avec lui, et chaque émission d'urine en emporte toujours quelques parcelles,

A l'état de santé parfaite de la fonction génitale, l'urine ne doit pas renfermer un seul élément spermatique; toutes les fois, donc, qu'on en rencontre dans ce liquide, en dehors de l'accomplissement de l'acte sexuel, c'est qu'il y a écoulement pathologique.

Comment retrouver ces éléments spécifiques?

Par l'analyse chimique? Non, car l'analyse

chimique détruit immédiatement les éléments organisés et, par conséquent, ferait disparaître les zoospermes. C'est à l'aide du microscope qu'on peut en constater la présence.

La présence de ces éléments peut non seulement établir l'existence d'une spermatorrée, mais encore déterminer mathématiquement, en quelque sorte, le degré de gravité de la maladie.

Nous avons vu que les zoospermes sortent, à l'état d'embryons, de la glande qui les fournit. Ce sont alors des cellules spermatiques renfermant des noyaux qui, plus tard, complétant leur évolution, deviendront des zoospermes complets et sortiront alors de l'enveloppe qui les contient. Or, cette croissance des animalcules spermatiques, qui doit être achevée, ne l'oublions pas, pour qu'ils aient la faculté fécondante, se fait dans le parcours du canal déférent et, surtout, pendant le séjour dans la vésicule séminale : la spermatorrée, qui fait écouler le sperme d'une façon continue, supprime ce séjour indispensable ; il est facile de concevoir qu'on ne rencontre, dans la semence des spermatorréiques, que des éléments imparfaitement développés ; en effet, on y rencontre quelques cellules spermatiques encore intactes et des noyaux doués de mouvements, mais privés d'appendice caudal, qui ont brisé leur cellule et figurent à peu près la tête du zoosperme. Dans d'autres cas moins graves, la queue du zoosperme s'est un peu développée, mais elle est très courte ; d'autres fois, au contraire, les noyaux mêmes ne sont pas formés et le liquide ne présente plus que des granulations (infécondité absolue) ; enfin, il est des caractères de volume, de nombre, de vitalité des animalcules, qui peuvent donner la mesure de l'arrêt de développement qu'ils ont subi et, par suite, faire apprécier la gravité de la maladie. Ainsi, au premier degré, on voit les zoospermes plus rares, moins gros et moins vivaces ; au deuxième, on ne voit que des têtes de zoospermes, agitées de mouvements languissants, et lorsqu'enfin le troisième degré de l'affection est survenu, on ne constate plus, soit dans le dépôt spermatique de l'urine, soit dans le produit de l'écoulement, recueilli directement à l'orifice du canal, que des granulations sans trace d'animalcules ni de cellules.

On voit tout de suite de quelle importance sont ces recherches, pour déterminer l'existence et aussi le degré, c'est-à-dire le pronostic de l'affection. Pour notre part, pratiquant toujours et systématiquement ces recherches, il nous a été donné bien souvent de reconnaître ainsi, par hasard, la cause secrète d'affections jusqu'alors rebelles à toute médication et qui, la cause étant connue, ont pu être facilement guéries.

La connaissance précise des causes de la spermatorrée est également indispensable, puisque le traitement doit commencer par les combattre; nous les avons assez longuement étudiées pour n'avoir point à y revenir ici; nous voulons seulement faire ressortir la nécessité qu'il y a de déterminer d'une façon précise toutes les conditions du problème pour arriver à une solution satisfaisante.

Il n'est pas moins nécessaire de bien apprécier la forme de la spermatorrée, car le traitement est essentiellement subordonné à cette notion fondamentale : la spermatorrée inflammatoire réclame, en effet, une médication toute particulière qui ne pourrait qu'aggraver la spermatorrée nerveuse; les pertes atoniques présentent également des indications particulières.

L'étude des causes peut être ici d'un grand secours; mais, en outre, nous rappellerons que lorsque les pertes sont dues à une inflammation, l'orifice urétral est généralement rouge et tuméfié, et que le passage d'une sonde détermine un sentiment de brûlure dans la partie profonde du canal seulement; tandis que le cathétérisme est, dans la spermatorrée nerveuse, douloureux dans tout le parcours, à ce point que la pénétration de l'instrument est souvent empêchée par des spasmes et une résistance invincible. Dans la forme atonique, l'état apparent des organes, lâches et flasques, la largeur des conduits, peuvent suffisamment éclairer le diagnostic.

§ 5. — *Régime et Traitement.*

Nous ne saurions trop répéter que, si la spermatorrhée est une affection des plus graves, c'est surtout parce qu'elle peut rester longtemps ignorée ; une fois connue, tant qu'elle n'est point arrivée au troisième degré elle est toujours et assez facilement curable.

La difficulté, pour les malades, d'en reconnaître les caractères et surtout la forme fait que cette affection réclame toujours l'intervention d'un homme de l'art et d'un praticien versé dans les recherches microscopiques, puisque ces recherches sont la base de toute la diagnose.

Il en est de même des moyens de curation, ils sont pour la plupart de telle nature qu'un médecin seul peut en diriger l'emploi ; nous n'avons donc point à les exposer complétement ici, et nous allons nous contenter de les indiquer.

La première règle, dans toutes les formes de spermatorrhée, est de faire disparaître la cause : combattre les habitudes vicieuses, si elles existent ; imposer une vie plus sobre de plaisirs, s'il y a lieu ; faire contracter des liens conjugaux, si c'est la continence, au contraire, qui a engendré la maladie.

Toutes ces données sont du ressort de l'hygiène et nous y reviendrons plus loin.

Quant aux divers vices de conformation congéniaux et aux états pathologiques qui peuvent occasionner le flux séminal, ils réclament des moyens de curation que nous ferons connaître dans le cours de cet ouvrage.

La spermatorrée, par-elle même, demande, selon sa forme, un traitement essentiellement différent.

La spermatorrée inflammatoire réclame un régime doux, des bains et des lavements tièdes, ces derniers agissant localement, comme émollients, contre l'irritation des canaux.

L'usage du lait, de l'alimentation végétale, la privation d'excitants (alcools et condiments), un exercice régulier et modéré, une extrême réserve dans les rapprochements sexuels, voilà le genre de vie qu'il lui faut opposer.

Quelquefois, surtout au début, cela peut suffire; dans les cas plus sérieux, il faut recourir à une opération douloureuse, mais réellement héroïque : la cautérisation de la partie membraneuse de l'urètre.

De ce que cette opération, beaucoup moins pénible qu'on se l'imagine tout d'abord, guérit avec une promptitude merveilleuse les pertes dues à l'inflammation des canaux (les plus fréquentes de toutes) certains praticiens en ont

conclu qu'il fallait l'opposer à toutes les spermatorrées.

C'est une absurdité évidente; car la cautérisation, toute-puissante contre l'irritation des parties, ne peut qu'exaspérer l'éréthisme des spermatorrées nerveuses, et est tout à fait impuissante à réveiller la sensibilité dans les pertes
atoniques.

Cette opération se pratique à l'aide d'un instrument appelé porte-caustique, qui se compose
d'une sonde d'argent très légèrement courbée,
dans laquelle se meut une tige métallique armée,
à son extrémité, d'une petite cuvette, dans laquelle on fait fondre un peu de nitrate d'argent.
Les dimensions sont calculées de telle sorte que
cette cuvette, cachée dans la sonde pendant
l'introduction, peut saillir au point qu'on veut
toucher. Il est donc facile de cautériser seulement les certains points de la partie membraneuse de l'urètre où aboutissent les canaux éjaculateurs, siège habituel de l'inflammation.

Certains praticiens font une cautérisation
longue, qui est très douloureuse; nous pensons
que là, comme sur l'œil, dans les ophtalmies, il
suffit de toucher avec la pierre, et nous faisons
toujours des cautérisations instantanées, ce qui
les rend très facilement supportables.

Il est également inutile de les répéter tous les
deux ou trois jours : neuf fois sur dix, une seule

opération suffit ; s'il en est autrement, c'est après une quinzaine de jours qu'il faut, les symptômes persistant, la renouveler.

Quelques bains de siège, quelques jours de repos, et le régime indiqué plus haut suffisent pour compléter l'effet de cette petite opération.

Si le régime réclamé par la spermatorrée inflammatoire doit être doux et léger, accompagné de bains et de lavements tièdes, la spermatorrée atonique, au contraire, demande un régime reconstituant, des viandes noires et saignantes, quelques excitants (condiments et vin), des bains froids (bains de rivière), des lavements froids et des aspersions d'eau froide sur les parties sexuelles.

A l'intérieur, le phosphore et les cantharides doivent être proscrits, comme inutiles et dangereux ; le seigle ergoté seul agit sur les fibres musculaires des canaux séminifères, presque aussi sûrement que sur les parois utérines, et nous nous sommes toujours bien trouvé de son emploi. Les révulsifs (vésicatoires, emplâtres rubéfiants, urtication, flagellations, etc.) ne sont peut-être pas sans efficacité ; mais ils ne peuvent être comparés au moyen que nous opposons généralement à cette forme de pertes séminales, à la Faradisation.

Les applications de l'électricité à toutes les paralysies et à toutes les faiblesses musculaires, sans cause organique centrale, c'est-à-dire sans lésion du cerveau ou de la moelle, ont fait pressentir, tout d'abord, qu'elles seraient d'un grand secours dans les pertes de cette nature; et, en effet, l'électricité nous a rendu autant de services ici que la cautérisation dans la forme inflammatoire.

Nous l'appliquons directement sur les canaux et sur les vésicules. Pour cela, nos électrodes sont munies, l'une d'une tige métallique en forme de sonde, revêtue de gutta-percha dans toute son étendue, sauf à son extrémité, qui est légèrement renflée; l'autre, d'une armature métallique également isolée, sauf à son extrémité, et d'un volume plus fort.

Le premier appareil est introduit dans le canal de l'urètre, de manière à mettre l'olive métallique qui le termine en contact avec l'orifice des canaux; l'autre est introduit dans l'anus : le courant étant établi, on conçoit qu'il doit agir immédiatement sur les organes dont on veut réveiller l'activité musculaire.

Il est bien entendu que l'intensité du courant doit être soigneusement dosée, car ces parties muqueuses sont notablement plus sensibles à l'électricité que la peau.

Tel est le traitement de la Spermatorrée atonique.

Si on l'opposait à la forme nerveuse, on ne

ferait qu'aggraver les désordres, car ici il faut calmer et non pas exciter la sensibilité. Tous les calmants, camphre, nymphéa, opium, tous à petites doses, peuvent être administrés ; mais il y a, pour cette forme aussi, un moyen souverain bien supérieur aux ressources médicamenteuses, c'est l'introduction et le maintien d'une sonde dans le canal.

Cette petite opération n'est pas toujours sans difficulté. Il survient des spasmes assez intenses pour opposer parfois un obstacle invincible ; la douleur est quelquefois assez vive, en réalité, mais la pusillanimité des malades l'exagère encore notablement.

On y arrive cependant en y apportant de la patience, en n'introduisant l'instrument qu'avec une extrême lenteur et en y renonçant lorsque cela paraît nécessaire, pour y revenir plus tard ; en procédant ainsi, il arrive un moment où le canal a perdu sa sensibilité excessive et permet l'introduction de l'instrument. Lorsqu'il a atteint la vessie, on l'y laisse séjourner, tant que le malade le peut supporter : une demi-heure, la première fois, puis une heure, puis deux, en répétant l'opération, au plus, deux fois par semaine.

A cela se borne le traitement, sérieusement efficace, des diverses formes de la spermatorrée, et l'on voit qu'aucun de ces moyens, dont le choix ne peut être fait qu'après une étude attentive des caractères de la maladie, ne peut être laissé à la disposition des malades ; ceux-ci doivent donc toujours, malgré leur désir de cacher cette pénible affection et sous peine des plus graves accidents, recourir à l'intervention d'un praticien.

Nous arrêtons là l'étude des pertes séminales. Dans la troisième partie de ce livre, consacrée à l'hygiène sexuelle, nous compléterons, par des règles hygiéniques spéciales à cette affection, l'exposé du traitement qu'il convient de lui opposer.

CHAPITRE II

La Prostatorrée et la Blennorrée.

§ 1er. — *Prostatorrée*.

Beaucoup de praticiens pensent, et presque tous les traités de pathologie écrivent que le flux muqueux de la prostate est un phénomène fréquent. Tel ne serait point leur avis, s'ils avaient étudié, comme nous, au microscope, le produit de ces prétendus flux prostatiques. D'abord, physiologiquement, il est impossible d'admettre que deux liquides, associés par la nature, dans leur destinée fonctionnelle, puissent être complètement isolés par un état morbide.

Quel que soit le degré de l'excitation qui appelle la surabondance de sécrétion de la prostate, ce phénomène ne peut s'accomplir, sans exercer une influence nerveuse, sympathique, sur tout le système auquel cette glande est liée, et l'écoulement du sperme, proprement dit, se fait aussi. L'aspect plus fluide du produit de l'émission est sans valeur contre cette appréciation, car il est certain que le mélange des deux fluides s'accomplit mieux, quand l'émission est incessante, que lorsque l'éjaculation se fait d'un seul coup; puis, nous savons que le sperme perd son aspect et ses qualités physiques dans la spermatorrée. Presque jamais, nous n'avons rencontré de flux prostatique pur ; il y avait toujours, dans ces écoulements, des zoospermes en plus ou moins grande quantité ; il convient donc absolument de ranger la plupart des prétendues Prostatorrées dans la catégorie des spermatorrées.

Il est pourtant des cas où l'écoulement prostatique peut être distinct, bien qu'il exerce encore une influence de voisinage sur la vésicule séminale, c'est lorsqu'il est le produit d'une inflammation chronique ; mais alors ce n'est plus un flux simple, c'est l'écoulement purulent ou muco-purulent de la Prostatite chronique, dont nous avons dit un mot en étudiant les inflammations.

§ 2. — *Blennorrée.*

Ce que nous venons de dire de la Prostatorrée s'applique également à la Blennorrée. Il n'existe point, en effet, ou du moins cela est extraordinairement rare, de sécrétion exagérée du canal de l'urètre qui ne soit de nature inflammatoire.

La Blennorrée, c'est donc la Blennorragie chronique ou goutte militaire ; et, en effet, elle présente toujours à l'examen microscopique un mélange de mucus et de pus, en proportion variable, et la muqueuse, dans cette affection, est toujours plus ou moins enflammée sur la totalité ou seulement dans un point de son parcours.

D'ailleurs, la Blennorrée sans inflammation présenterait si peu d'importance qu'à peine il y aurait lieu de s'en préoccuper; il n'en est certes pas de même de l'inflammation qu'on désigne abusivement sous ce nom et que nous avons étudiée à sa véritable place, sous la dénomination de Blennorragie chronique.

Nous avons vu, en étudiant les pertes séminales, qu'on avait longtemps confondu et que quelques praticiens confondaient encore cette blennorragie chronique avec les pertes séminales; dans tous les cas rebelles, les écoulements urétraux renferment, en effet, en plus ou moins grande quantité, des éléments spermatiques, et c'est même là ce qui explique la prétendue incurabilité de ces accidents. Dans ces conditions, c'est la spermatorrée, on le conçoit, qui constitue le symptôme principal, et le flux urétral, qu'il soit cause ou effet, n'est plus qu'un élément très secondaire de la maladie.

LIVRE TROISIÈME

VIRUS

LA SYPHILIS

La syphilis est une maladie contagieuse, engendrée par un virus spécial, non épidémique, qui prend généralement son origine dans les rapports sexuels.

La syphilis présente une série de manifestations tout à fait caractéristiques, qui se succèdent d'une façon régulière et dans un ordre immuable, de façon qu'on a pu diviser, avec raison, ces manifestations en trois groupes distincts : *Accidents primitifs, Accidents secondaires* et *Accidents tertiaires*. Nous allons parcourir la série de ces désordres.

Immédiatement après un contact impur, coït ou autre, quelquefois plusieurs jours et même quelques semaines après, apparaît le premier signe, au point même où, par une déchirure ou une excoriation (nous verrons que le virus ne peut se propager qu'à cette condition), le pus contagieux a pénétré : c'est le *Chancre*. Parfois ce chancre est caché dans le canal de l'urètre (*Chancre larvé*), ce qui fait que la maladie semble avoir un écoulement urétral pour origine.

Concurremment, peut se développer une inflammation des ganglions correspondants, principalement de ceux de l'aine, les parties sexuelles
étant le siège de prédilection du Chancre : ce
sont les *Bubons*. Ces deux phénomènes constituent les accidents primitifs.

Plus tard, quelques semaines ou quelques
mois après, surviennent les accidents secondaires : c'est un état morbide général, la *Diathèse
syphilitique*, puis des manifestations spéciales
sur les muqueuses, qu'on nomme *Plaques muqueuses*, et des éruptions à la peau, les *Syphilides*; ces accidents peuvent durer une ou deux
années.

Après un silence d'une durée variable, depuis
quelques mois jusqu'à plusieurs années, de nouveaux phénomènes apparaissent, qui constituent
les accidents tertiaires de la syphilis : ce sont
les *Tumeurs syphilitiques fibro-plastiques* ou
gommeuses, les *Altérations des os* (*Périostites,
Caries, Nécroses*), et enfin les *Dégénérescences
syphilitiques des viscères*.

Tel est l'ordre dans lequel se développent les
phénomènes qui constituent cette affection ;
mais, soit d'elle-même, soit sous l'influence du
traitement, elle peut se borner à l'un ou à
quelques-uns seulement de ces phénomènes.
Souvent le chancre seul apparaît ; quelquefois
les accidents secondaires sont évités, et, enfin

ce n'est qu'exceptionnellement que, de nos jours, la troisième période survient et que la maladie parcourt, sans merci, son cadre tout entier.

La meilleure marche à suivre pour étudier tous ces phénomènes est de les prendre un à un, en donnant à l'étude de chacun les développements qu'il comporte. Nous allons donc aborder successivement :

1° Le Chancre.
2° Le Bubon.
3° Les Syphilides.
4° Les Plaques muqueuses.
5° Les Altérations syphilitiques des os.
6° Les tumeurs syphilitiques.
7° Les Dégénérescences syphilitiques des viscères.

Nous joindrons à ce dernier chapitre la syphilis héréditaire, qui consiste le plus souvent en dégénérescences viscérales.

Nous terminerons cette étude par un dernier chapitre consacré à l'examen des diverses médications opposées à la syphilis, à l'exposé des dangers que présentent certaines d'entre elles et à l'étude des moyens que nous proposons pour remplacer ces traitements dangereux.

CHAPITRE PREMIER

Le Chancre.

Le chancre est la manifestation primordiale et toujours nécessaire de la syphilis; il peut en être l'unique manifestation, mais jamais les autres accidents n'apparaissent sans être précédés du chancre. Son étude a donc une importance du premier ordre.

Les deux causes absolues de la syphilis sont la contagion et l'hérédité; cette dernière cause n'engendre jamais que les accidents secondaires et tertiaires; tandis que le chancre ne reconnaît qu'une origine unique, la contagion.

Le véhicule principal de cette contagion est le pus d'une manifestation syphilitique quelconque, mais l'intensité de la contagiosité de ce produit décroît à mesure qu'on s'éloigne de l'origine, et même il est à peu près acquis, sans qu'il soit cependant permis de l'affirmer absolument, que les accidents tertiaires ne sont plus contagieux. Le virus syphilitique, contrairement à ce que nous avons dit pour le virus blennorragique (lequel pénètre à travers la muqueuse saine), ne peut être absorbé que s'il existe une érosion quelconque, soit de la peau, soit des muqueuses et sur tous les points de la peau ou des muqueuses. Ce virus se conserve assez longtemps, à moins d'être mis en contact avec un altérant

quelconque, acide, alcali ou alcool; aussi n'est-il
pas rare de le voir se propager, sans contact
sexuel, par le linge, les instruments, les vases à
boire, et même les baignoires ou le pourtour des
water-closets.

On voit, par ce seul fait, combien les soins
d'hygiène et de propreté doivent être minutieux,
surtout lorsqu'une excoriation du derme externe
et interne ouvre une porte à la pénétration du
virus.

Mais, bien qu'à un titre moindre, le sang d'un
syphilitique (le sang des règles par conséquent)
peut être le véhicule de la contagion, et l'on a
même prétendu, sans le prouver toutefois, que
les sécrétions, salive, urine, sueurs, lait, etc.,
étaient également contagieux; il est probable que
ces liquides peuvent transporter le virus mélangé
à leurs éléments, mais rien n'établit formellement que, par eux-mêmes, ils possèdent la qualité contagieuse. Comme tous les virus, celui-ci
ne se transmet que par rapport direct et immédiat; il ne se peut répandre dans l'air, comme
les Miasmes, pour engendrer une épidémie;
comme pour tous les virus aussi, comme pour
les venins, il est possible d'empêcher la pénétration de ce poison au sein de l'organisme, en
soumettant aussitôt les excoriations qui ont pu
subir son contact à une lotion détersive capable
d'attaquer et de détruire le principe virulent.

Entre tous, l'alcool jouit de cette propriété, et c'est ce qui assure l'efficacité du Cosmal, qui est à base d'alcool, pour cet usage. Lorsque l'absorption du virus se produit, c'est au lieu même où il a pénétré que se fait la première manifestation de l'infection, le Chancre.

Celui-ci a tout d'abord l'aspect d'une petite ulcération superficielle, molle, quelquefois légèrement surélevée au-dessus du tissu sain, dont le fond grisâtre, à bords taillés à pic, est entouré d'un bourrelet inflammatoire ayant l'aspect d'un cercle rouge plus ou moins vif.

Il peut rester à cet état : c'est le *chancre simple,* ou non infectant ; car, à quelques exceptions près, quand il garde cet aspect, l'accident vénérien se borne là ou peut, tout au plus, donner lieu à la naissance de Bubons, mais il n'engendre pas la Syphilis constitutionnelle.

Quelquefois, et sans que l'origine y soit pour quelque chose, sous des influences de tempérament et de prédisposition personnelle, le chancre s'étend en profondeur et en largeur, érode profondément les tissus voisins et donne lieu à la production d'une sanie abondante ; c'est le *chancre phagédénique,* dont la gravité, au point de vue de l'avenir, n'est pas plus grande, mais qui peut se terminer par des gangrènes assez étendues, et entraîner des pertes considérables de tissu.

Mais dans d'autres cas, le chancre donne lieu à la production d'un plasma fibrineux, qui épaissit le tissu sous-jacent et constitue le phénomène appelé *Induration*.

Le *chancre induré*, étant le signe certain que la Syphilis doit suivre son cours, on comprend qu'il est nécessaire de bien reconnaître la véritable induration.

Il ne faut pas confondre avec l'induration spécifique le gonflement inflammatoire, celui que causent les agents astringents employés, ou encore l'épaississement, au voisinage du chancre, d'un follicule sébacé engorgé. Souvent l'induration est presque tout l'accident et l'ulcération est réduite à une érosion superficielle mince et large, paraissant n'entamer que l'épithélium (*chancre épithélial*). Ce chancre suppure peu, il est le plus souvent indolent, comme toutes les manifestations syphilitiques, et il a moins de tendance à pulluler que le chancre simple. Le chancre peut naître presque immédiatement après l'intoxication ; il peut, au contraire, être précédé d'une ou de plusieurs semaines d'incubation, et c'est même là une circonstance fâcheuse qui doit faire craindre une succession plus rapide des accidents consécutifs. Quant à sa durée, il est tout aussi difficile de préciser ; elle varie entre plusieurs semaines et plusieurs mois ; cela dépend d'une foule de conditions individuelles, et surtout du traitement. Toutefois, longtemps après la fermeture de l'ulcère, on peut sentir l'induration, qui lui a survécu et qui peut souvent s'ulcérer à nouveau. Sauf le cas où il engendre le phagédénisme ou la gangrène des tissus voisins, le chancre, qu'il soit simple ou induré, se termine généralement par la cicatrisation, qui, pour les uns, est la guérison radicale, et n'est, pour les autres, que la fin de la première phase de l'affection. Au point de vue de la contagiosité, le chancre simple peut aussi bien engendrer un chancre induré qu'un chancre induré peut faire naître un chancre simple : cela ne tient point à l'origine du virus, mais à la nature même du sujet.

En laissant de côté les quelques exceptions relatées dans les ouvrages spéciaux, tout le pronostic, au sujet du caractère du chancre et de ses suites, est donc limité à ce point capital de l'induration ou de la non-induration. C'est pour cela que nous nous sommes appesanti sur les caractères différentiels ; mais il est difficile au malade lui-même de constater sûrement ce caractère fondamental ; aussi ne saurait-on trop recommander de soumettre ces accidents à l'examen d'un praticien compétent, puisque de cette distinction résulte la nécessité ou l'inutilité des mesures à prendre pour arrêter le développement de la syphilis constitutionnelle.

CHAPITRE II

Le Bubon

On appelle ainsi l'inflammation des ganglions lymphatiques de l'aine (*Bubon*, en grec, veut dire aine), son nom populaire est Poulain.

Cette inflammation peut être aiguë ou lente, s'accompagner ou non de suppuration, selon diverses circonstances que nous allons faire connaître.

Le bubon syphilitique à tendance suppurative accompagne, de préférence, les chancres simples; il est rare qu'il ait un caractère d'inflammation aussi actif que le bubon de la blennorragie, il se développe plus lentement; mais, comme lui, il s'accompagne d'épaississement et de douleur, et bientôt la peau qui le recouvre s'amincit, rougit, et l'on peut percevoir sous cette peau enflammée la sensation de fluctuation. Quelquefois, bien que le pus y soit abondant, la résorption peut se faire sans aucun inconvénient pour l'organisme; mais si on laisse, dans cette espérance, l'abcès s'ouvrir seul, il en pourrait résulter des cicatrices très apparentes, qu'il est de l'intérêt du malade et du devoir du médecin d'éviter. Cet abcès, ouvert et traité comme nous le dirons plus loin, le bubon peut se guérir assez régulièrement.

quoique lentement ; mais il n'est pas rare de lui voir prendre le caractère phagédénique, comme le chancre, et causer de vastes pertes ulcératives dans les tissus ambiants.

Quels que soient son caractère et la nature de l'accident local qui l'a fait naître, le pus de ce bubon est de nature contagieuse.

Si le bubon qui accompagne le chancre simple présente souvent un caractère inflammatoire aigu, comme celui de la Blennorragie ou de toute autre lésion des parties aboutissant à l'aine, le bubon qui surgit, au contraire, à la suite d'un chancre induré, et qui confirme son caractère infectant, est presque toujours indolent et ne se manifeste que par l'augmentation de volume du ganglion et une induration spéciale. Ce sont des adénites à marche essentiellement lente, à ce point qu'elles persistent souvent pendant toute la durée de l'infection et constituent, soit à l'aine, soit à la région cervicale, où ces adénites spécifiques sont fréquentes, un excellent moyen de diagnostic qu'on peut interroger à toutes les phases de la maladie.

Les adénites de l'aine, les plus fréquentes et auxquels seules, au point de vue étymologique, s'applique le nom de Bubon, présentent, seules aussi, les variétés que nous signalons. Les ganglions engorgés du cou ne suppurent presque jamais, ne s'ulcèrent pas et ne donnent lieu qu'à cette induration indolente, symptomatique de l'état syphilitique.

Le siège de ces ganglions engorgés est tantôt superficiel, tantôt profond; c'est-à-dire qu'ils résident parfois sous l'aponévrose de la cuisse, et, dans ce cas, la communication pouvant se faire facilement avec les corps ganglionnaires du bas-ventre, il n'est pas rare de voir l'adénite s'y étendre; on reconnaît aisément le siège de l'inflammation à la mobilité et au relief de la petite tumeur. Dans l'un et l'autre cas, plusieurs ganglions engorgés peuvent se réunir, et donner lieu à de véritables tumeurs ou grappes ganglionnaires, d'un volume parfois considérable.

Toujours, dans le cas de chancre infectant, quelle que soit la lenteur de l'inflammation, il se fait une petite production de pus qui peut se résorber ou amincir et rougir légèrement la peau pour s'ouvrir une issue au dehors. Dans d'autres cas, la suppuration fuse dans les parties profondes, décolle les tissus sous-jacents, détache et détruit de larges parties de peau, et peut causer ainsi de vastes pertes de matière et des cicatrices difformes, fort redoutées par les malades. Quelquefois le phagédénisme et la gangrène peuvent causer ici les ravages que nous avons étudiés en décrivant le chancre. Toutefois, ces complications sont assez rares.

Le bubon est le deuxième phénomène primitif de la syphilis, il paraît, comme le chancre, dès le début, et en quelque sorte concurremment avec lui. Nous avons dit que dans l'infection syphilitique c'était le symptôme le plus persistant, et qu'on le rencontrait pendant toute la durée de l'affection constitutionnelle.

Le pronostic de cet accident est donc intimement lié à celui de la maladie elle-même.

CHAPITRE III

Les Syphilides (*Eruptions syphilitiques*) et les Plaques muqueuses.

§ 1". — *Syphilides.*

C'est après ces deux premiers phénomènes de la syphilis, et seulement lorsqu'ils ont revêtu le caractère infectant, que se manifeste l'intoxication syphilitique.

Le premier phénomène de cette syphilis constitutionnelle est une anémie caractérisée par la faiblesse, la pâleur mate et l'empâtement du visage, l'inappétence, la tristesse, etc. Cet état général, très pénible, est habituellement de peu de durée, surtout si l'on a soin de le combattre dès le début par les toniques ordinaires, aidés de quelques doses d'iodure de potassium. Cet état ouvre la série des phénomènes d'infection syphilitique, et précède de peu les accidents secondaires, c'est-à-dire les éruptions cutanées et les érosions muqueuses.

On appelle Syphilides toutes les maladies de peau d'origine syphilitique. Quelles sont-elles? Toutes les maladies cutanées — et il y en a une multitude de genres et un chiffre incalculable de variétés; — toutes les dermatoses peuvent se manifester sous l'influence de la syphilis. Le lien entre ces maladies et la syphilis est très étroit ; aussi croirait-on volontiers que les lèpres et autres éruptions de ce genre, dont la fréquence au moyen âge est démontrée par le nombre considérable des léproseries et d'autres institutions analogues qui existaient alors, n'étaient que des manifestations de la vérole, dont l'origine vénérienne n'aurait point été connue.

On doit comprendre, par cela même, qu'il est impossible de faire entrer dans le cadre de ce livre la description minutieuse de toutes les dermatoses syphilitiques, dont, d'ailleurs, quelle que soit la forme, le traitement est toujours identique : nous nous contenterons de faire connaître leurs caractères généraux et nous dirons un mot seulement de quelques-unes de ces éruptions, plus particulièrement liées à l'état d'infection vénérienne.

Entre toutes, la plus fréquente est la *Roséole* syphilitique ; elle apparaît, en effet, dès le début de cette deuxième phase de la syphilis, pour disparaître et faire place à d'autres accidents ou, quelquefois, pour revenir à nouveau, à chacune des *Poussées syphilitiques* nouvelles ; à la suite viennent les éruptions sèches ou humides (Erythème, Impetigo, Rupia, Ecthyma). Parmi ces dermatoses figure l'éruption croûteuse du cuir chevelu (couronne de Vénus), laquelle amène l'engorgement des ganglions du cou et la chute des cheveux, qui n'est, heureusement, dans beaucoup de cas qu'un accident passager. Citons encore la dermatose *squameuse* des paumes des mains, un des accidents les plus rebelles, les plus fréquents et, avec les éruptions de la tête, les plus désagréables aux malades, dont ils révèlent l'état constitutionnel.

D'ailleurs, il faut le répéter, toute la Dermatologie forme un chapitre de la syphilis; toutefois, les éruptions doivent, le plus souvent, à leur origine des caractères spéciaux qui servent à fixer le diagnostic quand les antécédents ne l'éclairent pas immédiatement. Les plus saillants de ces caractères sont : l'indolence propre à toutes les manifestations syphilitiques et qui se traduit ici par l'absence de démangeaisons, une forme plus régulièrement arrondie des pustules, papules, vésicules ou érosions, et une couleur cuivrée tout à fait spéciale.

La disparition d'une syphilide ne peut en aucune façon indiquer qu'on en a fini avec cette série de phénomènes : plusieurs syphilides, se succédant sans ordre et sans régularité, peuvent marquer cette deuxième phase de l'affection, laquelle, nous l'avons dit, peut durer de plusieurs mois à une ou deux années.

§ 2. — *Plaques muqueuses.*

Les manifestations secondaires de la syphilis ont pour siège de prédilection les tissus superficiels, tandis que la syphilis tertiaire frappe presque toujours les tissus et organes profonds. Ce que sont les syphilides pour le tissu superficiel externe, la peau, les plaques muqueuses le sont pour le tissu superficiel interne, pour les muqueuses.

Ce sont de petites ulcérations, à bords taillés à pic, à fond rougeâtre, ayant une certaine tendance à pulluler, indolentes, mais persistantes, et donnant une suppuration très rare.

Leur siège est la surface de toutes les muqueuses : la bouche, la langue, la gorge, où elles peuvent causer la surdité; le larynx, où elles constituent la laryngite syphilitique et la dysphonie si fatigante qui l'accompagne; la vulve, les parois du vagin, le col de la matrice, le gland et le prépuce, enfin la marge de l'anus.

Il n'est pas rare de les voir s'étendre, soit sur la peau des parties, aux plis de l'aine et au nombril, partout enfin où la peau est fine et humide, sans perdre, en changeant ainsi de tissu, leurs caractères essentiels.

Nous n'avons pas besoin de dire que le mucopus de ces manifestations, ainsi que la sérosité des syphilides, est absolument virulent, quoique à un degré moindre que le pus primitifs, la virulence s'atténuant graduellement, à mesure que l'infection avance. Ces plaques muqueuses sont souvent très rebelles, et elles sont sujettes à récidiver pendant toute la durée de cette deuxième phase de la syphilis; toutefois, elles donnent rarement lieu à des désordres plus profonds, et ce n'est point à ces accidents qu'il faut attribuer les érosions du voile du palais, de la voûte ou de la cloison nasale, mais à des accidents tertiaires, que nous étudierons plus loin.

CHAPITRE IV

Les Altérations des Os et les Tumeurs syphilitiques.

§ 1er. — *Altérations des Os*.

Entre les accidents précédents, qui constituent la deuxième phase de l'infection syphilitique, et les accidents tertiaires que nous abordons ici, se placent des phénomènes graves, mais plus rares : l'*Onyxis* (ongle entré dans les chairs), qu'on combat par des applications topiques (pommades iodurées), l'*Iritis* et la *Choroïdite* syphilitiques, inflammations redoutables et terriblement douloureuses des membranes de l'œil, auxquelles il faut opposer la médication spécifique que nous ferons connaître.

Mais si, dans un grand nombre de cas, les chancres ne donnent pas lieu à des accidents secondaires, il est plus fréquent encore, aujourd'hui surtout (et cela évidemment par le fait des soins donnés), de voir la syphilis ne point atteindre cette troisième phase de son évolution. En un mot, la syphilis tertiaire constitue une exception redoutable, mais assez rare, dans l'évolution de cette maladie. Nous pouvons ajouter que les produits purulents ou muqueux et le sang des syphilitiques arrivés à cette période ont perdu en grande partie leur caractère contagieux, de sorte que beaucoup de praticiens nient la contagiosité de ces phénomènes ultimes de l'affection... Comme le fait n'est point rigoureusement prouvé, il convient de se défier autant de ces phénomènes que des précédents et de continuer, lorsqu'ils surviennent, les soins d'hygiène et les précautions que nous ferons connaître ultérieurement.

Les altérations des os sont de plusieurs espèces, et l'une d'elles, seulement, peut apparaître ou plusieurs peuvent survenir successivement. Ce sont des inflammations soit de l'os (*Ostéite*), soit de son enveloppe (*Périostite*). Tantôt ces inflammations donnent lieu à une sécrétion plastique de substance osseuse : c'est la *Périostose*, si elle s'étend sur toute l'étendue de l'os ; c'est l'*Exostose*, quand elle se fixe en un seul point.

Ces phénomènes, très lents dans leur marche, s'accompagnent toujours de douleurs qui leur sont spéciales, douleurs dites *ostéocopes*, qui se manifestent surtout sous l'influence de la chaleur du lit, et toujours dans la continuité des os, les manifestations syphilitiques frappant de préférence la longueur des os longs, ou les surfaces des os plats, et rarement les petits os ou le voisinage des jointures. Ces inflammations osseuses se terminent parfois par suppuration; et il en résulte la nécrose ou la carie. Ce sont ces mortifications osseuses qui érodent la voûte du palais et la cloison des fosses nasales et qui, par la chute de cette cloison, produisent l'écrasement du nez, phénomène tout spécial à la syphilis. Ces manifestations tertiaires de la syphilis peuvent survenir immédiatement ou longtemps après la deuxième période; c'est parfois après de longues années qu'apparaît cette troisième et dernière phase de la maladie.

§ 2. — *Tumeurs syphilitiques.*

Il existe une tumeur qui semble appartenir en propre à la syphilis; c'est la *tumeur gommeuse*, dans laquelle le microscope fait retrouver une substance qui, par ses caractères, justifie ce nom. Cette tumeur siège de préférence sous la peau ou les muqueuses; variable dans ses développements et sa marche, elle reste toujours indolente. Il en est de même des tumeurs *fibroplastiques* ou *épithéliales*, d'origine syphilitique, qui se développent en tous les points du corps, mais plus souvent au testicule, où elles constituent ce qu'on nomme le testicule syphilitique. Le caractère fondamental de ces lésions est leur résorption sous l'influence de l'iodure de potassium; c'est même, à proprement parler, par les antécédents et l'effet de cet agent qu'on peut en établir la nature spécifique. Aussi est-il de règle de ne jamais procéder chez une personne ayant eu la syphilis à l'ablation d'une tumeur quelconque, sans avoir préalablement tenté de la dissoudre par l'iodure de potassium, *intus* et *extra*, c'est-à-dire en solution à l'intérieur et en frictions.

CHAPITRE V

Les Dégénérescences des Viscères et la syphilis héréditaire.

Si les accidents précédents sont rares, plus rares encore sont ceux qui nous restent à étudier; ce n'est que par exception, et lorsque son tempérament s'y prête ou que son incurie l'y mène, qu'un malade arrive à ces altérations profondes; mais aussi c'est le terme, et là échouent presque toujours les moyens curatifs.

Ces manifestations sont analogues aux précédentes; ce sont des dégénérescences gommeuses, fibro-plastiques, épithéliales, graisseuses, etc., ayant leur siège dans les viscères. Elles siègent plus fréquemment dans le foie et les autres glandes. On comprend que les signes de ces graves altérations diffèrent selon la nature de l'élément nouveau et selon le siège qu'il occupe. Ici, comme toujours, l'iodure de potassium sert, avec les antécédents, non seulement à combattre, mais encore à faire reconnaître la nature de la lésion.

Si ces accidents viscéraux sont rares chez les adultes, ils constituent, au contraire, le phénomène le plus fréquent de la syphilis héréditaire, de celle que l'enfant contracte, dans le sein même de la mère infectée, ou sous l'influence de l'intoxication paternelle. La syphilis peut se transmettre à toutes les phases de la maladie, et même dans les périodes de silence. Rien n'est plus irrégulier que cette transmission, et souvent, sur plusieurs enfants un seul est frappé de la tare héréditaire. Du côté paternel, la transmission est moins absolue et elle a même été niée. Des observations nombreuses tendraient à établir que la scrofule et non la syphilis serait le partage des enfants issus de pères syphilitiques.

Mais quand la conception s'accomplit pendant que la mère, dont l'influence au point de vue de la transmission est absolument certaine, est atteinte d'accidents primitifs ou secondaires, il est rare que le fœtus ne soit point tué dans son sein. La syphilis, le frappant pendant la vie intra-utérine, a pour effet d'arrêter son développement : l'avortement est donc la règle à peu près constante de ces cas. Si le fœtus survit, il naît avec des éruptions muqueuses et cutanées et un aspect tout à fait caractéristique. La peau est flasque et ratatinée, ridée de plis profonds, qui lui donnent cette apparence sénile qu'impriment toutes les affections diathésiques sur le visage des enfants nouveau-nés. Quelquefois l'enfant naît absolument sain, et c'est dans les premiers mois, un an, deux ans, au plus tard,

d'après sa naissance, que surgissent les phénomènes syphilitiques héréditaires : plaques muqueuses, éruptions cutanées, et surtout lésions
viscérales ; toutes les manifestations enfin de la
syphilis, (sauf le chancre.)

Le chancre, en effet, ne peut jamais, chez
l'enfant, provenir de l'hérédité ; il est toujours le
résultat d'une contagion due au contact du sein
de la nourrice, et peut-être, bien qu'on l'ait niée,
à l'absorption de son lait. De même le contact
de la bouche de l'enfant syphilitique peut contaminer sa nourrice et faire naître un chancre sur
le mamelon : aussi est-il de règle d'élever ces
enfants au biberon, ou de les faire nourrir par
la mère, qui, en se traitant elle-même, peut parfois influer heureusement sur la santé du nourrisson.

CHAPITRE VI

La médication antisyphilitique. Accidents causés par les mercuriaux. Traitement sans mercure.

§ 1er. — *Médication antisyphilitique.*

Le traitement de la syphilis comprend les moyens préservatifs et curatifs : des premiers, nous ne parlerons pas ici, car ils sont plutôt du ressort de l'hygiène, et nous leur consacrons un chapitre spécial dans la troisième partie de cet ouvrage. Nous ne nous occuperons en ce moment que de la médication curative de la syphilis. Ici se présente tout d'abord une question grave et fort controversée : celle de l'emploi du mercure dans le traitement de cette affection.

Pour se rendre bien compte de l'utilité du mercure dans le traitement de la syphilis, il suffit de constater la divergence des opinions émises par les médecins au sujet de cet agent.

Les uns veulent encore, comme les anciens praticiens, administrer cette médication à tous les degrés de la syphilis, et cette doctrine vient de recevoir un nouvel appui des travaux du célèbre médecin de London-Hospital, le docteur Hutchinson ; les autres l'opposent seulement aux deux premières phases de l'affection et réservent

les accidents tertiaires à l'iodure de potassium ;
d'autres, enfin, le jugent inutile contre les accidents primitifs et tertiaires, et en font le spécifique des accidents secondaires, plaques muqueuses et dermatoses.

Quant au mode d'administration, même diversité d'avis, les uns recommandent les onguents
et pommades, comme moins dangereux ; d'autres
les repoussent comme infidèles ; ceux-ci veulent
qu'on administre à petite dose et longtemps,
prétendant obtenir ainsi l'effet antisyphilitique,
sans courir risque d'intoxication ; ceux-là, prétendant que, pour tuer le virus, il faut *mercuriser*
le malade, donnent de fortes doses et provoquent
la salivation. Enfin, il est un petit nombre de
praticiens qui, effrayés à juste titre des inconvénients de cet agent, le repoussent absolument
ou, du moins, ne l'acceptent que comme moyen
héroïque pour les cas rebelles ou pressants. Nous
partageons ce dernier avis ou, plutôt, nous allons
encore plus loin : nous pensons que, même dans
les cas rebelles ou pressants, d'autres moyens
que nous ferons connaître plus loin ont tout
autant d'efficacité que le mercure et doivent lui
être préférés.

D'ailleurs, à notre sens, de toutes ces opinions,
il n'y en a que deux qui soient rationnellement
soutenables. Le mercure doit être le remède de
la syphilis à tous les degrés, ou bien il doit être

absolument proscrit. En effet, si l'on a pu discu-
ter longtemps sur l'unicité ou la dualité des deux
virus, du virus du chancre infectant et du virus
du chancre simple ou chancroïde, on n'a jamais
songé à nier que le virus de la syphilis constitutionnelle, fût un, à tous les degrés de l'affection ;
l'eût-on tenté que les faits se seraient chargés de
la démonstration. Nous savons, en effet, que le
pus des accidents secondaires et même des accidents tertiaires, inoculé, donne toujours lieu,
non à des accidents secondaires ou tertiaires,
mais à des accidents primitifs, c'est-à-dire au
chancre. Le virus est donc toujours, à tous les
degrés, identique. Eh bien, comment admettre
que l'iodure de potassium, souverain contre le
virus du troisième degré, sera sans effet contre les
accidents secondaires? Comment croire que le
mercure, spécifique des accidents secondaires,
sera inactif contre les accidents tertiaires et primitifs? Il n'y a qu'un seul virus; si le mercure est
son antidote, il doit agir contre la syphilis, toujours et à tous les degrés ; si l'iodure de potassium guérit certaines manifestations de la syphilis, les dernières et les plus redoutables, il doit
être efficace contre les manifestations primitives
et secondaires.

Cela est, en effet, et c'est même ce fait qui nous
explique la prédilection des mercuristes les plus
décidés, pour les préparations hydrargyriques

à base d'iode. L'iodure de mercure est généralement celui des sels de mercure qu'ils préfèrent. Pourquoi ? Parce qu'il agit par son iode, plutôt que par le mercure, et il ne doit à ce dernier composant que des dangers redoutables, sans une efficacité plus grande. Pour notre compte, mû par ces considérations, nous avons, dans notre pratique, usé de l'iode sous des formes multiples, et des autres agents que nous ferons connaître plus loin, à tous les degrés de la syphilis, et à tous les degrés nous leur avons dû de nombreuses guérisons. Aussi sommes-nous devenu un anti-mercuriste systématique, et nos lecteurs nous approuveront, nous n'en doutons pas, lorsqu'ils auront parcouru l'exposé sommaire des désordres qu'engendrent ce médicament hasardeux.

§ 2. — *Accidents causés par les mercuriaux.*

On appelle Mercurisme ou Hydrargyrie l'état pathologique déterminé par l'intoxication mercurielle.

Le mercure et ses composés doivent être rangés parmi les poisons les plus violents et les plus subtils. Non seulement, en effet, les sels solubles, à base de mercure, sont toxiques à des doses élevées, mais ils exercent leur action délétère aux doses les plus faibles, lorsque l'usage en est prolongé, et les vapeurs seules du mercure métallique, lequel est volatil à la température ordinaire, ont pu déterminer et déterminent encore journellement des empoisonnements. On peut mesurer l'intensité d'action de cet agent, dans les ateliers de miroiterie, de chapellerie, de dorure, etc., où l'on fait usage du mercure; mais c'est surtout dans les mines où on procède à l'extraction de ce produit qu'on a pu juger de ses effets meurtriers. A Almaden, en Espagne, on a constaté que, dès les premiers jours, les mineurs sont atteints de désordres spécifiques; quelques-uns de ces malheureux peuvent, sans accidents graves, persévérer quelque temps; un grand nombre sont obligés d'y renoncer, après quatre ou cinq mois de travail; on n'en connaît point qui aient pu résister plus de trois ans à cette industrie homicide. Pour faire apprécier la valeur toxique du mercure, même à l'état métallique, on peut citer ce fait : un bâtiment voyageait avec un chargement de mercure; le métal s'échappa des vases mal construits qui le contenaient; on constata de la salivation, des ulcérations, des paralysies et autres symptômes de mercurisme sur presque tous les hommes de l'équipage, et de nombreux animaux qui se trouvaient à bord furent également atteints. Si le mercure est à ce point nuisible lorsqu'il est absorbé en vapeurs et à l'état métallique par les

voies respiratoires, il est presque aussi redoutable lorsqu'on l'applique en frictions à la surface de la peau. On compte par milliers les gens
qui se sont donné la stomatite mercurielle rien
qu'en se frictionnant les parties sexuelles avec
le traditionnel onguent gris, pour détruire les
parasites de cette région. Nous avons constaté
un cas d'intoxication plus remarquable encore
et qui prouve combien les prédispositions individuelles ont d'influence sur le développement
de ces accidents.

Un mari, affligé de poux du pubis, se fric-
tionna, de son chef, une seule fois, le soir, avec
l'onguent gris (ou mercuriel), et se coucha
après cette application. Il détruisit les parasites
et n'éprouva aucune manifestation de mercurisme; mais, quelques jours après, il nous ame-
nait son épouse, qui présentait des signes non
douteux d'empoisonnement mercuriel.

Si le mercure peut ainsi empoisonner à
distance ou à la suite d'applications externes
légères et pratiquées une seule fois; s'il peut agir
de cette façon à l'état métallique, c'est-à-dire
sous sa forme la moins assimilable, est-il besoin
de longs arguments pour prouver que *a fortiori*,
il peut produire des accidents graves lorsqu'il
est administré à l'intérieur, pendant longtemps,
et sous des formes chimiques choisies pour faciliter son absorption? Nous de vons ajouter que

l'organisme mettant plusieurs mois à l'éliminer, son action toxique s'additionne, en quelque sorte, au fur et à mesure de son administration.

Comment se fait-il que, malgré ces faits connus de tous les praticiens, on persiste à garder dans la thérapeutique un agent aussi redoutable?

La première raison, et nous pourrions nous contenter de celle-là, c'est que cela se fait depuis longtemps et que, dans notre profession, bien qu'on s'en défende, on est esclave, plus que dans aucune, de la sacro-sainte routine. Puis, le mercure est, le plus souvent, administré contre la syphilis, et beaucoup de désordres, dus à son ingestion, présentent avec les manifestations de la vérole une certaine similitude qui a fait souvent imputer à la maladie ce qui appartenait, en réalité, à l'agent chargé de la combattre. Ah! si le mercurisme se manifestait toujours par ce signe pathognomonique, la salivation, l'erreur pourrait être évitée. Beaucoup de praticiens le croient, et l'on voit, à la fin de chaque formule à base de mercure, ces mots qui semblent parer à tout péril : surveiller la salivation. Malheureusement, c'est là une erreur complète : si la stomatite et la salivation qu'elle détermine sont les signes primitifs les plus fréquents de l'empoisonnement par le mercure, cette intoxication peut donner lieu à d'autres

désordres moins caractérisés et d'un diagnostic plus difficile, ainsi que nous allons le voir,
en décrivant les manifestations du mercurisme.

Les premiers symptômes de l'empoisonnement
mercuriel sont assez légers. Ainsi, à Almaden,
on observe qu'après la première journée de travail les mineurs accusent généralement une fatigue extrême, de la courbature, de la dyspnée,
de la somnolence; quelquefois il s'y ajoute un
mouvement fébrile plus ou moins intense et une
sensation pénible à l'épigastre. Plus tard, dans
les intoxications industrielles, accidentelles ou
thérapeutiques, on voit apparaître la stomatite
mercurielle, signe absolu, mais non constant de
cet empoisonnement. Elle commence par une
salivation abondante pouvant aller jusqu'à un
ou plusieurs litres de salive par jour; bientôt la
muqueuse des gencives se borde d'un liséré
rougeâtre et fongueux; puis toute la muqueuse
buccale s'enflamme, rougit et se ramollit, et des
ulcérations plus ou moins profondes, plus ou
moins étendues, y apparaissent; enfin les dents
se déchaussent, s'ébranlent et finissent par tomber; il n'est pas rare de voir se nécroser les os
maxillaires eux-mêmes. Une saveur métallique,
cuivreuse, âcre et brûlante, une haleine fétide,
un sentiment de constriction à la gorge et à
l'épigastre, accompagnent habituellement cette
inflammation locale. Quelquefois cette irritation

gagné les parties plus profondes de l'appareil digestif, et une diarrhée abondante et sanguinolente vient s'ajouter à ces désordres. Sous l'influence de cette grave perturbation de la nutrition la face est décomposée, terreuse et anxieuse.

C'est le plus souvent de cette façon que le mercurisme se manifeste, mais il est fréquent de le voir porter ses ravages d'un autre côté, à la peau ou sur le système nerveux.

Du côté de la peau, il donne lieu à des dermatoses de formes diverses, et ce fait à d'autant plus d'importance qu'on l'administre généralement contre les accidents secondaires, c'est-à-dire au moment de l'apparition des éruptions syphilitiques, et qu'il est facile de confondre ces états, d'origine différente, et dont les caractères, quoi qu'on dise, ne sont pas toujours assez distincts pour permettre un diagnostic précis. Tantôt ce sont de petites vésicules développées sur un fond rouge vif donnant lieu à de violentes démangeaisons et suivies d'une exfoliation furfuracée de l'épiderme; tantôt ces vésicules sont plus fortes, confluentes, remplies d'un pus épais, et elles donnent lieu à un mouvement de fièvre très accentué. Ces vésicules, en se déchirant aux plis de l'aine, à l'ombilic, dénudent le derme et donnent lieu à un écoulement d'une grande fétidité. Enfin l'inflammation du tissu cutané peut se généraliser et déterminer la chute des ongles, des cheveux : elle donne lieu alors à une violente réaction fébrile et peut déterminer des accidents mortels. C'est cette dernière forme que les Anglais ont appelée l'hydrargyrie maligne. On a donné en France à ces éruptions les noms de : Eczéma, Erythème et Lèpre mercuriels.

Du côté du système nerveux, le mercurisme occasionne le tremblement (dit tremblement mercuriel), l'hésitation des mouvements, puis des paralysies partielles ou générales, avec cette singularité que les extenseurs surtout sont frappés, en sorte que les malheureux qui en sont atteints ne peuvent plus lâcher, quoiqu'ils le veuillent, les objets dont ils se sont saisis. Quelquefois enfin ils survient des troubles nerveux généraux, surtout des convulsions se rapprochant de celles de la chorée.

Est-ce à dire que cet ensemble de désordres est la conséquence fatale de l'absorption du mercure ? Non, assurément. Beaucoup d'organismes vigoureux peuvent résister à son influence funeste, et ce sont ces cas d'impunité qui font trop facilement taxer d'exagération la doctrine que nous soutenons ici. Mais, pour quelques-uns qui sont préservés, combien sont frappés ? Ceux-là ne s'en vantent point, ils l'ignorent souvent, et c'est dans le cabinet des médecins spécialistes que viennent se révéler des effrayantes désorganisations dues à ce redoutable agent.

A notre avis, donc, le mercure doit être rigoureusement banni de la médication antisyphilitique, aussi bien lorsqu'il s'agit des accidents
secondaires que dans les manifestations primitives ou ultimes de l'affection, d'autant mieux
qu'on peut le remplacer avantageusement, dans
toutes les manifestations de la maladie, par des
agents complètement inoffensifs, que nous allons
faire connaître, et dont l'ensemble constitue
notre médication spécifique de la syphilis.

§ 3. — *Traitement sans mercure.*

Nous allons, pour simplifier, suivre pas à pas
les divers accidents, dans l'ordre où ils se produisent, et indiquer les agents qu'il convient de
leur opposer.

Lorsque, malgré l'emploi des moyens préservatifs que nous faisons connaître en détail, dans
les chapitres de ce livre consacrés à l'hygiène
sexuelle, il survient une excoriation aux parties
après un rapprochement suspect (et les rapprochements sexuels, accomplis par les jeunes gens,
quelle que soit d'ailleurs l'étendue de leur confiance, doivent être presque toujours tenus pour
suspects); il faut, sans retard, aller trouver le
praticien, qui commencera tout de suite le traitement curatif.

Les jeunes gens ont assez généralement l'ha-

bitude de cautériser eux-mêmes les manifestations ulcéreuses des parties sexuelles avec un
crayon de nitrate d'argent ; et, bien que ce caustique soit peut-être bien superficiel pour combattre des accidents sérieux, nous trouvons cette
mesure bonne, à défaut d'une démarche immédiate près du docteur. Quand l'aspect de cette
ulcération établit, bien indubitablement, qu'il
s'agit d'un chancre, il faut, en effet, recourir le
plus vite possible à une cautérisation énergique
et avec des caustiques qui pénètrent profondément, tels que les acides concentrés, le caustique
de Vienne, ou la pâte au chlorure de zinc dite
Pâte de Canquoin.

Les acides (et celui que nous préférons est
l'acide chromique, dissous dans un poids égal
ou double d'eau distillée) sont généralement
appliqués en nature à l'aide d'un pinceau, ou bien
en pâte avec de la poudre de charbon ; la pâte
de Vienne, le chlorure de zinc, ne doivent séjourner que quelque temps sur l'ulcération. Il est
évident que des corps de cette activité caustique
ne peuvent être appliqués par tous et partout.
Un malade pourrait, en voulant y recourir lui-
même, causer des désordres graves, irrépa-
rables ; car, selon l'état de la préparation, le
liquide actif peut pénétrer à des profondeurs
considérables et causer des pertes de tissu
étendues. Quelquefois le chancre est placé de

telle façon que les applications ne peuvent être faites, et, dans ce cas, on peut user des cautérisations plus légères au nitrate d'argent, ou des applications astringentes, dont l'effet, pour être plus long, n'en est pas moins satisfaisant.

Pour ces applications astringentes on a employé le nitrate d'argent à dose faible (au 100°), le tanin, l'iode, en proportion équivalente, le traditionnel vin aromatique, etc., tous les astringents, en un mot, dont nous avons déjà parlé en étudiant le traitement de la blennorragie. Le Cosmal (coupé de moitié eau) ou à défaut le vin aromatique, nous paraissent suffisants, dans ces cas, et leur action sera d'autant plus satisfaisante qu'on renouvellera souvent le pansement.

Voici, d'ailleurs, notre formule préférée :

LOTION

Laudanum de Sydenham...	20 gouttes.
Tanin........................	5 grammes.
Vin aromatique.............	150 grammes.

Si le chancre devient phagédénique, on peut, de préférence, recourir à la solution d'iode iodurée :

LOTION

Iode.........	de chaque.	2 grammes.
Iodure sodique.		
Eau distillée................		100 grammes.

Nous devons surtout recommander, pour tous ces cas, ainsi que pour tous les chancres indurés, l'usage de l'iodoforme, soit en nature, déposé en poussière à la surface des plaies et recouvert d'un pansement sec, ou encore dissous dans de l'éther (4 parties d'éther pour une d'iodoforme), qui, en s'évaporant, laisse une poussière plus ténue et mieux appliquée, ou enfin en pommade, en glycérolé et en glycéralcoolé.

POMMADE

Iodoforme.......................... 8 grammes.
Axonge benzoinée.................. 30

GLYCÉROLÉ

Iodoforme.......................... 8 grammes.
Glycérine purifiée................. 30

GLYCÉRALCOOLÉ

Iodoforme.......................... 8 grammes
Glycérine.......................... 20
Alcool............................. 10

Cette dernière formule convient aux chancres, aux ulcérations et aux bubons phagédéniques.

Dans les cas d'induration du chancre, la cautérisation profonde, indiquée contre les chancres simples, devient inutile, puisqu'elle ne peut empêcher la syphilis constitutionnelle.

A ces moyens externes, il convient d'ajouter déjà quelques tisanes, quelques sirops dépura-

tifs, tels que : la tisane de squine et de salsepa-
reille et les iodures à petite dose, sur lesquels
nous reviendrons tout à l'heure.

Quant au régime, c'est encore à tort qu'on le
prescrit si sévère : à l'exception des excitants
très actifs, des alcools, etc., aucune des boissons usuellement employées, le vin, le café, ne
doit être défendue. Au contraire, il faut déjà
mettre l'organisme en état de soutenir la lutte
qu'il aura à traverser par une alimentation to-
nique, et le vin fait partie nécessaire de cette
alimentation ; quelquefois même, si le sujet est
faible et lymphatique, il faut, par anticipation,
le tonifier, pour le rendre plus capable de résister à l'ennemi, et dans ce cas le quinquina et
les préparations ferrugineuses sont indiquées
(le vin de Quinquina, les pilules Blaud ou Blan-
card, notre Cordial Amer, qui réunit les deux
agents en une seule formule, etc., etc.).

Le traitement des bubons enflammés se compose presque exclusivement de frictions avec
l'une de ces pommades, selon les cas :

POMMADE

Iodure sodique................	3 grammes,
Axonge benzoïnée)...........	80 —

POMMADE

Iodure sodique.	} de chaque,	3 grammes,
Teinture d'iode,		
Axonge benzoïnée.............		30 —

POMMADE

Ioduro plombique............... 3 grammes.
Axonge benzoïnée............, 30   —

Quand le bubon est indolent, il faut ou bien le laisser sans médication, puisqu'il doit disparaître avec l'état constitutionnel, ou se contenter de le badigeonner avec la teinture d'iode.

Quand il y a suppuration, il ne faut point se hâter d'ouvrir le petit abcès, car souvent le pus se résorbe; toutefois, si la peau s'amincit, si la collection purulente augmente, il faut donner un petit coup de lancette, la cicatrice pouvant être ainsi moins apparente qu'à la suite d'une ouverture spontanée et des déchirures de la peau qui l'accompagnent.

Le traitement du bubon phagédénique et gangreneux est celui du chancre de même nature, auquel on peut ajouter, moyen héroïque pour les cas menaçants, l'excision de la masse ganglionnaire elle-même.

Le traitement local des plaques muqueuses consiste dans la cautérisation, soit avec la teinture d'iode, soit avec un acide assez énergique, l'acide nitrique ou l'acide chlorhydrique fumant. Les médecins mercurialistes la pratiquent par système avec le nitrate acide de mercure, qui n'agit évidemment que par son excès d'acide. On peut user des acides et de la teinture d'iode, même

pour cautériser les plaques muqueuses du pha-
rynx ; pour celles du larynx, il faut user des fu-
migations de vapeur d'iode métallique.

Les pastilles de chlorate de potasse (10 à 15
par jour), ce sel en solution à l'intérieur, les
gargarismes, les collutoires à base de chlorate
de potasse ou de borax, etc., constituent d'utiles
adjuvants de la médication spéciale des plaques
muqueuses du gosier.

Voici quelques formules :

SOLUTION (6 cuillerées à bouche par jour)

Chlorate de potasse...............	15 grammes.
Eau distillée...............	250 —

GARGARISME

Chlorate de potasse ou borax.	15 grammes.
Miel rosat...............	60 —
Eau distillée...............	200 —

COLLUTOIRE

Borax ou chlorate de potasse.	5 grammes.
Miel rosat...............	30 —

Comme traitement interne, nous opposons à
ces diverses manifestations, ainsi qu'aux accidents tertiaires et à la syphilis héréditaire, non
l'iodure de potassium, mais un sel similaire,
dont la base fait normalement partie de l'organisme, l'iodure sodique (depuis 1/2 gramme jusqu'à 2 grammes par jour et non plus, à dose

infiniment moindre chez les enfants : nous pensons qu'il est préférable de le prescrire à une dose modeste, longtemps continuée); nous employons encore un autre sel, l'iodure d'ammonium, qu'on peut obtenir par l'association de l'iodure sodique et du carbonate d'ammoniaque, et parfois les préparations de chrome, notamment le bichromate de soude, et les sels d'or, surtout le chlorure d'or et de sodium.

Voici nos formules les plus usitées :

SOLUTION

Iodure de sodium.... de 3 à   15 grammes.
Eau distillée....................   350   —
(Trois cuillerées à bouche par jour.)

SOLUTION

Iodure sodique........ de 3 à   15 grammes.
Carbonate d'ammoniaque...   1   —
Eau distillée....................   350   —
(Trois cuillerées à bouche par jour.)

PILULES

Bichromate de soude. }
Extrait thébaïque..... } de chaque.   1 centigramme.
Miel blanc et poudre d'althœa, quantité suffisante pour une pilule.
(2 à 6 par jour.)

Granules de chlorure d'or et de sodium à 1 milligr.
(2 à 6 par jour.)

À ces moyens, dans les cas graves nous ajoutons souvent un régime spécial, le régime végétal sec ou la diète de viandes et de boissons, qui constitue à peu près (à l'exclusion des préparations mercurielles, bien entendu), le traitement dit Arabique, fort en vogue dans le midi de la France et auquel nous avons dû, sans nul doute, autant qu'à ces médicaments, nos guérisons les plus remarquables.

Quand et comme faut-il administrer ces agents? Lesquels faut-il préférer, et dans quel cas doit-on prescrire ce régime spécial? Autant de questions que le praticien seul peut résoudre et que nous ne pouvons aborder ici. Nous nous contentons d'affirmer que ces divers moyens, employés par nous exclusivement, depuis de longues années, nous ont donné des résultats aussi décisifs, aussi prompts que le mercure, sans *jamais* causer d'accidents : nos lecteurs jugeront peut-être qu'il y a là de quoi justifier amplement notre système thérapeutique.

[illegible]

LIVRE QUATRIÈME

PARASITES

CHAPITRE

TOME CINQUIÈME

CHAPITRE UNIQUE

Les poux du Pubis.

Ces parasites, vulgairement connus sous le nom de Morpions, constituent le plus futile, mais non le moins ennuyeux des accidents vénériens. Il est futile, puisqu'il se peut facilement et promptement guérir; il est ennuyeux, parce que ces petits êtres, doués d'une grande faculté de reproduction, déterminent des démangeaisons intolérables, et que celui qui en est atteint, restant longtemps sans défiance, peut contaminer involontairement tous ceux qui vivent près de lui. Comme l'opinion générale n'admet point que la transmission de ce parasite puisse se faire sans rapprochement sexuel, on comprend quels troubles domestiques peuvent être le résultat de pareils accidents. Cette opinion est absolument erronée : le pou du pubis, tout comme celui du cuir chevelu ou de la peau, se transmet, sans contact immédiat, par le séjour dans le voisinage de celui qui le porte, sur une banquette commune, sur le siège d'un water-closet, etc., et c'est ainsi que tous les habitants d'une demeure, mari, femme, enfants et serviteurs, en peuvent être affligés, sans qu'on puisse incriminer la conduite de l'un ou de l'autre.

Il faut, en tout cas, se hâter de s'opposer à la propagation de ce petit parasite, dont la configuration et les caractères anatomiques sont à peu près analogues, en plus petit, à ceux du pou du cuir chevelu, dont il semble être un diminutif. Il existe un remède traditionnel pour les faire disparaître : ce sont des frictions avec l'onguent gris, suivies ou non d'un bain alcalin; nous préférons, par les raisons que nous avons fait connaître au chapitre précédent, les lotions avec le Cosmal coupé de moitié son volume d'eau ou pur; on doit faire ces lotions de façon à atteindre sérieusement la surface de la peau et la base des poils.

LIVRE CINQUIÈME

AFFECTIONS ORGANIQUES

CHAPITRE PREMIER

Le Varicocèle

On appelle ainsi les varices des veines qui accompagnent le canal séminifère, et qui constituent avec lui, ses artères et ses nerfs, ce qu'on nomme le cordon testiculaire. Dans ces veines, comme dans celles du bassin et des jambes, le sang, progressant en sens inverse de la pesanteur, s'accumule fréquemment; cette stase finit par dilater les canaux vasculaires et peut produire le phénomène qu'on appelle varices quand il se manifeste aux membres inférieurs, hémorroïdes lorsqu'il a l'anus pour siège, et qui prend ici le nom de Varicocèle (tumeur variqueuse).

Le volume de ces paquets vasculaires est variable; leur siège, leur mollesse, leur forme, ne permettent de les confondre avec aucune autre affection. La cause principale du varicocèle est celle de toutes les varices, la station debout; aussi l'application continue d'un suspensoir peut souvent prévenir, et toujours enrayer leur développement. Les varicocèles rendent la station et la marche difficile et pénible, c'est pour cela qu'ils constituent un cas d'exemption du service militaire. La pression qu'ils exercent sur

les canaux et la glande peut arrêter leur développement et quelquefois les atrophier complètement. Nous avons vu qu'à ce titre, ainsi que
presque tous les vices de conformation des organes sexuels, le varicocèle peut être regardé
comme une cause prédisposante de la spermа-
torrée. On a proposé de les guérir, soit en pin-
çant les veines, soit par une compression rigoureuse. Nous pensons qu'il faut se contenter de
les comprimer très doucement, ou plutôt de les
soutenir à l'aide d'un suspensoir.

CHAPITRE II.

L'Hydrocèle.

Nous avons vu, en étudiant l'anatomie de l'appareil sexuel, que le testicule est enveloppé d'une double gaine séreuse, repliée sur elle-même, et destinée à faciliter des glissements de cet organe délicat, membrane qu'on appelle la tunique vaginale; quelquefois, sous l'influence de certaines irritations ou sans cause apparente, le liquide séreux qui lubréfie cette poche augmente et finit par la développer outre mesure : c'est l'Hydrocèle (tumeur d'eau). Généralement peu douloureux, lent dans son développement, il peut atteindre, à la longue, jusqu'au volume d'une tête d'enfant. On le reconnaît facilement, par la transparence lumineuse que donne une bougie regardée au travers, et l'on peut même y constater ainsi, en bas et en arrière, le siège occupé par le testicule, qui généralement a gardé ses dimensions normales. Toutes les frictions échouent contre cet accident, dont la ponction seule peut avoir raison. Cette opération, pratiquée avec une pointe acérée qu'on nomme trocart, permet de vider la poche et d'y injecter ensuite un liquide stimulant : vin, eau alcoolisée, eau iodée, etc., qui modifie les parois et empêche le retour de l'épanchement. Si, malgré la sûreté du moyen diagnostic indiqué plus haut, il reste un doute dans l'esprit du praticien, il peut faire précéder l'opération d'une piqûre pratiquée avec un trocart filiforme, qu'on appelle trocart explorateur, et n'opérer que si du liquide surgit à cette première ponction. Nous pratiquons habituellement l'opération avec un instrument du volume de ce petit trocart explorateur, et nous obtenons l'évacuation et la pénétration du liquide d'injection par la pression atmosphérique, ce qui réduit la douleur à la sensation d'une piqûre légère. Nous devons rappeler ici qu'il n'est pas sans exemple de voir la tunique vaginale correspondre avec le péritoine, ce qui constitue une contre-indication à la ponction.

CHAPITRE III

Le Sarcocèle et la Castration.

Les maladies avec lesquelles on pourrait confondre l'hydrocèle, dont nous venons de nous occuper, sont les dégénérescences et tumeurs du testicule, qu'on nomme Sarcocèles (tumeurs de chair). Il y en a de toutes sortes : tumeurs gommeuses, ou sarcocèles syphilitiques; tumeurs fibreuses, fibro-plastiques, épithéliales, cancéreuses, tuberculeuses, etc. Quand leur origine est spécifique, les sarcocèles peuvent être guéris par les moyens médicaux, lesquels doivent toujours être préalablement tentés, surtout chez les malades ayant des antécédents vénériens; certaines de ces tumeurs, qui ont une fatale tendance à récidiver après l'opération, doivent être abandonnées à la médication palliative; les autres réclament l'intervention du chirurgien.

L'opération qu'on fait alors s'appelle la *Castration*. Pratiquée sur un seul testicule, elle ne produit pas l'impuissance; mais si elle se répète sur les deux, elle rend l'homme absolument et définitivement infécond. Les castrats n'ont pas seulement à souffrir de l'opération elle-même; les suites de cette mutilation sont des plus douloureuses, et rien ne saurait peindre les angoisses secrètes et la profonde tristesse de ces malheureux. Les rapprochements sexuels ne leur sont impossibles que si l'accident les a frappés dans l'enfance, car alors tout l'appareil est atrophié. Si la castration a lieu plus tard, l'érection peut encore avoir lieu ; mais, n'étant plus sollicitée par un besoin fonctionnel, elle est plutôt une douleur qu'un plaisir. La castration n'exerce pas seulement son influence sur le système nerveux central, qu'elle frappe d'une hypocondrie profonde, mais elle agit aussi sur le tissu graisseux, qu'elle augmente de façon à féminiser les contours, sur le système pileux du visage, lequel devient entièrement glabre, et enfin sur la voix, qui comme le reste se féminise, ce qui produit ces *soprani* masculins, si célèbres, de la chapelle Sixtine.

LIVRE SIXIÈME

VICES DE CONFORMATION

CHAPITRE PREMIER

Le Phimosis et le Paraphimosis

Le prépuce doit normalement recouvrir le gland, mais de telle façon qu'il puisse se découvrir sans difficulté. Or, il arrive fréquemment que cette membrane cutanée est allongée outre mesure, et que l'orifice qu'elle forme au-devant du gland est trop étroit pour le laisser passer, surtout en état d'érection; c'est cet état organique qu'on appelle Phimosis. La loi prévoyante et soucieuse de l'hygiène édictée par Moïse en a délivré son peuple, en l'astreignant, dès la naissance, à l'opération de la circoncision, et l'on comprendra les bienfaits de cette pratique, en voyant quels inconvénients sont inhérents à ce vice de conformation.

D'abord le phimosis, s'il est complet (c'est-à-dire si le décalottement ne se fait jamais), rend impossible la toilette intime, dont nous avons signalé l'importance. Par suite de l'accumulation, entre le gland et le prépuce, de la matière sébacée, il donne lieu chez l'enfant à des démangeaisons qui le poussent à des frottements dont l'onanisme est généralement le résultat. Plus tard, cet amas de matière étrangère détermine des inflammations adhésives, et il n'est pas rare de voir la calotte du prépuce attachée par places au corps qu'elle recouvre; d'autres fois, cette sécrétion non évacuée fait naître la Balanite; c'est aussi une des causes les plus fréquentes de la spermatorrée. A l'âge adulte, le phimosis, en maintenant en avant du méat urinaire une poche dont l'ouverture n'est pas, le plus souvent, en face de celle du canal, arrête le jet de sperme, qui reste dans la membrane préputiale, au lieu d'être éjaculé dans les parties féminines : il en résulte nécessairement l'infécondité de l'homme, et, en effet, on a souvent observé que cette cause, minime en apparence, suffisait pour empêcher la reproduction. C'est à ce vice de conformation, opéré tardivement, qu'Henri II dut une stérilité de plusieurs années, suivie d'une fécondité plus que satisfaisante; nous croyons qu'il en fut de même de Louis XVI.

Tels sont les inconvénients du phimosis complet, c'est-à-dire s'opposant absolument au décalottement du gland. Le phimosis incomplet, c'est-à-dire celui qui permet au gland de se découvrir, lorsqu'il n'est point en érection, a des inconvénients moindres, mais assez sérieux encore. D'abord, comme le phimosis absolu, il entretient la muqueuse du gland et du prépuce en un état de mollesse, de finesse et d'humidité qui la rend bien plus apte à se déchirer et à se laisser pénétrer par les virus. Quand le gland est découvert, sa muqueuse se durcit, se dermise en quelque sorte, et si la sensibilité sensoriale, si l'excitation vénérienne en sont diminuées, les périls en deviennent aussi moins grands. Nous sommes persuadé que les accidents vénériens sont notablement moins fréquents chez les sujets qui ont été circoncis et chez ceux qui ont, naturellement, le gland bien découvert.

Le plus fâcheux inconvénient de ces phimosis incomplets, c'est qu'ils peuvent produire le paraphimosis. Si, dans le phimosis incomplet, on décalotte le gland, le prépuce se plisse en forme de collier derrière la couronne; si, dans cet état, l'érection survient (et elle survient par le fait même de la titillation que le décalottement fait naître), ce collier cutané, trop étroit pour le libre développement du corps caverneux, étrangle le gland comme un anneau inflexible. Cet accident cause une douleur intense et peut, à la longue, menacer l'organe d'une véritable gangrène; c'est là ce qu'on nomme le paraphimosis. Il se produit souvent dans les mouvements du premier coït; c'est une des misères dont les nouveaux époux, encore vierges, sont menacés, et nous en avons débarrassé un grand nombre de ce singulier cadeau de noce. Souvent l'inflammation, en l'épanchement de sérosité dans le tissu cellulaire voisin, aggrave encore l'intensité de l'étranglement et nécessite une prompte intervention.

Contre le phimosis complet, il n'y a de ressource radicale que la dilatation forcée à l'aide d'une pince, construite spécialement pour cet objet, ou la circoncision, que nous pratiquons sans que le malade en ait notion, pour ainsi dire, grâce à un procédé d'anesthésie locale très simple et très sûr.

Cette opération se pratique de diverses façons : la plus élémentaire, celle des israélites, consiste à couper la partie saillante du prépuce. Nous opérons d'une façon aussi expéditive, et notre procédé donne une cicatrisation moins disgracieuse. Il serait trop long d'exposer ici le mode opératoire ; nous devons dire d'ailleurs que la dilatation forcée, opération beaucoup plus légère, nous a réussi assez souvent pour que la circoncision soit devenue l'exception dans notre pratique.

Si aucun accident imminent ne nécessite une opération, il convient de remplacer les ablutions intimes, que le phimosis rend impossibles, par des injections de toilette fréquentes entre le gland et le prépuce.

Si le phimosis est incomplet et peut faire craindre un paraphimosis, il faut, à l'époque où l'on ne peut redouter que cette pratique amène de mauvaises habitudes chez les enfants, c'est-à-dire lorsqu'ils sont d'âge à être éclairés sur leurs fatales conséquences, les habituer à découvrir souvent le gland, à le laisser quelque temps découvert, en leur recommandant de le ramener rapidement, dès qu'il y a velléité d'érection; ce système de dilatation graduelle suffit pour élargir l'orifice du prépuce, et mettre, sans opération, à l'abri du paraphimosis.

Pour ce dernier accident, il faut pratiquer, si on le peut, ce qu'on nomme la réduction du gland, opération qui consiste à repousser avec les doigts dans le prépuce, ramené en avant, le gland, préalablement enduit d'un corps gras. Quand on n'y peut réussir, il faut débrider, c'est-à-dire inciser le cercle inflexible que forme le prépuce, de façon à permettre au gland de reprendre sa place, surtout s'il y a apparence de gangrène; on peut aussi se contenter de faire des lotions et des applications d'un liquide astringent (eau blanche), et, après quelques jours, le paraphimosis se réduit naturellement.

CHAPITRE II

L'Hypospadias, l'absence de Testicules, l'Hermaphrodisme.

§ 1er. — *Hypospadias.*

A côté du phimosis, il convient de placer un autre vice de conformation qui, presque toujours, a les mêmes conséquences, au point de vue de la fécondité et des pertes séminales, c'est *l'hypospadias*, c'est-à-dire l'ouverture anormale du canal de l'urètre. Dans cette anomalie, au lieu d'aboutir au sommet du gland, le canal s'ouvre, soit en dessous, plus ou moins loin de l'extrémité de la verge, quelquefois tout près du pubis ; soit au-dessus des corps caverneux, entre les branches qui attachent ce corps au bassin (c'est alors l'Epispadias). Ce vice de conformation est généralement sans ressource ; mais comme l'infécondité, chez le mâle, n'est radicale, absolue et sans remède que lorsque la semence est arrêtée tout à fait dans sa sécrétion ou altérée dans sa nature (et ce n'est pas le cas dans l'hypospadias, puisque ce vice de conformation ne fait que l'empêcher d'arriver à destination), il n'y a ici qu'une infécondité relative, et le hasard ou certains moyens peuvent la faire cesser.

§ 2. — *Absence de Testicules.*

Puisque nous étudions les vices de conformation de l'appareil génital, disons un mot de cette anomalie.

Cette absence d'un ou des deux testicules n'est généralement qu'apparente : ils ne sont absents que de leur siège normal, mais ils sont restés à leur point d'origine, dans le ventre.

Si l'on se reporte à ce que nous avons dit, en étudiant l'anatomie de ces organes, on verra que le développement de ces glandes peut expliquer ce phénomène. Pendant la vie embryonnaire et fœtale, les testicules se forment et se développent dans l'abdomen, en avant des reins, ce n'est que vers la fin de la période intra-utérine qu'ils descendent peu à peu, en suivant un cordon élastique appelé le *Gubernaculum testis* (guide du testicule). Or, souvent cette pérégrination, retardée par les mille causes qui peuvent ralentir le développement fœtal, n'est pas faite à la naissance, et les testicules n'apparaissent que plus tard encore dans les bourses.

Quelquefois cette issue des testicules n'a lieu qu'à l'époque de la puberté, non sans déterminer quelquefois des douleurs fort vives. Quelquefois le testicule reste à tout jamais en deçà de ce canal, c'est-à-dire dans le ventre, et même (il y a quelques exemples) au niveau des reins. Il n'est pas besoin de dire que les conduits déférents suivent la glande dans son évolution, et que, par conséquent, quel que soit le point où elle siège, la sécrétion séminale s'accomplit. Il s'ensuit que (cela paraît, au premier abord, paradoxal) les hommes chez lesquels existe cette absence de testicules peuvent être tout aussi prolifiques que quiconque. Cependant nous savons que cette occlusion des testicules est l'indice d'une faiblesse congéniale de l'appareil sexuel et compte parmi les causes prédisposantes les plus sérieuses de la spermatorrée et, par suite, de l'infécondité.

Rien ne doit être tenté pour hâter ou retarder le mouvement de descente des testicules, sauf, peut-être, lorsque le testicule, tout à fait développé, est engagé dans le canal, et se trouve étranglé au passage, auquel cas une pression méthodique et prudente peut être faite pour le maintenir à l'intérieur.

§ 3. — *Hermaphrodisme.*

C'est la réunion des deux sexes sur le même individu : ainsi défini, l'hermaphrodisme n'existe pas, n'a jamais été observé, et toutes les relations qui s'y rapportent doivent être tenues pour légendaires. En effet, ce qui constituerait

sérieusement la réunion de deux sexes, ce
serait la présence, sur le même individu, des
testicules et des ovaires et la possibilité pour lui
de féconder et d'être fécondé, comme cela a
lieu chez certaines espèces animales inférieures ;
or, cette anomalie n'a jamais été observée. Tous
les cas d'hermaphrodisme ne sont que des
apparences de réunion des deux sexes, et il faut
reconnaître que ces anomalies-là sont assez fréquentes et parfois très embarrassantes, au premier abord.

L'étude de l'évolution de l'appareil génital
nous donne l'explication de ces monstruosités
congéniales ; ce sont simplement des arrêts de
développement.

Nous avons vu, en effet, que, chez l'embryon,
le sexe ne devenait distinct que fort tard ; chez le
mâle comme chez la femelle, il y a un corps glandulaire qui se développe au voisinage du rein ; à
côté naît un canal qui pourra ou non s'y souder :
ce sera, dans le premier cas, le canal déférent ;
si la soudure ne se fait point, ce sera l'oviducte.
Cette glande descendra jusqu'au bassin si l'embryon prend le sexe féminin, jusqu'aux bourses
s'il doit être un mâle.

Les organes externes de la génération ont,
dans les deux sexes, une évolution primordiale
identique. Pendant la première période de la vie
intra-utérine ils se confondent avec la fin du

tube intestinal et forment avec lui un cloaque analogue à celui des oiseaux.

Les bords de ce cloaque forment un relief qui va s'accentuant de plus en plus et qui constituera, à la fin, les origines du corps caverneux. Ces racines se souderont pour former chez l'homme le pénis, puis, par une seconde suture médiane, les bourses ; ou bien elles resteront séparées et formeront les bords de la vulve, chez l'embryon féminin. Dans l'un et l'autre cas, une cloison se développera, qui viendra séparer les organes sexuels de l'extrémité de l'intestin.

Eh bien, un arrêt de développement peut suspendre cette évolution à tel ou tel point, en sorte que, par exemple, la verge et les bourses ne se soudent point complètement et qu'on voit, en dessous du corps caverneux, une cavité en forme d'entonnoir qui simule un vagin : hermaphrodisme apparent, qui n'est qu'un arrêt de développement d'un mâle.

D'autres fois, le corps caverneux du clitoris prend, au-dessous du vagin, un développement excessif, et l'on peut voir quelquefois, de chaque côté, deux renflements analogues aux bourses, mais qui ne renferment que du tissu cellulaire ou, exceptionnellement, les deux ovaires, entraînés anormalement en dehors du ventre, comme de véritables testicules : ces anomalies constituent l'hermaphrodisme femelle.

Et il en est toujours ainsi : jamais on n'a
trouvé, sur le même être, les éléments constitutifs des deux sexes, et il est toujours permis d'assigner un sexe distinct aux êtres humains.

[illegible]

LIVRE SEPTIÈME

PERVERSIONS FONCTIONNELLES

[illegible]

[illegible]

CHAPITRE PREMIER

L'Onanisme

(HABITUDES SOLITAIRES)

§ 1er. — Causes.

C'est une perversion fonctionnelle du sens génésique, qui porte l'être à provoquer l'émission de la semence, en dehors de l'acte physiologique de la copulation.

La manœuvre habituellement employée dans ce but est la Masturbation.

L'onanisme n'est point absolument spécial à l'homme : certains animaux, des ours, des éléphants, des baudets, des chiens, ont été vus se livrant à des manœuvres ayant un caractère analogue.

Le singe est un masturbateur effréné, et c'est cette espèce qui, avec l'homme, présente la plus grande tendance à cette perturbation génésique.

Il y a à ce fait une double explication : l'homme et le singe sont conformés de façon à pouvoir atteindre facilement les organes sexuels, et la partie mécanique des manœuvres onaniques leur est plus facile qu'à tous les autres animaux. C'est, en effet, avec de grandes difficultés que les quadrupèdes, le cheval, par exemple, peuvent atteindre le pénis, et ceux qu'on a observés n'y arrivaient qu'en croisant leurs jambes de devant sur une mangeoire et en y faisant subir au pénis des frottements répétés. La structure des membres supérieurs chez l'homme et le singe rend au contraire ces pratiques faciles.

Mais il est une autre raison, de valeur égale, sinon supérieure. Tous les animaux ne présentent, dans leur sperme, les caractères essentiels que nous avons décrits qu'à de certaines périodes, au moment du rut; aussi leurs excitations sexuelles ne se manifestent qu'alors, et le sens génésique sommeille chez eux d'une façon complète, dans les périodes intermédiaires.

Chez l'homme et le singe, au contraire, la production des zoospermes est continue, il y en a toujours dans leur semence, et il n'est pas douteux pour nous que ce sont les mouvements de ces petits organismes dans les canaux et réservoirs séminaux qui constituent le plus actif stimulant de l'appétit sexuel.

Cette cause n'existe point dans l'enfance, puisque les zoospermes n'apparaissent que vers la dixième ou douzième année, et pourtant le nombre des enfants qui se masturbent ayant cet âge est considérable. A quoi faut-il donc alors imputer la venue de cette perversion fonctionnelle?

On doit l'attribuer à l'apparition, très précoce

chez un grand nombre d'enfants, de ce qu'on peut appeler l'instinct sexuel : il est certain que longtemps avant l'éveil de la fonction il y a, chez les enfants, une tendance instinctive, provenant sans nul doute de la conformation spéciale du cerveau, à se préoccuper de tout ce qui concerne l'acte de la reproduction.

Cette curiosité bizarre, si souvent observée, des petits garçons pour les formes caractéristiques de l'autre sexe, leur tendance à se tenir au contact des femmes, à les lutiner, à palper, lorsqu'ils le peuvent, certains reliefs qui n'existent point chez eux, tout cela indique, de la manière la plus évidente, que le jeune garçon a déjà des prédispositions tout à fait en désaccord avec l'état actuel de sa fonction génitale.

Il est acquis que la partie du système nerveux affectée à la fonction de reproduction est apte à percevoir des impressions longtemps avant que les organes spéciaux soient complétement développés. Ainsi les enfants se masturbent et perçoivent les sensations voluptueuses, qui assurent la répétition de leurs pratiques funestes, avant que les testicules soient arrivés à leur développement et aient donné naissance à la sécrétion séminale. On a vu la masturbation pratiquée par des nourrices sur des enfants au berceau, pour apaiser leurs cris ; d'autres fois, c'est à 4 ou 5 ans que les pratiques funestes commencent ; le plus souvent, c'est à un âge plus avancé, mais cependant encore avant l'apparition des animalcules caractéristiques du développement complet du sperme. Ces faits ont une importance d'autant plus grande, qu'on croit généralement que c'est la perte de substance séminale qui fait la gravité de l'onanisme, tandis qu'en réalité c'est surtout l'ébranlement nerveux qu'il détermine, en sorte que les enfants dont la masturbation ne donne lieu à aucun écoulement séminal peuvent être victimes de désordres graves, tout comme les masturbateurs pubères.

Ces causes primordiales étant données, les causes déterminantes peuvent varier à l'infini. Tantôt c'est le hasard seul qui fait connaître la première sensation voluptueuse : un frottement contre les habits, les draps, le pied d'une table, la barre d'un escalier sur laquelle l'enfant se laisse glisser, tout peut être occasion à l'éclosion spontanée du mal.

Beaucoup plus souvent, il est le résultat d'une véritable contagion morale ; ce sont des enfants déjà contaminés par cette passion qui la communiquent à leurs petits camarades, plus inexpérimentés. C'est là, on le sait, une des plaies de l'enseignement en commun, mais il ne faut pas croire que l'éducation solitaire, familiale, en préserve davantage.

Au foyer paternel, les petits garçons jouent souvent entre eux ou avec des petites filles, ou bien ils vivent, sans surveillance, avec des serviteurs peu scrupuleux : ce sont souvent les camarades, ces petites amies, les servantes, les valets et même les précepteurs qui débauchent ces jeunes êtres et leur enseignent les pratiques meurtrières de la masturbation.

Aussi il serait injuste d'attribuer à l'éducation en commun, plus générale aujourd'hui, l'extension considérable de l'onanisme. D'ailleurs, ce qu'il faut accuser, c'est moins la communauté de l'enseignement que les vices qui lui sont inhérents, ainsi que nous l'établirons en étudiant l'hygiène sexuelle.

La structure vicieuse des organes génitaux peut pousser à la masturbation, et notamment le vice de conformation que nous étudions plus haut, le phimosis, qui, en permettant l'accumulation de la matière sébacée sous le prépuce, est le plus sûr stimulant des premières manœuvres solitaires.

Quoi qu'on en ait dit, la sécrétion de cette matière sébacée se fait longtemps avant l'éveil du sens génésique. Elle est évidemment très restreinte pendant l'enfance, mais suffisante néanmoins pour déterminer une titillation à laquelle l'enfant ne peut résister. Il veut la faire disparaître, et pour cela, il presse, il frotte le prépuce; une sensation voluptueuse est perçue par lui, désormais ce n'est plus la démangeaison qui amènera la répétition de la manœuvre funeste, mais le plaisir nouveau qui en a été le résultat.

Nous savons bien que les attouchements des enfants sont instinctifs, irréfléchis, déterminés par la sensation douce que donne la peau qui recouvre ces parties, mais ce sont là des exceptions, et c'est bien le phimosis complet ou incomplet, qu'il faut mettre au premier rang des causes organiques de masturbation.

Souvent une titillation analogue peut être déterminée par des démangeaisons dont le siège est plus éloigné. Ainsi les dartres situées dans le voisinage des parties sexuelles, les oxyures, petits vers intestinaux développés dans le rectum, peuvent encore faire naître cette habitude funeste.

On a accusé également certaines angines de pousser aux abus de cette nature, et cela est possible, car il existe un lien sympathique étroit entre la fonction génésique et le larynx.

On impute encore à la phtisie pulmonaire une véritable action spécifique sur l'instinct sexuel et, partant, une grande influence sur ses perversions; mais il n'est pas suffisamment établi que la phtisie, coïncidant avec l'onanisme, doive être tenue pour cause, plutôt que pour effet. Il

en est de même du priapisme et du satyriasis,
qui tantôt font naître l'onanisme, tantôt, au contraire, sont développés par les habitudes de
masturbation.

§ 2. — *Symptômes.*

L'onanisme est caractérisé généralement par
la masturbation, mais non pas essentiellement,
car il est des modes divers de se livrer à cet
abus, que nous allons examiner.

Par suite de prescriptions rigoureuses dont
on a le tort de ne pas déduire suffisamment les
motifs, beaucoup de sujets, obéissant à la lettre
et non à l'esprit de ces lois, évitent avec un soin
scrupuleux de porter les mains sur les parties
sexuelles; ils tournent la difficulté. Il en est qui
pratiquent la masturbation par des frottements
contre un meuble, le pied d'une table, les membres inférieurs, contre la surface de leur couche.
Il y a des exemples de masturbateurs se procu-
rant l'émission de la semence en se suspendant
par les bras, à une porte ou autrement; d'autres
obtiennent l'orgasme vénérien, sans aucune
manœuvre directe, par la seule préoccupation
passionnée, par des lectures, des causeries ou
par la vue d'images lascives; d'autres par la fré-
quentation assidue des femmes, par une promiscuité badine avec elles; nous avons connu

un enfant qui avait une émission dès qu'il sentait un de ses camarades assis sur ses genoux, et il recherchait naturellement cette position, qui, au point de vue strict des enseignements sévères qui lui avaient été donnés, ne lui paraissait nullement répréhensible. Tout cela c'est de l'onanisme, et ces modes exceptionnels de satisfaire cette passion, sont loin d'être les moins dangereux, car évidemment ils stimulent davantage la fonction de l'innervation.

Quelquefois, au contraire, les manœuvres directes sont tellement acharnées, qu'elles font émettre du sang, mêlé au sperme, et qu'elles peuvent être poussées jusqu'à la mutilation. Il y a des exemples d'enfants, des filles surtout, qui se sont introduit des corps étrangers dans l'urètre et dans la vessie. Quelques malheureux pour provoquer des jouissances devenues rebelles, sont allés jusqu'à déchirer le canal de l'urètre, à le couper avec de grossiers instruments. On a dû souvent couper ou relâcher des anneaux métalliques ou des liens résistants, que des masturbateurs effrénés avaient appliqués sur le pénis. Mais il ne faut pas croire que ces dernières pratiques aient toujours pour but d'augmenter la sensation voluptueuse; elles sont dues souvent, au contraire, à cette croyance erronée, assez généralement répandue, que l'écoulement de sperme est le phénomène réellement perni-

cieux dans l'onanisme, et au désir de l'empêcher. C'est souvent aussi contre l'écoulement
involontaire ou la spermatorrée, que ces
manœuvres sont dirigées. Or, il faut bien le
savoir, ces liens, ces anneaux placés à divers
points de l'urètre, n'arrêtent qu'en apparence
l'émission du sperme: toujours, sous l'excitation
produite par la masturbation, chez les adultes,
lorsque l'épuisement n'est pas absolu, il y a
éjaculation en même temps que la sensation
voluptueuse est perçue. Si, par un obstacle
quelconque, le jet ne peut être propulsé au
dehors, le sperme reste dans le canal ou reflue
en arrière dans la vessie, et même, chez les
enfants d'un certain âge, si rien ne paraît à
l'extérieur, c'est que la sécrétion est trop intime
et ne peut parvenir qu'à humecter la partie
membraneuse de l'urètre, d'où le premier jet
d'urine la propulse au dehors.

On n'évite donc pas, par ces moyens barbares,
la perte de semence qu'on a provoquée, mais on
aggrave, au contraire, les dangers de l'onanisme, puisqu'il en peut résulter des étrangle-
ments, menaçant de mortification les parties
comprimées, et des déchirures du canal; ce dernier accident est même survenu souvent, par la
seule compression du canal, sous les doigts, au
moment d'une éjaculation.

Les caractères généraux que l'onanisme im-

prime à l'organisme varient selon la constitu-
tution, le tempérament et l'âge des sujets,
et aussi d'après la nature et l'intensité des
abus.

Il est évident que les enfants à constitution
débile arrivent promptement aux conséquences
les plus funestes de la masturbation, alors que
les êtres vigoureux peuvent s'y livrer assez longtemps avec impunité.

Les tempéraments nerveux, plus portés généralement à ces excitations anormales, en subissent aussi plus promptement les ravages, et
ce sont souvent les enfants les mieux doués au
point de vue intellectuel dont les facultés cérébrales s'éteignent le plus vite sous l'influence de
l'onanisme.

L'âge du masturbateur modifie singulièrement
les signes que ces abus déterminent : chez les
jeunes enfants, ce sont surtout des phénomènes
du côté de la motilité, des convulsions, des contractions spasmodiques, des paralysies complètes
ou incomplètes, avec ou sans contractures des
membres inférieurs.

Plus tard, à l'âge du développement intellectuel, c'est la fonction cérébrale qui est plus profondément atteinte, et, à la suite, l'organisme
tout entier, lequel arrive rapidement à cet état
d'étiolement et d'insuffisance organique qui s'appelle le marasme.

Dans tous les cas, voici quelques symptômes généraux qui peuvent révéler l'existence d'habitudes solitaires.

Ce qui prédomine surtout chez les jeunes masturbateurs, c'est une timidité dans l'attitude, une grande hésitation d'allure qui les empêche de répondre franchement et de regarder en face. Il semble que cette honteuse passion ait pour conséquence immédiate l'apparition d'un caractère faux et louche ; cette timidité les pousse à l'isolement, et on les voit se réfugier, seuls, dans les coins, se cacher au fond des jardins, fuir les réunions, la société, les jeux de leur âge. Leur visage devient, en même temps, triste et blafard, les yeux se cavent et sont enveloppés d'un cercle bistré tout à fait caractéristique. Chez les jeunes enfants, les symptômes se traduisent par des cris, une humeur hargneuse, maussade, l'absence de sommeil, l'abattement et l'amaigrissement.

A ces désordres apparents se lie, chez l'adulte, un changement radical dans les habitudes de travail. Le jeune homme devient languissant, paresseux et comme hébété ; sa mémoire se perd, sa vue se trouble, tout effort physique lui coûte, toute application intellectuelle lui est impossible, et l'on voit rapidement ceux qui, dans leurs études, donnaient les plus belles espérances (ce sont, hélas ! souvent ceux-là que le fléau avilit), devenir des cancres indécrottables. Quelquefois on remarque une grande hésitation dans les mouvements ; la marche devient incertaine, les membres inférieurs fléchissent, la parole indécise sert malaisément les pensées devenues plus rétives. Tous ces caractères peuvent s'aggraver plus ou moins vite, la maigreur devenir excessive, l'hésitation des mouvements aboutir à une véritable paralysie et la perversion des idées à l'hypocondrie et à la démence ; mais ces désordres caractérisent plutôt la spermatorrée, qui est la terminaison la plus fréquente de l'onanisme, et dont la description, que nous avons donnée plus haut, forme, en quelque sorte, le complément de cette étude.

La spermatorrée est, en effet, quatre-vingt-dix fois sur cent, la complication qui surgit, à la suite des habitudes de masturbation, lorsqu'on ne peut intervenir à temps pour les faire cesser, et c'est généralement elle qui engendre, par sa continuité, les signes graves que nous venons d'énumérer, c'est elle aussi qui détermine cette impuissance, plus ou moins complète, à laquelle il faut attribuer l'antipathie invincible pour les femmes, si souvent observée chez les masturbateurs.

Mais d'autres accidents peuvent être les conséquences des pratiques des masturbateurs. Nous avons observé souvent des déchirures du

frein, des inflammations du gland et du prépuce,
des paraphimosis, amenés par la brutalité des
manœuvres, chez les sujets atteints de phimosis.
Des inflammations de toutes les parties du
système sexuel, blennorragies, prostatites, cystites, orchites, etc., en ont été le résultat, et, à
la suite de ces blennorragies ou des déchirures
du canal, dont nous avons parlé, des rétrécissements, des abcès et des fistules urinaires peuvent se développer.

Ces inflammations, plus ou moins étendues,
des parties sexuelles sont un inconvénient immédiat des plus graves, car ce sont elles qui
engendrent la spermatorrhée consécutive de
l'onanisme.

Nous n'analysons point ces divers accidents,
puisque, à chacun d'eux, nous consacrons un
chapitre de ce livre.

§ 3. — *Diagnostic.*

Le diagnostic de l'onanisme serait immédiat
et facile si ceux qui s'y livrent n'étaient portés,
par le caractère même de l'affection, à une dissimulation dont on ne peut se faire idée.

Pour cette cause, il devient extrêmement délicat, et le praticien doit apporter tous ses soins
pour distinguer la vérité au milieu des dénéga-
tions et des habiletés de langage que la honte

de leur faute inspire généralement aux malades.

Avec les malades adultes, le tableau des périls auxquels ils s'exposent en cachant la vérité suffit le plus souvent pour obtenir un aveu, on peut encore réussir avec les jeunes enfants, mais il n'en est pas de même avec les malades d'âge intermédiaire (de 10 à 15 ans).

Toutes les fois que, sans cause connue, un jeune homme change de conduite et de caractère, qu'il s'assombrit, devient taciturne, abandonne le travail et se complaît dans l'inaction, il faut déjà soupçonner des habitudes vicieuses; si les autres signes, la langueur, l'hébétement, l'hésitation de la parole et des mouvements, le faciès spécial que nous avons décrit, sont observés, sans qu'aucun désordre physique puisse en rendre compte, on peut affirmer, presque à coup sûr, que l'onanisme en est la cause secrète. Il faut alors recourir au praticien ; celui-ci peut, en effet, par l'autorité de sa parole, par la confiance qu'inspire la discrétion, que les enfants eux-mêmes savent inhérente à cette profession, arriver à connaître la vérité, mais cette indiscrétion professionnelle, il ne faut jamais la mettre en échec par des révélations inopportunes. Il faut que le médecin garde autant qu'il peut, à l'égard de l'enfant, le secret qu'il lui a promis, et cela d'autant plus que beaucoup de parents, ignorant les conditions organiques qui peuvent pousser à l'onanisme, y voient moins la maladie que le vice et se montrent trop rigoureux pour de pauvres petits qu'il faut guérir et non châtier.

Mais l'insistance du médecin lui-même peut être vaine, tant est grande l'opiniâtreté des masturbateurs, et l'on en était, jusqu'à présent, réduit souvent à des conjectures plus ou moins fondées, mais toujours, en somme insuffisantes, pour asseoir solidement un diagnostic!

Heureusement nous avons trouvé un mode de recherche d'une précision absolue, pour les cas les plus difficiles, et ce moyen nous permet non seulement d'affirmer les habitudes d'onanisme d'une façon indéniable, mais de préciser qu'il y a eu ou non acte de masturbation à tel ou tel moment.

Cette ressource, nous devons l'avouer, fait défaut pendant le premier âge, tant que la masturbation ne s'accompagne pas d'émission de semence ; mais, à cette époque, il est rare qu'on ne puisse influer assez sur l'esprit des petits malades, pour obtenir la révélation de leur faute : c'est de 12 à 18 ans qu'on trouve le plus de résistance, et c'est pendant cette période qu'on peut donner au diagnostic cette précision en quelque sorte mathématique.

Nous voulons parler de l'examen microsco-

pique de l'urine recueillie, après l'heure suppo-
sée de la masturbation : c'est généralement la
première émission après le réveil, car c'est la
nuit que les jeunes gens se livrent plus habituellement aux habitudes solitaires.

Nous avons déjà dit que, contrairement à
l'opinion reçue, le sperme était constitué bien
longtemps avant l'apparition de la puberté. On
y trouve des zoospermes non encore bien formés, mais reconnaissables, dès l'âge de 12 à
13 ans. Même à l'âge de 10 ans il se fait une
émission où les zoospermes manquent, mais où
on trouve néanmoins certains caractères distinctifs, particulièrement des cellules spermo-
tiques.

Mais, dira-t-on, l'éjaculation du sperme ne se
fait point à cet âge par les pratiques de la masturbation : à quoi sert que le sperme soit recon-
naissable, si on ne peut en recueillir pour l'examiner?

C'est là une erreur profonde que nous avons
réfutée déjà : dès que les testicules sécrètent,
c'est-à-dire à l'âge de 10 ans (nous l'avons observé à cet âge), il y a, sous l'influence des
manœuvres onaniques, issue de la semence
hors des conduits éjaculateurs. Il est vrai que
la quantité ainsi émise est insignifiante, et elle
ne peut jaillir au dehors ; mais elle vient sourdre
à l'orifice des canaux éjaculateurs par goutte-

lettes qui se déposent à la surface de la partie membraneuse de l'urètre, où elles séjournent en s'y étalant.

Or, l'émission d'urine qui suivra l'acte onanique emportera dans son flot ce témoin irrécusable de l'abus commis, et c'est là qu'on pourra le retrouver par des procédés que nous avons exposés à l'article Spermatorrée.

On conçoit qu'il est facile alors, au père de famille, de confondre l'enfant adonné à ces pratiques. Le praticien peut, en effet, reconnaître et affirmer, sans hésiter, que telle nuit il y a eu masturbation, que telle autre nuit l'enfant a obéi aux prescriptions données.

On ne saurait croire quelle influence cette découverte exerce sur l'esprit de l'enfant : assuré par la netteté absolue des révélations du microscope, qu'il ne peut désormais se livrer aux habitudes solitaires sans être trahi, qu'il n'est point de recoin si caché, de précaution si habile, qui puisse le mettre à l'abri de l'investigation du praticien, il devient tout à coup docile et soumis, et l'on peut ainsi avoir facilement raison des plus opiniâtres et des plus dissimulés.

Ce signe révélateur a plus de valeur que la présence des taches sur le linge ou sur le coucher, à laquelle se bornait jusqu'alors la constatation matérielle de l'onanisme. D'abord, ces taches manquent tant que l'écoulement séminal est trop peu abondant pour faire masse, c'est-à-dire jusqu'à l'âge du développement complet de la fonction ; puis, à cet âge, le masturbateur, qui sait pertinemment que ces taches doivent le trahir, trouve facilement moyen de les éviter. Or, qu'on le sache bien, même à l'âge adulte, même quand la plus grande partie de l'émission se fait en dehors, il reste toujours, tapissant l'urètre et y séjournant jusqu'au prochain passage de l'urine, assez de sperme pour que le microscope le retrouve, et notre moyen pourrait tout aussi bien servir à constater, chez les hommes faits, l'accomplissement récent du coït que les manœuvres solitaires. Il s'applique donc généralement à tous les cas et à tous les âges, sauf, nous le répétons, à la première enfance, pendant laquelle heureusement la dissimulation est généralement moins habile et moins opiniâtre.

Nous ne pensons point cependant qu'il ne faille pas tenir compte des taches spermatiques : si elles existent, le diagnostic se trouve tout fait, mais leur absence ne peut établir la non-existence des habitudes vicieuses.

Tous les praticiens qui se sont occupés de l'onanisme ont établi que les suites étaient très diverses, selon les cas, après la cessation des abus. Quelquefois les signes fâcheux s'atténuent, puis disparaissent avec une promptitude remarquable, et la santé renaît complétement.

Souvent, au contraire, le malade peut se corriger, sans que sa constitution se raffermisse, sans que son intelligence revienne à l'état normal, sans qu'il puisse enfin recouvrer l'intégrité de sa puissance virile. C'est même à cette impossibilité de reconquérir la virilité qu'il faut attribuer le plus grand nombre de ces conversions, dont les malades se félicitent comme d'une conquête de leur volonté sur leur passion, mais qui ne sont dues, en réalité, qu'à leur impuissance.

Comment expliquer cette différence dans la marche de l'affection ?

Dans le premier cas, l'onanisme guérit radicalement et promptement parce qu'il n'y a encore que l'écoulement séminal provoqué par les manœuvres onaniques ; dans le second cas, les pratiques de la masturbation ont déterminé, par l'irritation des organes, un état d'écoulement continu, c'est-à-dire la spermatorrée, et c'est elle qui, persistant après la cessation des habitudes vicieuses, entraînent l'organisme dans un état d'affaissement physique et intellectuel inhérent, nous le savons, à cette redoutable affection. Or, c'est la majorité des cas d'onanisme qui aboutissent ainsi à la spermatorrée : cette maladie peut donc être regardée comme la phase ultime de la masturbation.

§ 4. — *Traitement.*

Le traitement préservatif de l'onanisme se trouve tout tracé par l'étude des causes que nous avons compendieusement exposées, puisqu'il consiste à les éviter ; d'ailleurs, nous le développerons longuement, en étudiant l'hygiène du sexe mâle, à la fin de ce volume.

Quant au traitement curatif, il est tout entier dans la suppression des manœuvres solitaires. Mais on a pu voir que cela n'est pas toujours facile à obtenir. On se heurte, en effet, parfois à des résistances telles, à une dissimulation si habile, qu'on ne peut saisir les jeunes malades en flagrant délit et, partant, leur parler avec assez de certitude pour leur imposer. Grâce au moyen de diagnostic que nous avons fait connaître, l'autorité du praticien sera désormais suffisante pour pouvoir réagir contre la persistance des abus et les faire cesser.

Quand on ne peut obtenir ce résultat par la seule influence morale, par le tableau des conséquences de ces abus, et, si cela est rare, ce n'est point sans exemple, est-il possible de guérir cette perversion à l'aide de moyens de coercition, engins mécaniques, camisoles de force, etc. ? Non, à notre avis ; nous croyons au contraire ces moyens plus nuisibles qu'utiles, et voici pourquoi. Les masturbateurs offrants aux

quels on les applique trouvent toujours moyen
d'éluder ces obstacles ; ils se masturbent en
frottant les parties sexuelles par des mouvements du corps contre les engins eux-mêmes.
S'ils ne le peuvent, ils se masturbent intellectuellement, c'est-à-dire qu'ils sollicitent, avec
une horrible opiniâtreté, des images lascives,
des conceptions érotiques, et ils appellent ainsi,
plus lentement mais aussi sûrement, l'écoulement séminal : nous avons vu que ce mode de
pratiquer l'onanisme est le plus meurtrier de
tous.

Et la surveillance de tous les instants ? Moyen
inefficace encore et pour la même raison : l'enfant, les mains découvertes sur le lit, le corps
immobile, les yeux fermés et, en apparence,
livré au sommeil, sollicite son imagination pour
se procurer la jouissance fatale, et il parvient
ainsi à tromper la surveillance la plus assidue.
N'y a-t-il donc rien en dehors des ressources
indiquées plus haut. Si, il y a des moyens très
sûrs et très faciles de lutter contre la masturbation la plus effrénée, mais ces moyens sont entièrement du domaine de l'hygiène, et nous les
étudions plus loin.

Lorsque l'onanisme est une conséquence, qu'il
est déterminé par une autre affection, telle que,
les ascarides, les dartres aux parties sexuelles
ou par un défaut organique, comme le phimosis,

il faut guérir les unes et faire disparaître l'autre par l'opération de la circoncision.

Dans ce cas, en effet, l'opération agit doublement, en faisant disparaître la cause primitive et en empêchant, par la douleur qu'elle détermine, l'enfant de se livrer aux mauvaises habitudes pendant tout le temps que la plaie met à se cicatriser.

C'est dans le même but que certains praticiens ont proposé de traiter les masturbateurs rebelles à toute tentative d'amélioration morale, par le passage et le maintien à demeure d'une sonde dans le canal. Cette sonde y détermine une inflammation qui dure quelques jours, et on l'introduit à nouveau, dès que cette inflammation cesse, si les habitudes persistent.

La douleur causée par le séjour de cette sonde, l'inflammation consécutive et la crainte qu'a l'enfant de voir recourir une seconde fois à ce moyen héroïque ont parfois (nous en avons quelques exemples), raison de leur acharnement.

Enfin, lorsque l'onanisme a développé des inflammations locales et le flux séminal qui en est la conséquence habituelle, le traitement qu'il convient de lui appliquer est celui de la spermatorrée, qu'on trouvera plus haut.

———————

CHAPITRE II

Le priapisme

C'est un état d'excitation nerveuse du sens génésique, dans lequel les organes sexuels sont tourmentés par des érections incoercibles et douloureuses, sans qu'il y ait désir de rapprochements sexuels.

Cet accident, plus pénible, peut quelquefois naître spontanément, plus souvent il est la conséquence de l'onanisme, des excès sexuels, de l'abus des excitants génitaux, les cantharides ou autres, ou, enfin, il peut accompagner les pertes séminales actives. Dans certains cas, c'est le priapisme qui engendre la masturbation, au lieu d'être déterminé par elle.

On voit que cette névrose se lie intimement à ces deux désordres que nous avons longuement étudiés, l'onanisme et la spermatorrée.

Lorsque le priapisme est spontané, il est causé le plus souvent par une continence rigoureuse. Il nous a été donné d'observer des cas où des malheureux, enchaînés par des règles ou des habitudes en désaccord avec les exigences de leur organisme, arrivaient à un tel degré d'excitation génésique, qu'ils étaient condamnés à une érection sans trêve ni répit. D'aucuns éprouvent ce phénomène avec une ardeur invincible, à la seule approche d'un autre être, fût-il de leur sexe ; il est à remarquer, en effet, que les perturbations graves de la fonction génitale poussent aux déviations d'instinct : ce sont presque toujours les continences excessives et leurs suites qui engendrent les honteuses passions de sodomie et de bestialité.

Quoi qu'il en soit, en dehors des complications auxquelles le priapisme peut donner lieu, le traitement de cette affection consiste dans la suppression des causes qui l'ont engendré. Il faut que les viveurs qui en sont affligés renoncent, sans retard, aux excitations et aux excitants de toute sorte, et reviennent à des habitudes normales ; lorsque c'est la continence qui l'a engendré, le priapisme n'a d'autre remède que le mariage ; malheureusement on se heurte souvent ici à des impossibilités absolues, et il faut attendre alors que la spermatorrhée, c'est-à-dire un mal pire, vienne débarrasser les patients de cette effroyable tension organique.

Un régime calmant, des bains prolongés et à température peu élevée (18° à 20°), des applications froides ou glacées, des lavements camphrés, laudanisés, et l'usage interne du camphre, en grumeaux ou en pilules, peuvent avoir raison de cet état. Il est bon de remarquer, toutefois, que le camphre est surtout calmant de la vessie et qu'il agit bien plus efficacement contre le priapisme qui accompagne certaines blennorragies, que contre le priapisme essentiel.

CHAPITRE III
Le Satyriasis.

C'est l'appétit vénérien porté à un degré tel, que la conscience, l'intelligence de l'être humain, ne peuvent plus lutter contre ses incitations.

C'est Vénus tout entière à sa proie attachée.

Continence rigoureuse et abus excessifs, excitations intellectuelles continues ou usage, même passager, des excitants aphrodisiaques, peuvent conduire à ce délire sexuel, dont Eugène Sue, médecin autant que romancier, a décrit un type parfait dans le Jacques Ferrand de ses *Mystères de Paris*.

Le désir du coït est porté, dans le Satyriasis, jusqu'à un rut bestial et sans frein. Rien ne peut arrêter cette passion furieuse, car le malheureux qui en est atteint ne s'appartient plus. Nous sommes persuadé que le plus grand nombre des viols inexpliqués et inexplicables, commis par des personnes que la sévérité outrée de leurs mœurs semblaient devoir défendre contre de pareilles aberrations, n'a pas d'autre origine.

Dans quelques cas, surtout quand c'est sous l'influence toxique de la cantharide ou d'autres agents analogues, le satyriasique peut accomplir presque indéfiniment le coït. Il n'est réellement arrêté que par un complet épuisement et, quelquefois, par la mort.

Les moyens curatifs qu'on peut opposer au satyriasis sont analogues à ceux que réclame le priapisme et que nous avons fait connaître, dans le chapitre précédent.

CHAPITRE IV

Les vices contre nature.

Nous avons vu, dans le cours de cet ouvrage, que les abus sexuels, aussi bien que la continence rigoureuse, lorsque celle-ci n'est pas accompagnée d'un genre de vie et d'un régime appropriés, lorsque aussi elle n'a pas été observée dès la jeunesse, ont pour conséquence, soit l'onanisme et la spermatorrhée, soit des troubles cérébraux dont les attentats à la pudeur et des violences de toutes sortes sont les trop fréquentes manifestations. Ces deux causes contraires entrent ainsi, à titre à peu près égal, dans la production des perversions que nous allons étudier maintenant.

Tous les abus sexuels peuvent aboutir à la pédérastie, mais c'est la masturbation qui y conduit le plus sûrement; si des êtres adonnés aux plaisirs solitaires ont une timidité, une réserve honteuse qui les éloigne des femmes, ils se livrent volontiers à leur vice en compagnie d'autres masturbateurs, et de là à des actes plus criminels il n'y a qu'un pas. Mais le simple abus du coït, la vie de viveur en un mot, et surtout l'habitude des recherches libidineuses, qu'on acquiert près des femmes de plaisir, finissent aussi par faire surgir une dépravation de l'esprit, qui ne peut plus se satisfaire qu'à l'aide de pratiques

contre nature. Il en est des plaisirs de Vénus
comme de l'usage des épices ou de l'alcool ; plus
on augmente la dose, plus le goût se blase ; à la
fin, la femme devient insuffisante pour rassa-
sier l'homme en quête de jouissances nouvelles,
et il a facilement recours alors à d'autres instruments de débauches; des observations nombreuses ont démontré qu'il en arrive souvent
ainsi, et que nombre de pédérastes sont d'anciens
débauchés que la soif des nouveautés a plongés
dans ce gouffre d'infamie.

C'est ici le lieu de combattre un préjugé assez
répandu : on croit que *tous* les pédérastes ont,
pour la femme, une répulsion instinctive et insurmontable. Cela peut être vrai, on le comprendra tout à l'heure, pour ceux qu'une coutume
rigoureuse a conduits à la sodomie, mais c'est
absolument faux en ce qui concerne les pédérastes par suite d'abus sexuels, dont nous venons
de nous occuper; ceux-là, pas plus que César,
n'ont de parti pris, et c'est en vain qu'ils exci-
peraient, ainsi qu'ils le font souvent pour se
défendre du vice de pédérastie, de leurs rapports
avec une femme, de leurs devoirs conjugaux
remplis et de la naissance d'enfants dont la
filiation ne peut être déniée.

Si l'abus effréné des femmes peut conduire à
la pédérastie, nous devons reconnaître qu'elle
est bien plus souvent causée par la privation

rigoureuse des rapports sexuels chez des personnes n'ayant pas supprimé les exigences physiques de la fonction sexuelle par une chasteté
rigoureusement observée depuis l'éclosion même
de cette fonction.

Quelques faits généraux peuvent établir cette
influence.

Il est notoirement connu que la sodomie a été
longtemps un vice général à bord des bâtiments
au long cours, et, depuis que la vapeur a diminué la durée des traversées, on y observe une
notable diminution dans le nombre de ces attentats. Il est certain que les matelots y sont portés,
non par leurs appétits, mais par le régime spécial, les conditions stimulantes de l'air, et
surtout par l'impossibilité de lutter longtemps
contre le besoin d'évacuation spermatique, car
aussitôt qu'ils sont à terre ils abandonnent ces
habitudes infâmes et reviennent à la femme
avec une véritable passion, ce qui, généralement,
permet de distinguer les pédérastes de nécessité
des pédérastes d'instinct.

Une observation analogue a été faite pour les
armées : toutes les fois que des troupes sont
casernées dans des centres populeux ou dans
leur voisinage, les cas de sodomie y sont très
rares ; mais qu'on les installe dans des camps,
loin des villes, que la discipline devienne plus
rigoureuse et les tienne éloignées de la popula-

tion civile, on aura immédiatement à constater un plus grand nombre d'attentats de ce genre.

Mais c'est surtout dans les prisons que ce vice règne à l'état endémique; et c'est de là que sortent tous ces prostitués pédérastes qui souillent certains quartiers de la grande ville.

Dans les bagnes, tous les forçats, sans exception, y sont adonnés; et là la violence a raison de ceux qui veulent échapper à cette abominable loi commune; dans les prisons centrales, malgré une surveillance assidue et minutieuse, presque tous les prisonniers se livrent à ces débauches. Quant aux prisons où le séjour est moins prolongé la pédérastie est familière parmi les voleurs, les vagabonds, les repris de justice.

Voilà donc une école de sodomie comprenant des milliers d'adeptes et qui vomit chaque jour ses produits dans le monde où nous vivons! C'est là où l'on enferme les criminels, pour les moraliser autant que pour les punir, qu'ils ajoutent ce vice à leurs vices, cette honte à toutes leurs turpitudes. Il y a là encore une fois un danger formidable pour la société : nous aurons à dire, en étudiant les moyens de combattre, d'enrayer la pédérastie, ce qu'on a tenté et ce qu'il faudrait faire, à notre avis, pour l'en préserver.

Les conséquences physiologiques de ce vice ne

sont pas moins redoutables : il en peut résulter, d'abord, des désordres immédiats très graves, déchirures, fistules, fissures, syphilis, inflammation blennorragique du rectum, etc. Nous avons vu plusieurs fois des dégénérescences de l'anus, conséquences de la pédérastie, être suivies de mort. A la longue, cet abus conduit toujours les pédérastes actifs, aussi bien que les passifs, à la spermatorrée et à ses redoutables conséquences. C'est par cette voie que presque tous ils finissent de bonne heure leur ignoble existence. Frappés de paralysies diverses, d'affections du cœur et d'hydropisies consécutives, épuisés par la phtisie pulmonaire, annihilés par la décrépitude intellectuelle ou l'aliénation mentale, il n'en est aucun qui ne porte, dans sa santé, la trace de ses débordements et ne paye de sa vie l'outrage fait à la nature. Ici encore la morale trouve sa sanction dans la perte des biens les plus précieux à l'homme, sa santé et sa vie.

Il est peu de ressources, il faut l'avouer, pour arracher les malheureux qui y sont voués, au vice de sodomie : toutes les exhortations échouent, quand le sentiment de pudeur est à ce degré éteint dans les âmes. Il est d'ailleurs certains cyniques qui considèrent ces dépravations comme étant de droit absolu. Il ne manque pas de théoriciens peu scrupuleux pour soutenir cette abominable thèse. A ceux-là, s'ils sont lettres, les exemples des temps anciens, les faits de notre histoire ou plutôt de l'histoire des rois et des grands seigneurs, les mœurs de l'Orient, fournissent des arguments faciles, et nul enseignement religieux ou moral ne peut prévaloir contre ces perversions invétérées.

La science peut et doit réduire à néant ces abominables doctrines, et il est nécessaire qu'elle le fasse. Non, pas plus que la masturbation, la pédérastie, librement consentie, n'est un droit qui puisse échapper à l'intervention de la société. Un vice qui flétrit le corps et l'intelligence des êtres, qui les rend impropres aux devoirs que la société leur impose, et imprime un cachet d'infériorité organique sur leur descendance, ne peut être toléré. Ce n'est pas assez que l'opinion publique frappe d'ignominie ceux qui s'y livrent; il faut que la loi châtie sans pitié ceux qui, par leurs appétits pervers, étendent le champ de contamination, si vaste déjà, où pullulent ces désordres monstrueux.

À notre avis, la loi n'est pas assez rigoureuse pour ces crimes; il faut qu'il y ait scandale pour que la pédérastie tombe sous le coup de la vindicte publique; sauf le cas d'attentat à la pudeur, établi par la publicité de l'acte, la loi est impuissante et désarmée; il y a là une lacune regrettable. Assurément, nous sommes soucieux de la liberté individuelle, et nous ne méconnaissons point que la délation calomnieuse aurait un vaste champ à exploiter si ce vice était puni quand même; mais ce n'est pas ce que nous demandons. Nous voudrions que, lorsque ces habitudes sont officiellement constatées par des documents authentiques, des preuves évidentes, des lettres, des aveux (et il y a de ces hommes qui avouent cyniquement ces monstruosités), lorsqu'enfin, par un moyen quelconque, on a constaté l'existence de ces attentats, nous voudrions que la société se débarrassât de ceux qui les ont commis et en purgeât les centres de population qu'ils pervertissent et déshonorent.

Ce n'est point à la prison qu'il faudrait les envoyer, puisqu'ils y pervertissent ceux qui les entourent, s'ils sont en commun, et s'y dépravent de plus en plus, s'ils sont isolés. Non, il faudrait chasser ces êtres malfaisants de Paris, de la France, il faudrait les déporter et les attacher là-bas au travail rude de la terre. La fatigue physique les guérirait peut-être de ces perversions morales; à défaut, il nous semble que ce sont ces criminels surtout que la surveillance de la police devrait atteindre....

Mais ces hautes questions nous entraînent un peu loin. Nous nous contenterons d'ajouter, pour finir, que l'examen médical à l'entrée des prisons, que nous indiquerons parmi les mesures préventives générales de la syphilis, pourra être

appliqué avec autant de certitude à la recherche
de la pédérastie, le jour où on se décidera à en
tenter l'extinction par des mesures radicales.

La bestialité est la pédérastie arrivée à la fré-
nésie aveugle; pour les êtres tombés dans cet
état de dépravation, l'homme et la brute c'est
tout un, et les égarements des sens les plus étran-
ges deviennent possibles lorsque les hommes
sont emportés par de pareils appétits. Tout ce
que nous avons dit de la pédérastie s'applique
donc, trait pour trait, à la bestialité. Ce vice,
d'ailleurs, est heureusement plus rare en notre
temps que dans les temps anciens; il est aussi
notablement plus rare dans les villes que dans
les campagnes, ce qui contrariera sans doute,
mais nous n'y pouvons rien, les bonnes gens qui,
pour dénigrer le progrès et la civilisation, nous
vantent à tout propos les vertus du bon vieux
temps et les mœurs pures de la campagne.

Nous nous hâtons d'en finir avec ce triste sujet;
nous avons hésité, tout d'abord, à l'aborder ici.
Mais il nous a semblé qu'un ouvrage sur le sexe
mâle serait incomplet s'il n'étudiait, ne fût-ce
que sommairement, cette grave perversion fonctionnelle; d'ailleurs nous pensons que le meilleur
moyen de préserver du vice c'est de le montrer
à nu, tel qu'il est, hideux et sombre, avec ses
tristes et fatales conséquences; le crime, la
maladie et la mort.

CHAPITRE V

L'impuissance.

Il existe une différence essentielle entre l'impuissance et l'infécondité : la première est l'impossibilité de procéder à la copulation, l'infécondité est l'impossibilité d'en obtenir le résultat final, c'est-à-dire de procréer un nouvel être. Nous allons étudier ces deux états, et nous ferons connaître les ressources que l'hygiène et la thérapeutique nous fournissent pour les modifier.

Bien que notre livre soit spécialement consacré au sexe mâle, nous dirons quelques mots de l'impuissance et de l'infécondité chez la femme, ces désordres intéressant au plus haut point l'homme en état de mariage.

L'impuissance peut être regardée comme le terme fatal d'une maladie que nous avons longuement étudiée, de la spermatorrhée. Ce qui fait naître l'une conduit à l'autre. Nous nous contenterons donc de rappeler ici les principales causes des pertes séminales : l'insuffisance native des organes génitaux et surtout le phimosis, l'aptitude sexuelle exagérée, provenant ou non d'hérédité, les inflammations des diverses parties de l'appareil génital, celles de l'appareil urinaire, qui lui est sympathiquement uni ; l'abus des diurétiques et des excitants génésiques ou aphrodisiaques ; les maladies de l'anus (dartres, vers intestinaux, fistule, fissures, constipation, hémorroïdes, etc.), agissant par influence de voisinage ; les abus sexuels, certaines perversions fonctionnelles, comme l'onanisme et la pédérastie, et la continence rigoureuse, qui est si souvent l'origine de ces perversions : toutes ces causes peuvent déterminer l'impuissance durable, persistante, celle qu'on peut appeler chronique.

Il est, en effet, une impuissance passagère, aiguë, en quelque sorte, qui se manifeste lorsque l'organisme se trouve sous l'influence d'une stimulation nerveuse excessive, comme dans l'ivresse, ou sous le coup d'une émotion morale vive : il n'est personne qui ne sache que, si une excitation alcoolique légère peut stimuler les appétits vénériens, l'ivresse complète tue l'amour, et, d'un autre côté, l'on n'ignore pas qu'un homme ardemment épris reste souvent désarmé, par suite de son émotion, au moment même où il peut atteindre le but de ses désirs. C'est que le cerveau, trop vivement surexcité, ne peut plus stimuler suffisamment l'appareil sexuel ; mais pour ce dernier cas il n'est pas rare de constater aussi une impuissance plus réelle, due à des pertes séminales provoquées par des ardeurs trop longtemps comprimées. Il est enfin une impuissance physiologique amenée par l'âge : de celle-là, nous

nous occuperons, en étudiant l'hygiène sexuelle de la vieillesse.

L'impuissance est caractérisée par l'impossibilité de faire entrer le pénis en érection, sous l'influence du désir ou du rapprochement sexuel : il est certain que, sans cette condition, la copulation ne peut avoir lieu.

Il y a des degrés dans cet état ; quelquefois l'impuissant peut obtenir une érection rapide, accompagnée de l'émission d'un liquide plus ou moins clair et suivie presque immédiatement d'un ramollissement désormais rebelle à toute excitation.

Nous disons qu'il peut émettre quelques gouttes de liquide ; il ne faut pas croire, en effet, que la sécrétion de la semence soit arrêtée chez les impuissants ; ce liquide, au contraire, s'écoule presque toujours chez eux, d'une façon continue, involontairement, passivement, c'est-à-dire sans déterminer aucun des phénomènes d'érasme vénérien qui accompagnent habituellement cette émission : le liquide qui s'écoule ainsi est rarement du sperme normal, il présente généralement des altérations, que nous décrirons tout à l'heure et qui peuvent servir à mesurer la gravité et la curabilité de l'impuissance.

On se tromperait étrangement si l'on supposait qu'à cela se borne toute l'affaire : il n'est pas de maladie, qui imprime des traces aussi profondes sur l'organisme, que la perte de la virilité. Il semble que la nature ait attaché à cet instinct de reproduction, dont dépend la conservation de l'espèce, tout le destin de l'homme, car il n'est aucune de ses fonctions dont la suppression excite chez lui un désespoir aussi profond. Aucun malheur, la mort des êtres les plus chers, la perte de sa situation ou de sa fortune, rien ne peut produire chez l'homme une impression aussi douloureuse et aussi persistante que la constatation de son impuissance lorsqu'il est encore dans l'âge de l'activité génésique. Cette infériorité organique a, de tout temps, été regardée comme un redoutable accident, et au moyen âge on demandait aussi fréquemment à la sorcellerie des charmes pour *nouer l'aiguillette*, que des compositions meurtrières.

Un sentiment de honte bizarre pousse les impuissants à dissimuler leur situation avec un soin minutieux; il en est, des scandales nombreux en font foi, qui, pour éviter les lazzis du monde, affectent de se livrer à une vie de débauche; d'autres achètent la complicité d'une fille, ou essayent de la tromper à l'aide d'appareils simulants les organes génitaux. Des procès en nullité de mariage et en séparation de corps établissent que des manœuvres de ce genre, et jusqu'à des substitutions de personnes, ont quelquefois déshonoré le lit conjugal des impuissants.

C'est, en effet, dans l'état de mariage que l'impuissance est un véritable désastre. Lorsque le mari, vigoureux au début, est devenu impuissant par les abus de la lune de miel, ce qui est beaucoup plus fréquent qu'on ne pourrait le croire, l'excuse est toute trouvée; mais si le malheureux a constaté son insuffisance dans la première nuit conjugale, rien ne saurait peindre l'état de son esprit à cette terrible découverte, d'autant plus terrible qu'il n'a point à compter sur la commisération de ceux qui l'entourent ; le monde est, en effet, impitoyable pour ces malheurs, et les voue sans pitié au ridicule. S'ils étaient toujours la suite et le châtiment de la débauche, on comprendrait cette sévérité, mais c'est qu'il n'en est point ainsi, et nous avons vu, en étudiant les pertes séminales, que les plus chastes peuvent être conduits à l'impuissance par leur continence même. Qu'importe, on ne leur épargne pas les quolibets, et c'est ce qui explique pourquoi ils cachent avec tant de soin leurs misères.

C'est pour cela que l'impuissant fuit le monde, où il craint de laisser percer son secret, et qu'il reste toujours solitaire. Il est rare qu'il consulte un médecin du lieu, tant est grande sa susceptibilité, et si parfois il se décide à aborder

quelque spécialiste étranger, il le fait avec une
hésitation telle, qu'on peut, presque à coup sûr,
deviner à l'avance ce que veulent dissimuler ses
longues circonlocutions. Ces malades semblent
vouloir se mentir à eux-mêmes, il est rare qu'ils
se reconnaissent impuissants ; à leur première
tentative, d'après eux, c'est une émotion morale,
l'état d'ivresse où ils étaient, une digestion difficile ou toute autre cause qui les a fait rester
cois, et depuis lors ils n'ont jamais osé tenter
une seconde épreuve.

Cette suppression de la fonction sexuelle s'accompagne de désordres généraux qui montrent
le lien étroit qui unit l'appareil génésique au cerveau. Le courage s'annihile ; des hommes forts
et robustes deviennent efféminés et lâches ; ce
qui advient chez le cheval castré s'observe ici :
il y a autant de différence, au point de vue de l'ardeur et de la vigueur, entre l'homme complet et
l'impuissant qu'entre l'étalon et le cheval hon-
gre. Les anciens avaient compris cela, et le mot
courage avait chez eux la même source étymologique que le mot virilité.

Chez les impuissants, la volonté devient rapidement hésitante et sans ressort ; leur caractère
s'aigrit, s'assombrit, et ils arrivent fatalement à
l'hypocondrie la plus cruelle. Dans d'autres cas,
ils perdent peu à peu la mémoire, et leurs facultés
intellectuelles s'affaiblissent graduellement, la

folie ou le suicide est souvent le terme de leur vie misérable. Ce sont là, il faut le rappeler encore, des signes qui appartiennent aux pertes séminales, origine habituelle de l'impuissance, et nous n'avons qu'à les rappeler ici, puisque nous les avons déjà étudiés.

L'impuissance peut être absolue, irrévocable ; c'est lorsque la perte séminale, à laquelle elle se rattache, a déterminé dans le liquide séminal des désordres que nous ferons connaître dans le chapitre suivant, consacré à l'étude de l'infécondité ; mais, le plus souvent, la maladie n'arrive point à ces altérations profondes, et on peut en obtenir la guérison.

Quels sont, dans ces cas, les moyens à employer ?

Bien des remèdes ont été indiqués, depuis les manœuvres mystérieuses destinées à dénouer l'aiguillette, jusqu'aux filtres, élixirs et pastilles de toutes sortes, auxquels les Orientaux demandent le retour de leur virilité, et à l'abus desquels ils en doivent très certainement la perte prématurée.

C'est qu'en effet les aphrodisiaques, qui sont la base de ces préparations stimulantes, peuvent surexciter la fonction saine jusqu'à l'entraîner aux excès les plus fâcheux, mais ils sont absolument inefficaces contre l'inertie morbide du sens génésique. Les excitants de l'appareil génital, comme tous les excitants, en général, n'agissent dans le présent qu'aux dépens de l'avenir, et lorsqu'on demande à la flagellation, à l'urtication (flagellation avec des orties), aux cantharides, au phosphore, aux aromates, aux épices, aux truffes, au safran, au musc, etc., un retour de vaillance vénérienne, on s'expose à aggraver considérablement la maladie, nul de ces agents, dont l'usage la fait naître souvent, ne peut être sérieusement opposé à l'Impuissance.

N'y a-t-il donc rien à faire et faut-il se résigner à cette désolante infirmité. Non, assurément, mais il faut agir d'une façon rationnelle, c'est-à-dire ne jamais perdre de vue que l'impuissance se rattache toujours à une autre maladie, qui est la spermatorrée. Ici, comme toujours, pour guérir l'effet il faut combattre la cause : or, nous avons fait connaître déjà longuement les soins que réclame cette cause essentielle de l'impuissance, nous n'avons point à y revenir ici.

CHAPITRE VI

L'Infécondité.

L'impuissant est toujours infécond, sauf les quelques rémissions pendant lesquelles (cela arrive quelquefois) il peut, tant bien que mal, accomplir l'acte du coït; l'infécondité absolue, au contraire, n'empêche pas la copulation de s'accomplir et un homme peut être infécond avec les apparences les plus complètes de la virilité. Quelles sont donc les conditions de cet état organique, qu'on appelle Infécondité chez l'homme et Stérilité chez la femme?

Cet état est essentiellement caractérisé par l'impossibilité de réaliser l'acte fondamental de la fonction génésique, la fécondation de l'ovule par le zoosperme et la procréation d'un nouvel être. Elle peut tenir, soit à des vices de conformation, soit à des désordres fonctionnels, chez l'un ou l'autre des deux facteurs, ou bien à l'insuffisance de l'un des deux éléments reproducteurs.

Parmi les vices de conformation pouvant entraîner l'infécondité, nous citerons l'absence des testicules; mais l'absence absolue, car nous avons vu que souvent ces glandes ne font défaut qu'en apparence et restent cachées dans les profondeurs du ventre. Toutefois, même dans ce cas, la fécondité peut être fort compromise, car il est rare que l'arrêt de développement qui a suspendu la descente du testicule n'ait point agi sur la substance même de cet organe, au point de le rendre impropre à fournir une semence normale. Mais ceci n'est point général, et l'examen microscopique seul peut apprendre formellement si un homme dont les testicules ne sont pas apparents est apte ou non au mariage. Les mêmes doutes peuvent surgir quand un seul testicule est descendu dans les bourses, parce que l'un de ces organes étant resté en chemin, il y a de fortes présomptions que tous les deux sont insuffisamment développés. L'ablation d'un seul testicule laisse l'homme fécond.

L'absence ou la petitesse du pénis; l'hypospadias, qui indique un arrêt de développement de tout l'appareil génésique et qui empêche, d'ailleurs, l'éjaculation de se faire dans la direction voulue; le phimosis qui coupe le jet et en retient le produit dans le capuchon préputial, enfin le volume excessif du pénis, s'il est tel qu'il rende l'intromission impossible, tous ces vices de conformation peuvent entraîner l'infécondité.

Les troubles fonctionnels qui peuvent rendre l'homme infécond sont : les diverses maladies de l'appareil sexuel, l'orchite (l'orchite double bien

entendu), qui laisse souvent après elle une induration et un profond changement de contexture
de la glande; l'épididymite double et l'inflammation des canaux déférents, qui laissent à leur suite
des petits tubercules cicatriciels qui obstruent
presque complètement ces conduits; les inflammations des vésicules et des conduits éjaculateurs, et jusqu'aux rétrécissements de l'urètre,
par l'obstacle mécanique qu'ils apportent à la
projection de la semence.

Mais c'est surtout la spermatorrée qui peut
la déterminer, et cela bien longtemps avant que
l'impuissance soit venue fixer l'attention. C'est
en agissant sur l'élément reproducteur que cette
maladie le rend infécond. Sous l'influence de ce
flux incessant, on voit le liquide séminal changer
d'aspect, il devient plus fluide, *aqueux*, selon
l'expression déjà employée par Hippocrate pour
désigner la semence des spermatorrhéiques; il
paraît aussi plus homogène, parce que la partie
fondamentale, moins abondante, est mieux dé-
layée dans le liquide accessoire ou prostatique.

En l'examinant au microscope, on y voit les
animalcules spermatiques plus rares, plus
petits, moins vigoureux, et ils périssent presque
immédiatement après qu'ils ont été recueillis; le
plus souvent, mais pas toujours, cette altération
de l'élément reproducteur coïncide avec une
diminution proportionnelle de l'activité géné-

sique. Tant que ces modifications s'arrêtent là, l'infécondité n'est point encore absolue, ni l'impuissance irrémédiable : on peut voir, en effet, sous l'influence de soins rationnels, ces petits êtres se refaire, retrouver leur vivacité d'allure, résister mieux à la décomposition ; et, concurremment avec cette restauration, qu'on peut suivre, en quelque sorte, pas à pas, sur le champ du microscope, la fonction retrouve sa vigueur.

Mais il est des altérations du germe qui entraînent avec elles un trouble plus profond de la virilité : c'est la déformation des zoospermes, la diminution de leur queue, puis la disparition complète de cet appendice, qui fait qu'ils sont réduits à l'état de petits corps ovalaires, doués encore, pendant quelque temps après leur émission, d'une espèce de vibration lente et sur place, plutôt que de mouvements réels.

Enfin, les têtes elles-mêmes disparaissent, et il ne reste plus dans le liquide, comme dans le sperme des vieillards arrivés au repos de la fonction sexuelle, que des cellules spermatiques ou des granulations éparses, sans traces d'organisation : à ce moment la fonction génésique est abolie définitivement et sans ressource.

Chez les femmes aussi, des causes multiples peuvent amener la stérilité. L'étroitesse du vagin, déterminée par la proéminence des os du pubis (ce qui constitue ce qu'on appelle communément

la femme barrée), peut être telle que le coït
devienne impossible. Ce canal est parfois aussi
complètement fermé, ou bien il se termine à
quelque distance de la vulve par un cul-de-sac,
sans communication avec les organes profonds.
Chose singulière, on voit fréquemment chez les
femmes qui sont, par cette cause, vouées à l'infécondité, les organes superficiels, et notamment
le clitoris, ce pénis de la femme, acquérir un
développement exagéré, ce qui constitue, pour
des regards peu exercés, des cas d'hermaphrodisme, ainsi que nous l'avons dit en étudiant
les vices de conformation. Le col de la matrice,
le calibre des trompes par où passe l'ovule,
peuvent être congénialement fermés. Enfin, s'il
est rare, il n'est pas sans exemple de voir la
matrice et les ovaires manquer complètement.
Dans ces derniers cas, la menstruation fait défaut,
mais elle peut aussi manquer alors que les organes existent, et c'est un indice à peu près certain de stérilité. Les affections de la matrice,
ulcérations, dégénérescences, inflammations ca-
tarrhales, peuvent également rendre les femmes
infécondes ; il en est de même d'un accident que
les femmes traitent assez légèrement, des fleurs
blanches, qui peuvent, par leur action destruc-
tive sur le germe, mettre obstacle à la reproduction.

Enfin, pour l'un et l'autre sexe, il y a des

causes générales d'infécondité : nous avons dit que la reproduction est un suprême effort que la nutrition accomplit, après avoir mené à bien le développement complet de l'organisme; que c'est, en un mot, une véritable nutrition en dehors, par laquelle l'être, ayant pourvu à sa propre structure, fournit un supplément organique, qui est le fruit humain. Eh bien, il résulte de cette donnée que, toutes les fois que la nutrition sera enrayée, par une cause quelconque, au point de ne plus fournir à l'être lui-même ce qui lui est nécessaire, elle ne pourra, *a fortiori*, produire ou nourrir ce supplément. Une nutrition incomplète comporte toujours la suppression de la reproduction, c'est-à-dire l'infécondité : c'est ainsi que la faiblesse native de la constitution, l'anémie, le cancer, la phtisie, les empoisonnements par le mercure et le plomb, rendent l'homme et la femme inféconds.

Au même titre, tous les excès qui peuvent altérer profondément l'organisme, les abus sexuels, les abus alcooliques, la misère, le plus redoutable de tous les abus, la misère sous la forme d'alimentation insuffisante ou de travail excessif, produisent également la stérilité.

Est-ce pour cela que les climats chauds, généralement plus prospères, donnent une moyenne de reproduction plus considérable, ou bien la chaleur est-elle, par elle-même, propice à la

propagation de la race humaine? Ces deux raisons sont également acceptables.

En tout cas, il est bien démontré que l'augmentation de la population est en rapport avec
la richesse d'un pays : cela est formellement
acquis, et pourtant la fécondité de la race
humaine a diminué, en France, de plus de
moitié depuis un siècle ! A quoi faut-il attribuer
cette diminution alarmante ? La richesse de la
France s'est-elle donc amoindrie, alors que tant
de progrès ont été réalisés dans toutes les direc-
tions?

Hélas! il faut admettre cette cause, pour une
large part, dans le fait que nous signalons.
Certes, de grandes modifications, profitables au
bien-être et au développement de l'humanité,
ont été obtenues dans ce siècle, le plus grand de
toute l'histoire humaine, mais ont-elles profité à
la masse, à cette foule de travailleurs qu'on a, à
juste titre, nommés prolétaires, puisque, par une
dérision du sort, c'est toujours à eux, les plus
misérables, qu'incombent plus particulièrement
le fardeau, — la famille, cette suprême joie pour
les heureux devient un fardeau pour qui ne sait
comment la nourrir, — le lourd fardeau de la
multiplication de la race humaine? Il serait facile de démontrer que le sort des prolétaires est
plus incertain et plus douloureux que jamais et
qu'ils ont seulement appris à en atténuer les

charges, soit en se soustrayant à la loi du mariage, soit en éludant les conséquences naturelle des deux sexes.

Il existe, en effet, une infécondité volontaire, celle d'Onan, qui a été jusqu'à présent le lot des classes élevées, mais qui pénètre peu à peu, dans les villes surtout, au sein des classes laborieuses; sans vouloir appuyer la triste doctrine de Malthus, nous sommes de cet avis que, tant que la société n'assurera pas au travailleur le pain quotidien nécessaire à sa progéniture, nulle règle morale ou sociale ne pourra le contraindre à la faire naître, non pas seulement, comme le veut la Genèse, dans la douleur, mais aussi pour la douleur.

Mais revenons à notre sujet. Nous savons que l'infécondité, même irrémédiable, n'est point une cause d'impuissance; le nombre est grand des époux qui accomplissent leurs devoirs conjugaux sans pouvoir procréer. La copulation peut même avoir lieu en l'absence des organes essentiels, des testicules, à cette condition toutefois, qu'ils aient été enlevés après l'âge pubère. Elle n'a pas lieu lorsqu'ils manquent congénialement ou lorsqu'ils ont été supprimés dès l'enfance. Ainsi les eunuques qui ont subi l'opération dans le jeune âge ne peuvent avoir d'érections, ou bien ils en ont de trop peu persistantes pour permettre la copulation; mais un homme castré dans l'âge viril a encore des érections et peut accomplir un coït imparfait, il est vrai, avec une espèce d'éjaculation due au liquide prostatique.

Malgré cette possibilité d'accomplir, tant bien que mal, le coït, les castrats accidentels éprouvent les mêmes impressions morales que les impuissants, et il en est peu que la privation des organes essentiels de la virilité ne pousse au désespoir et même au suicide.

En somme, quelle que soit son origine, l'infécondité peut être absolue, définitive ou non, et, sauf le cas d'absence réelle, native ou accidentelle des deux glandes de sécrétion, on ne peut conclure à l'infécondité absolue, sans avoir au préalable examiné soigneusement les éléments du liquide séminal.

L'aspect, la consistance, la vitalité des zoospermes, sont des éléments essentiels du pronostic; selon la réponse du microscope, il faudra renoncer à tout espoir, ou, au contraire, tenter la guérison de cette infirmité qui fait la désolation d'un grand nombre de familles. Lorsque les zoospermes sont intacts ou lorsqu'ils sont seulement peu altérés, la guérison est possible et même probable.

Comment l'obtiendra-t-on? Encore et toujours en recherchant minutieusement les causes de l'infécondité et en les combattant, aucune de ces causes n'étant, en somme, au-dessus des ressources de l'art.

Quant aux agents médicamenteux, à ces préparations plus ou moins mystérieuses auxquelles on attribue l'étonnante propriété de rendre la semence féconde, il faut se garder d'y recourir. Si on a lu avec attention la première partie de ce livre, on comprendra que nulle drogue ne peut avoir le pouvoir de faire pousser des zoospermes lorsqu'il n'y en a plus; ces agents peuvent souvent être plus qu'inutiles, ils peuvent être dangereux, surtout quand on les oppose, comme cela arrive souvent, à l'infécondité naturelle et irrévocable qu'amène la vieillesse, infécondité dont nous nous occuperons à la fin de cet ouvrage.

TROISIÈME PARTIE

HYGIÈNE

Nous allons réunir, dans cette troisième partie, toutes les règles d'hygiène qui se rapportent
au sexe mâle. Nous nous répéterons quelquefois,
car il nous est arrivé souvent, en étudiant les
maladies, d'aborder certains points d'hygiène;
mais, dans ces questions, on ne saurait trop
insister : ces notions sont, en effet, d'une importance considérable et elles sont déplorablement
délaissées. C'est au hasard, sans règle ni direction, que les hommes apprennent peu à peu ce
qui concerne la fonction génitale, les soins
qu'elle réclame et les règles hygiéniques qui la
peuvent préserver et conserver. Cependant l'instinct populaire presse l'importance de ces études,
et l'on recherche passionnément tout ce qui peut
éclairer sur ces questions peu connues. Nous
allons tâcher de satisfaire cette légitime curiosité.

Pour apporter ici quelque méthode, nous sui-
vrons l'ordre de développement de l'être et nous
étudierons :

1° L'hygiène sexuelle de l'enfance;
2°   —   — de la puberté;
3°   —   — de l'âge viril;
4°   —   — de la vieillesse.

[illegible]

LIVRE PREMIER

HYGIÈNE SEXUELLE DE L'ENFANCE

[illegible]

CHAPITRE PREMIER

La Précocité des Instincts génésiques.

Il peut sembler étonnant que nous ayons à consacrer un chapitre de ce livre à l'hygiène sexuelle de l'enfance.

Assez généralement, on croit que les enfants ne peuvent être troublés dans leur instinct sexuel avant l'époque de l'évolution complète de la fonction, et que l'âge de la puberté est le moment de l'apparition des désordres génésiques : rien n'est plus contraire à la saine observation des faits.

D'abord l'instinct génésique apparaît, chez les petits garçons, bien longtemps avant cette phase importante de leur vie. On a vu des enfants au berceau être victimes de manœuvres dont le retentissement sur l'organisme n'est pas moindre chez eux que chez les adultes.

Des faits nombreux établissent que les petits garçons ont, de bonne heure, leur attention portée vers leurs parties sexuelles et vers les organes constitutifs de l'autre sexe. Ainsi, qu'ils y soient poussés par la douceur du contact de ces parties ou par pur instinct, ils ont tendance à pratiquer sur les parties sexuelles des attouchements d'abord innocents, funestes plus tard.

Ils recherchent la société des petites filles, aiment à taquiner les bonnes, les grandes sœurs, essayent de pénétrer dans les pièces réservées au sexe féminin; il en est qui, laissés maladroitement dans la chambre à coucher paternelle, se tiennent longtemps éveillés, à l'aide d'une dissimulation très caractéristique, pour en surprendre les mystères. D'autres recherchent hypocritement (comme Jean-Jacques Rousseau qui donne dans ses *Confessions* une admirable description des désordres que peuvent produire les perversions du sens génésique) certaines punitions dont le résultat est d'exciter un véritable érasme vénérien.

Bref, il faut se rappeler toujours que les enfants en bas-âge ont déjà des appétits sexuels instinctifs. Ce n'est donc point sans raison qu'on recommande aux familles d'isoler leurs enfants de tous les spectacles, de les éloigner de toutes les idées qui peuvent les pousser dans cette voie.

L'éducation puérile doit être rigoureusement chaste, et pour y atteindre il ne suffit point de donner des conseils ou des réprimandes, il faut que tous ceux qui entourent l'enfant soient d'une réserve assidue. Les enfants ne doivent point habiter la chambre conjugale. Si l'on ne peut les en tenir éloignés, il ne faut jamais oublier qu'ils feignent souvent de dormir, qu'ils se ré-

veillent fréquemment, sans qu'on en soit prévenu, surtout si le désir de surprendre quelque
chose de nouveau tient leur imagination en
éveil.

Les sœurs, les bonnes, doivent les écarter de
leurs chambres, de leurs cabinets de toilette, où
une foule de détails inconnus peuvent appeler
leur attention.

Il ne faut jamais laisser jouer ensemble, dans
les coins et sans surveillance sérieuse, les
enfants de même âge ou d'âge différent, de l'un
ou de l'autre sexe. Ce n'est jamais dans un but
louable que les enfants essayent de s'isoler dans
leurs jeux.

Si, de lui-même, l'enfant peut glisser sur la
pente fatale, combien plus souvent il y est poussé
par la complicité criminelle de ceux à qui il est
confié.

Nous ne pouvons entrer ici dans des détails
trop précis, mais des faits innombrables nous
ont appris combien ceux à qui on confie la surveillance des enfants auraient souvent besoin
d'être surveillés. Qui n'a gardé souvenir de cet
épisode douloureux : une famille riche et insou-
ciante retrouvant, au retour du bal, tous ses
enfants déshonorés, pollués par d'infâmes valets,
qui les asservissaient par la crainte ? Nous avons
déjà cité le fait de cette nourrice qui masturbait
son nourrisson pour étouffer ses cris, et qui con-

tinua ses manœuvres jusqu'au jour où la mort imminente de l'enfant vint révéler ses abominables pratiques.

Que de servantes passionnées, tenues rigoureusement par leurs maîtres, dépensent avec les malheureux enfants les appétits dépravés qu'elles ne peuvent satisfaire au dehors. Combien de serviteurs mâles, de précepteurs ont été les excitateurs de débauches prématurées, dont la santé des enfants garde à jamais les traces.

Tant que l'enfant reste au foyer paternel, il faut que le père veille sans cesse sur sa pureté, qui est en même temps sa santé et sa vie : aucun abus, quelque monstrueux qu'il puisse paraître, ne doit être tenu, *a priori*, pour impossible. Tout est possible ici, et l'on ne peut être à l'abri du péril qu'en voyant vivre, sous ses yeux et à toute heure, les chers petits dont l'avenir nous est confié.

CHAPITRE II

Les Vices Congénitaux.

A cette surveillance attentive et de toutes les heures ne se doit point borner le souci d'une fonction, dont les perversions doivent exercer une influence si complète sur le corps et l'intelligence des êtres. Dès le premier âge, peuvent être observées certaines conditions organiques qui doivent, à l'avance, faire craindre les perversions sexuelles. Si, parmi ces conditions, quelques-unes sont absolument sans ressources, d'autres, au contraire peuvent être modifiées et doivent l'être pendant la première phase d'évolution organique. Nous voulons parler des vices de conformation des organes sexuels. Nous les avons exposés avec quelques détails, et nous avons, en étudiant la spermatorrée, fait ressortir leur importance comme causes de cette affection.

Tous les vices de conformation de ces parties sont sérieux, et il faut s'en préoccuper dès l'enfance. L'hypospadias, c'est-à-dire l'ouverture du canal de l'urètre sous le gland, la descente tardive des testicules ou leur absence apparente, la petitesse de ces glandes et l'allongement du cordon qui les soutient, le relâchement, la flaccidité des bourses, la petitesse de la verge par rapport à l'étendue du tissu cutané qui la recouvre, toutes ces conformations vicieuses dénotent, dans l'appareil génésique une faiblesse native qui doit mettre, de bonne heure, en garde contre les abus sexuels, lesquels seront certainement beaucoup plus funestes chez ces êtres prédisposés que chez ceux qui sont vigoureusement constitués. Malheureusement, dans ces cas il n'y a pas de grandes ressources curatives, et l'on doit se contenter de réconforter d'une manière générale ces organismes insuffisants, et les écarter, avec plus de soin, des excès qui peuvent avoir pour eux d'aussi fâcheux résultats.

Il n'en est pas de même du plus fréquent de ces vices de conformation, du phimosis. Contre lui, la science peut et doit intervenir de bonne heure, car son action est toute-puissante.

Nous avons fait remarquer combien est grave, à tous les points de vue, l'existence d'un prépuce démesuré.

Dans l'enfance, il détermine sous la calotte l'accumulation de matière sébacée, qui, bien que sécrétée alors en quantité moindre qu'à l'âge de puberté, n'en existe pas moins et détermine par sa présence d'invincibles démangeaisons.

Poussé par cette titillation incessante, l'enfant cherche à l'adoucir par le frottement, et c'est, quatre-vingt-dix fois sur cent, l'origine des habitudes d'onanisme. En frictionnant pour alléger une gêne, l'enfant finit par percevoir une sensation agréable : dès qu'il l'a connue, il retourne aux fatales manœuvres pour l'éprouver de nouveau, et c'est ainsi qu'il devient masturbateur.

Plus tard, cette sécrétion devenue plus abondante et plus âcre peut occasionner une irritation du gland et du prépuce, et par l'état de mollesse où elle entretient la muqueuse elle l'expose à contracter beaucoup plus facilement les affections contagieuses.

Pour toutes ces raisons, il convient de pratiquer la circoncision chez tous les enfants dont le gland ne peut être suffisamment découvert ; il serait bon que cette opération se fît toujours dès le premier âge, comme cela se pratique dans les religions juive et mahométane ; mais, tout au moins, il faut y recourir dès qu'on a constaté que l'anneau préputial est manifestement trop étroit pour le passage du gland.

Lorsque le prépuce est proéminent, sans présenter un passage trop étroit, il faut faire opérer le décalottement, de temps en temps, doucement et peu à peu, au moment de l'émission de l'urine, par exemple, ou bien à la toilette intime, en ayant soin de mettre les enfants en garde contre le danger qu'il y aurait à répéter abusivement cette manœuvre.

Quant à cette toilette intime, généralement

réservée à l'époque de l'évolution pubère, quelquefois à l'âge viril; lorsqu'elle n'est point entièrement délaissée, elle doit être à notre avis imposée même aux enfants, car, encore une fois, les glandes sous-préputiales sécrètent dès le jeune âge, et l'action du liquide émis par elles est une cause d'excitation génésique pouvant conduire aux abus.

C'est ici que la circoncision présente de sérieux avantages; en effet, le gland largement découvert des circoncis peut être lavé, sans précautions, avec les parties sexuelles, par de larges ablutions extérieures; d'ailleurs, la matière sébacée n'y séjourne pas, étant enlevée à tout instant, comme les autres sécrétions cutanées, par le contact du linge de corps.

Pour pratiquer cette toilette intime, chez l'enfant dont le prépuce a été conservé, il faut, au contraire, une opération préalable, le décalottement, et ce n'est pas sans péril qu'on la confie à ses jeunes mains.

Comme il y a des inconvénients égaux, sinon plus grands, à négliger cette partie importante de l'hygiène de l'enfance, il faut que le père intervienne de bonne heure pour donner à son fils cette éducation hygiénique indispensable.

C'est surtout dans les âges suivants que ces prescriptions acquièrent une grande importance; mais il est bon d'habituer l'enfant à cette idée que ce qui est impudique, ce n'est point le contact des parties sexuelles, pratiqué dans un but utile et salutaire, mais bien l'attouchement effectué sous l'influence de préoccupations sensuelles.

Nous savons que nous heurtons ici des préjugés enracinés et des croyances respectables, mais nous sommes convaincu qu'il faut réaliser, dans ce sens, une réforme radicale dans l'éducation puérile, si l'on veut voir diminuer ce fléau de l'enfance que nous avons longuement étudié, l'onanisme.

Quant à la circoncision généralisée, nous avons plus qu'une appréciation à donner en sa faveur : désirant, en effet, ne rien affirmer sans preuves, nous avons, sur ce sujet, interrogé des chefs d'institution israélites, et nous avons pu constater qu'autant la masturbation fait de ravages dans nos collèges et nos pensions, autant elle est rare parmi les enfants circoncis.

Nous avons fait connaître en quoi consiste cette opération, dans la première partie de ce livre, à l'article Phimosis.

LIVRE DEUXIÈME

HYGIÈNE SEXUELLE DE LA PUBERTÉ

CHAPITRE PREMIER

L'Éducation des Adolescents.

Les dangers que nous signalions tout à
l'heure, pour le premier âge, acquièrent une
gravité bien plus grande à l'époque de l'évolution génésique; c'est à l'âge de la puberté que
les abus sexuels se manifestent avec le plus d'intensité, c'est à cet âge aussi qu'ils peuvent avoir
les résultats les plus redoutables.

Si, dans l'enfance, les habitudes vicieuses
peuvent naître spontanément, par hasard, cela
peut arriver *a fortiori* dans l'âge pubère.

Le sens génésique, en se développant, excite
des appétits nouveaux; les sécrétions prépu-
tiales acquièrent une qualité plus irritante, et
souvent, le jeune homme, soit sous l'influence
des centres nerveux, soit par l'irritation de ces
sécrétions accumulées, est naturellement porté
aux manœuvres funestes. C'est ce qui explique
pourquoi l'éducation solitaire n'échappe pas
plus que l'éducation en commun à cette fatale
perversion. Et encore ne parlons-nous ici que
de l'éducation solitaire assidûment surveillée;
car, nous ne saurions trop le répéter, les serviteurs, les surveillants et les précepteurs mer-
cenaires sont parfois les initiateurs des mal-

heureux enfants qui leur sont imprudemment confiés.

Mais il faut reconnaître que, le plus souvent, l'onanisme est le résultat d'une véritable contagion morale, et que c'est dans les écoles, les pensions et les collèges que cette affreuse passion exerce ses ravages.

En ce qui concerne les maisons d'éducation, voici, à notre sens, à quoi on peut imputer les abus sexuels qu'on y observe.

Nous savons que le cervelet, centre où aboutissent les sensations sexuelles, est aussi la partie de l'encéphale qui est chargée de la coordination des mouvements. Peut-être y a-t-il entre ces deux attributions de cette portion de la matière nerveuse une sorte d'effet complémentaire tel que, lorsque l'influx nerveux dont le cervelet est le réceptacle est dépensé en mouvements, il ne reste plus rien pour l'excitation génésique, et qu'au contraire l'appétit sexuel est d'autant plus intense que l'exercice musculaire est plus restreint.

Toujours est-il que les mouvements poussés jusqu'à la fatigue sont déprimants de la fonction génésique. On a dit que le sang était le modérateur des nerfs (*sanguis moderator nervorum*); on peut dire de même que l'exercice est le calmant du sens génésique.

Il est de remarque, en effet, que partout où

les enfants sont voués à l'immobilité, à la contemplation, ils sont instinctivement poussés à des dépravations sexuelles. Ce n'est point, quoi qu'on l'ait dit, l'influence pernicieuse des villes qui engendre ces abus ; dans les villes, ce sont les enfants de la bourgeoisie, adonnés à une culture intellectuelle exclusive, qui connaissent la masturbation ; les fils d'ouvriers, plus ou moins mêlés, dès leur enfance, à la vie active et laborieuse de leurs pères, en sont généralement préservés. Dans les campagnes, si, pour la même cause, les enfants d'agriculteurs échappent à ce vice, les bergers, au contraire, s'y livrent avec passion, parce qu'ils sont privés, eux aussi, de l'exercice habituel de la musculature.

Dans l'un et dans l'autre cas, qu'il s'agisse de jeunes collégiens dont on néglige systématiquement l'éducation corporelle, ou des petits bergers abandonnés à leurs rêveries, à leurs contemplations incessantes et solitaires, c'est toujours le défaut de mouvement qui provoque les abus sexuels.

Et si nous cherchons dans les âges écoulés, nous pourrons voir encore les mêmes influences engendrer les mêmes désordres.

C'est en vain que certaines doctrines ont voulu imputer à la civilisation extrême de notre époque la propagation des abus génésiques et surtout l'apparition de la masturbation; c'est en vain que ces *Laudatores temporis acti* s'acharnent à nous vanter la simplicité et la pureté des mœurs du bon vieux temps : le Peuple élu, les Grecs et les Romains ont connu des perversions sexuelles plus abominables que celles qui règnent aujourd'hui.

Dans les temps les plus rapprochés, on peut juger de l'immoralité des peuples par la vie des souverains, ou, du moins, par les mœurs de leurs cours, et François 1ᵉʳ, le roi-femme Henri III, Henri IV, Louis XIV, le Régent, Louis XV et la famille de Louis XVI, n'ont point été, que nous sachions, d'une vertu bien austère. Il est vrai qu'alors la masturbation était peu ou point connue, mais il y a à ce fait une double raison : d'abord la licence des mœurs rendait plus faciles les autres abus; de plus, l'exercice corporel était alors notablement moins négligé qu'aujourd'hui.

Chez les anciens, la culture du corps était en grand honneur, et le résultat était si sensible, que tous les athlètes étaient réputés pour leur continence. Au moyen âge et jusqu'à notre siècle, les armes, les jeux corporels, de paume, etc., constituaient des exercices physiques qui établissaient une véritable dérivation nerveuse capable de préserver de cette funeste passion.

C'est notre siècle qui a vu surgir notre système d'éducation, encore en honneur dans l'université, et avec lui tous les abus qui lui sont inhérents. On n'estime plus aujourd'hui que la supériorité intellectuelle, parce que c'est elle qui fait la fortune et la position, et c'est à peine si le développement physique des êtres paraît mériter quelque attention : aussi l'on pousse les enfants, par une éducation de serre chaude et sans nul souci de leurs aptitudes, dans la voie des travaux de l'intelligence.

Pendant dix ans de sa vie le jeune homme est soumis à une véritable torture cérébrale dont le résultat est de faire de lui un bachelier, titre qui, lui dit-on, est la porte de toutes les situations enviables ; à cet objectif tout le reste est sacrifié. Le père de famille dit à l'éducateur : rendez-moi un bachelier quand même, et ne s'avise jamais de lui demander de faire un homme robuste et sain de ce frêle organisme qu'il lui confie.

A partir de cette heure, l'enfant est attelé à la tâche ; plus de trêve : rudiments, langues mortes et vivantes, sciences, études et pensums occupent sans répit cette pauvre jeune cervelle, qu'il faut emplir à haute pression *de omni re scibili, et quibuscumque aliis,* et c'est à peine si, de temps en temps, on donne un quart d'heure aux exercices du corps. Avec le temps, l'enfant, peu exercé, s'éloigne des jeux actifs, il redoute les mouvements, qui ne sont pour lui qu'une fatigue, et ses récréations mêmes finissent par être livrées à l'immobilité, à des lectures ou à des causeries, dont le sujet est trop souvent un stimulant de plus pour ses appétits génésiques.

Voilà le vice de l'éducation universitaire : trop de culture intellectuelle, pas assez de culture physique. Il est vrai que ce système donne des petits prodiges, qui doivent — parcourez le programme du baccalauréat ès sciences — savoir à 16 ans ce qui occupait la vie tout entière des savants des siècles passés. Mais, en revanche, il donne des enfants étiolés, malingres, incapables de traverser un ruisseau à la nage, de faire deux lieues sans gémir, de grimper à une échelle sans éprouver des vertiges, de parer en un mot aux mille accidents de la vie, et incapables aussi de fournir au pays des bras vigoureux pour le défendre lorsque sonne l'heure du péril.

Nous savons bien que l'on a soin de recommander la gymnastique dans les lycées et les collèges, mais il faudrait *commander* et non *recommander*; car, redisons-le encore, le salut des individus et la suprématie de la race sont attachés à ces réformes de l'éducation publique.

Au point de vue spécial qui nous occupe, l'influence de l'exercice est telle que, nous en avons acquis la certitude, les masturbateurs les plus acharnés s'abandonnent rarement à leur affreuse passion le jeudi et le dimanche, jours où ils se livrent à un exercice musculaire un peu considérable.

Eh bien, c'est là une indication de premier ordre : il faut que chaque jour de la semaine soit, pour les enfants, au point de vue de l'exercice, des jeudis et des dimanches, puisque c'est là le seul moyen de mater leur activité nerveuse et de les arracher aux tentations funestes.

Dans notre traité général d'hygiène nous avons dit quelle dose de travail musculaire et intellectuel exige l'organisme pour se maintenir en santé parfaite.

Nous avons démontré que la limite de travail physique doit être de huit heures, pour les ouvriers manuels ; que la durée du travail intellectuel doit être de huit heures, pour les hommes d'étude ; que les premiers doivent consacrer un autre tiers de la journée à des récréations de l'intelligence, et les seconds à des exercices corporels, les huit heures restant devant être, par les uns et les autres, réservées au sommeil.

Cette division de la journée par tiers convient, à plus forte raison, aux enfants : ils doivent être soumis à l'étude huit heures seulement par jour; livrés aux jeux corporels ou aux exercices physiques pendant huit autres heures, et la durée de leur sommeil doit être de huit heures encore.

Il y a loin de là aux règles actuellement établies; mais il faudra en venir à cette réforme et rendre à la culture du corps ce qui lui est dû. On peut être assuré, d'ailleurs, que le travail intellectuel n'en souffrira pas, car les éléments des études trop hâtives sont toujours mal digérés et difficilement retenus.

Comment occuper ces huit heures d'exercices corporels? Faut-il livrer tout ce temps aux récréations? Non, assurément; la gymnastique doit devenir une des bases de l'éducation universitaire; elle ne doit plus être abandonnée au caprice des élèves, car ce sont souvent les plus enclins aux mauvaises habitudes qui répugnent le plus à s'y livrer; elle doit être placée, dans le programme des études obligatoires, au même rang que le latin, le grec et les sciences.

Mais il y aurait un moyen de ne point sacrifier tant de temps à la gymnastique et d'occuper nos huit heures de culture physique. Pourquoi ne multiplierait-on pas les promenades en leur donnant un but utile : visites d'usines, de fermes, excursions topographiques, archéologiques, géologiques ou botaniques, etc. Pourquoi ne pas donner aux lycéens, et sérieusement, les connaissances nécessaires aux soldats?

Pourquoi n'adjoindrait-on pas à chaque lycée des ateliers de menuiserie, de serrurerie, ou encore quelque vaste terrain dans lequel on pourrait enseigner pratiquement le jardinage et les éléments d'agriculture ? On obtiendrait ainsi un double résultat : exercer et développer la musculature, et rendre aptes à toutes les éventualités de la vie les enfants confiés à l'université.

Combien de fois les malheureux fils de cette auguste mère, — *alma mater*, — jetés par les événements hors de la classe où ils étaient placés, ont eu occasion de la maudire, en constatant qu'elle les avait rendus incapables de pourvoir à leurs premiers besoins.

Quelle infériorité navrante n'ont-il pas, ceux qui ont péniblement conquis leurs grades universitaires, par rapport aux ouvriers ignorants, mais aptes à tous les travaux manuels ? N'est-ce pas une honte, qu'il faille payer d'une impuissance physique aussi complète la faveur de cueillir les fruits, déjà si amers, de l'arbre de science ?

Il faut que l'avenir réforme cette éducation bâtarde, il faut que nos citoyens sachent en même temps résoudre une équation, lire Virgile, se bâtir une maison, et... surtout — puisqu'il faudra, hélas ! encore s'en servir, — manier un chassepot.

Il le faut d'autant plus que la multiplicité des occupations rendra plus fertile la culture intellectuelle, et que, par ce moyen, le corps et l'esprit seront mis à l'abri des perversions organiques que nous étudions ici, perversions qui les déshonorent l'un et l'autre.

Cette variété dans le travail aura encore un autre avantage : elle permettra d'étudier mieux qu'on ne l'a fait jusqu'ici les prédispositions de l'enfance. Il est, en effet, préjudiciable au plus haut point de forcer les aptitudes ; aujourd'hui, on fait un notaire, un avocat, un médecin, d'hommes qui n'ont aucune des qualités nécessaires à ces diverses carrières, et on laisse dans des métiers manuels une foule d'enfants qui pourraient élever, par leur concours, s'ils y avaient accès, le niveau de la science ou de l'art.

C'est la fortune ou l'ambition des parents qui fait la vocation des enfants ; cela est purement absurde : il faut que le choix de la position soit indiqué par les prédispositions natives. Dirigez l'enfant, soit, mais ne le contraignez pas. S'il ne peut faire qu'un forgeron, qu'il soit forgeron, car mieux vaut être ouvrier habile que médecin sans mérite ou avocat sans éloquence.

C'est cette tendance à fabriquer les hommes de toutes pièces, au gré de leurs parents, qui sème toutes les carrières de tant de nullités encombrantes et qui jette sur le pavé des milliers

de déclassés qui, ne pouvant réaliser des espérances imprudemment conçues, viennent grossir
chaque année la formidable armée des solliciteurs d'emplois, des coureurs de places, des
innombrables parasites sociaux.

En unissant les deux ordres de travaux, dans
l'éducation primaire et secondaire, on pourra
voir se dessiner les aptitudes réelles, pousser
dans les lettres ou dans les sciences les enfants
intellectuellement bien doués, et reléguer aux
métiers manuels ceux dont la musculature est
meilleure que l'intelligence.

Voilà l'ensemble des réformes nécessaires ;
mais, en les attendant, le chef de famille doit
suppléer à l'insuffisance des règles universitaires : que pendant la période scolaire il exige
les exercices gymnastiques les plus étendus,
puis, qu'aux vacances il n'hésite pas à lui faire
enseigner un métier manuel ; si le petit être,
rétif à l'étude, semble plutôt porté vers ce travail plus humble, qu'il se soumette à cette tendance et renonce pour lui aux trompeuses grandeurs des professions libérales ; dans toutes les
classes on est utile à la société, lorsqu'on est à
la hauteur de sa tâche.

CHAPITRE II

L'Exercice et les abus prématurés de la fonction Sexuelle.

La masturbation est l'abus le plus général et le plus redoutable qui puisse atteindre la fonction génésique pendant la période de puberté, mais ce n'est pas le seul. Beaucoup de jeunes gens sont entraînés, quelquefois par la précocité de leurs passions, plus souvent par les enseignements funestes de ceux qui les entourent, à effectuer le coït avant l'âge fixé par la nature pour l'accomplissement normal de cet acte important; il est même certains pères qui, poussés par un préjugé absurde autant qu'immoral, voient avec satisfaction leurs fils *se dégourdir* de bonne heure.

Rien n'est aussi meurtrier que ces abus prématurés. Il faut se garder de croire que le jeune homme est apte au coït dès que les organes ont acquis un certain volume, dès qu'une légère émission de liquide par l'urètre a indiqué l'établissement de la sécrétion spermatique. Ce serait aussi déraisonnable que de soutenir qu'une fillette peut impunément devenir mère dès qu'elle a ses règles.

Chez le jeune homme, le sperme peut paraître

avant d'avoir acquis les conditions indispensables à la procréation d'un être sain, et, en fait, le microscope révèle toujours dans ce liquide, lorsqu'il est émis avant certain âge, des caractères physiques qui en démontrent l'insuffisance.

Ce n'est que vers 21 ans, à l'âge du développement complet, que le coït peut donner des fruits bien mûrs; et cela se conçoit : la reproduction est une *supernutrition*, une nutrition extérieure en quelque sorte, et l'organisme ne peut y fournir que lorsque la nutrition propre du procréateur, son développement complet lui permet de faire cette suprême dépense.

Donc, au point de vue des fruits, le coït prématuré est pernicieux : il en est de même au point de vue de l'être qui l'accomplit. A cette heure où les organes reproducteurs sont encore imparfaitement constitués, où la sécrétion spermatique est insuffisante, le rapprochement sexuel détermine un ébranlement du système nerveux beaucoup plus intense et beaucoup plus funeste qu'à l'âge de virilité.

Les sensations sont aussi plus vives, et leur intensité est toujours le stimulant le plus énergique de la passion sexuelle. Il ne faut pas oublier que le cerveau reçoit plus facilement et conserve plus durablement les impressions reçues à cet âge de l'adolescence ; si, par l'abus sexuel prématuré, on détermine une stimulation

plus active sur le cervelet, foyer de cette fonction, on développera cet organe outre mesure,
et, une fois surdéveloppé, il imposera à l'organisme, pour toute la vie, une aptitude génésique
excessive, qui pourra aller jusqu'aux désordres
morbides. Nous avons observé, en étudiant les
diverses maladies de cette fonction, et notamment la spermatorrée, que ceux qui en sont le
plus souvent atteints, sont ceux dont la jeunesse
n'a point été chaste.

Ici surgit la grande difficulté : comment faire
observer au jeune homme, et jusqu'à l'âge de
20 ans, une continence rigoureuse, sans le livrer
aux manœuvres solitaires ! Rien de plus facile ;
il faut lui donner un genre de vie qui dépense
l'excès de sa sève au profit de sa musculature :
le travail, et surtout un travail sagement distri-
bué, c'est-à-dire donnant une part égale au
physique et à l'intellect, pourra sûrement le préserver des abus sexuels.

Une meilleure éducation pourra encore l'en
détourner. Le jour où on n'attachera plus à
l'accomplissement de l'acte sexuel cette niaise
gloriole qui nous fait impitoyablement railler
les jeunes hommes innocents, on verra moins
de ces débauchés de 18 ans qui sont des petits
crevés à 25. C'est en effet, qu'on le sache bien,
neuf fois sur dix la vanité plutôt que le besoin
qui pousse les jeunes gens au coït prématuré.

Pourquoi faut-il que nous parlions d'autres abus plus horribles encore et qu'on constate souvent dans l'adolescence? Les rapports contre nature ne font jamais tant de victimes qu'à cet âge, et c'est, il faut le reconnaître à la honte de nos institutions et de nos lois, trop douces sur ce point, c'est parfois dans des maisons d'éducation, où l'on devrait former leur esprit et consolider leur corps, que les pauvres enfants sont victimes de ces attentats qui contaminent l'un et l'autre.

Nous avons déjà étudié longuement ce triste sujet, nous ne voulons point insister, et nous nous bornons à signaler ici ce péril, parmi tous ceux qui peuvent menacer la pureté et la santé des adolescents.

LIVRE TROISIÈME

HYGIÈNE SEXUELLE DE L'AGE VIRIL

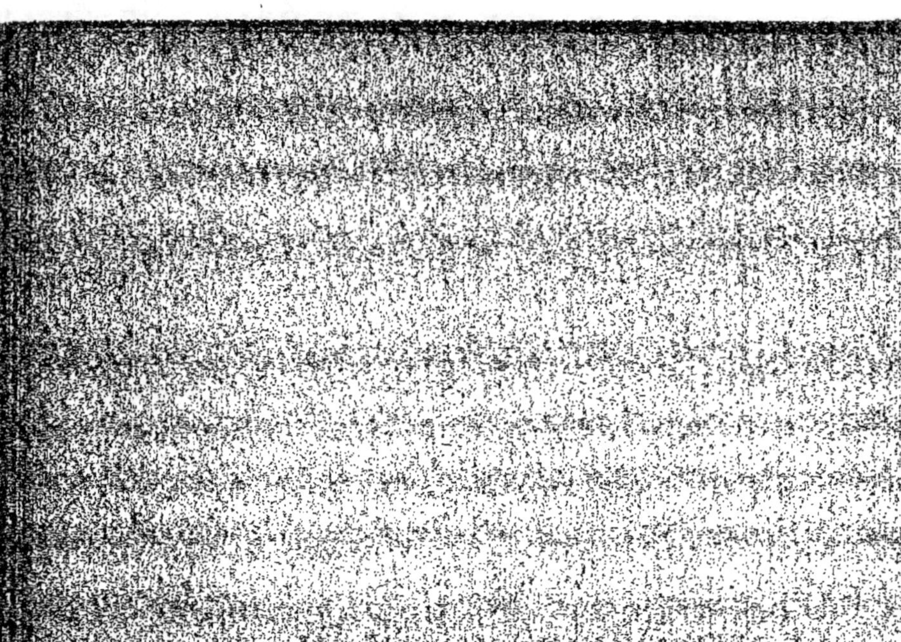

Au point de vue de la fonction sexuelle,
l'homme fait peut vivre dans trois états différents : le célibat libre, le célibat rigoureux et le
mariage.

Nous allons faire connaître les conditions
hygiéniques de ces trois états sociaux ; nous
rattacherons au premier l'examen des moyens
de préservation des affections vénériennes ; au
second l'étude du veuvage, et, enfin, nous trai-
terons, à propos du mariage, la question intéressante du choix hygiénique des époux.

Ce livre comprendra donc les chapitres suivants :

I. Le Célibat libre.

II. L'Hygiène préservatrice des affections vénériennes.

III. Le Célibat rigoureux, le Veuvage.

IV. Le Mariage.

V. La Sélection conjugale (choix hygiénique
des époux).

CHAPITRE PREMIER

Le Célibat libre.

L'état de célibat est la situation la plus habituelle des hommes arrivés à l'âge viril. On compte, en effet, une proportion de deux cinquièmes d'hommes mariés, en France. La proportion est beaucoup moindre dans les autres pays, car, cela est triste à dire, c'est la France qui occupe le premier rang entre toutes les nations pour la rareté des mariages.

Pourtant, en dehors des inconvénients sociaux inhérents à cet état irrégulier, il en découle, au point de vue individuel, une véritable infériorité que les statistiques nous révèlent. On a observé, en effet, que, de 25 à 30 ans, la mortalité était dix fois plus forte pour les célibataires que pour les hommes mariés, et qu'il mourait deux célibataires sur trois hommes de 30 à 45 ans.

A quoi peut-on imputer cette différence considérable ? Il semblerait que le célibataire, libre de choisir son genre de vie, n'ayant à subvenir qu'à sa propre existence, dût être dans des conditions hygiéniques meilleures, mais c'est justement cette liberté d'allures qui explique cette mortalité plus grande. Les célibataires sont voués, en effet, à un grand nombre d'affections

dues aux excès mêmes auxquels les livre leur
indépendance. Les excès de table, les abus alcooliques, les désordres sexuels et leurs conséquences fatales : les affections vénériennes et les
perversions génésiques, les conduisent aux maladies organiques graves, à l'aliénation mentale
et au suicide.

L'absence de la vie de famille, les soins mer-
cenaires pendant leurs maladies, l'alimentation
irrégulière et souvent trop excitante des restau-
rants, s'ajoutent encore à ces causes principales.

Chez les femmes, l'infériorité de l'état de célibat, pour être moins sensible, a pourtant été
également observée ; si la femme célibataire, en
effet, échappe aux diverses causes de maladies
qu'entraînent la maternité et ses suites, son isolement, sa vie plus misérable, la compression
continue des instincts de famille, très vivaces
chez elle, la pousse souvent à l'hypocondrie, à
la monomanie triste, et le nombre est grand de
ces malheureuses qui mettent un terme par le
suicide à leur vie morne et désolée.

En ce qui concerne les hommes, le célibat
peut être observé rigoureusement et nous verrons
plus loin à quelles conséquences il conduit dans
ce cas ; mais il n'est le plus souvent, pour eux,
qu'une occasion de se livrer, sans réserve ni
contrainte, à leurs penchants sexuels : c'est une
véritable polygamie, et c'est à ce titre que nous

allons en étudier les conditions hygiéniques.

Tous les observateurs ont constaté quelle était l'influence énorme du changement d'objet sur l'appétit sexuel. Il est d'observation vulgaire qu'un homme — nous pourrions en dire autant de tous les êtres, car la même remarque a été faite pour les animaux — qu'un homme épuisé par des rapprochements sexuels sent son instinct se réveiller soudain en présence d'une autre femme. Il est hors de doute, en tout cas, que l'ardeur génésique, qui chez les époux se modère assez promptement, après le premier enthousiasme de la lune de miel, se maintient, au contraire, fort longtemps chez les viveurs; chaque conquête nouvelle amène pour eux une espèce de lune de miel, et ces dépenses excessives, répétées sans cesse, amènent les plus funestes résultats. Il y a là la condamnation la plus formelle de la polygamie et du célibat libre.

Mais, en outre, les femmes auxquelles s'adressent généralement les célibataires, expertes en choses d'amour, savent par les mille ressources de la volupté réveiller leurs sens endormis; c'est à leur contact que les hommes apprennent ces recherches funestes qui font de la satisfaction d'un besoin organique sérieux une source de fatigue et d'épuisement. L'homme se blase vite dans ces excès; après une volupté sentie, il recherche une volupté plus vive; de

même que ceux qui sont accoutumés aux condiments, que les buveurs d'alcool, sont sans cesse
obligés d'augmenter les doses de ces excitants
pour obtenir un effet égal, de même, le viveur
ne peut éprouver la surexcitation nerveuse qu'il
recherche qu'en progressant dans la voie des
funestes plaisirs.

Aussi arrive-t-il promptement aux désordres
sexuels les plus graves, et surtout à la spermatorrée. Rappelons qu'Hippocrate, qui les a si
bien étudiées, appelait les pertes séminales la
maladie des jeunes maris et des libertins.

Ajoutons à cela les affections contagieuses, qui
sont si souvent la dot apportée dans les unions
irrégulières des célibataires, et nous compren-
drons que, si le mariage a des devoirs et des
charges souvent fort lourds, le célibat a ses
inconvénients qui ne leur cèdent en rien. Aussi,
en comparant sans parti pris, en analysant les
conditions inhérentes à chacun de ces états, en
mettant en regard la vie de famille avec ses joies,
son bonheur calme, ses préoccupations dirigées
vers un but élevé, à l'existence décousue, abandonnée des célibataires, on se demande par
quelle cause le mariage devient, en notre pays
surtout, de plus en plus rare, ce qui constitue un
péril, et pour les individus, et pour la nation.

La cause principale de cette fâcheuse tendance
est, il faut bien l'avouer, la cupidité. Notre pays,

surtout depuis quelques générations, a voué un véritable culte à l'argent, à la *position*, et les intérêts les plus augustes sont, sans scrupule, sacrifiés à cette divinité moderne. Pour le mariage, on n'étudie plus ni les aspirations, ni l'âge, ni le tempérament, ni l'éducation, rien, pas même quoi qu'on dise, les convenances. On pèse la dot, et comme un jeune homme de 22, de 25, voire de 30 ans, n'a pas encore une *position* bien assise, on attend qu'il la puisse acquérir, parce que la dot, toujours en rapport avec la *position*, sera plus lourde ; on le condamne à passer dans le célibat les meilleures années de son âge viril.

Si la *position* obtenue ne répond pas aux aspirations de la famille, il reste célibataire à jamais.

D'un autre côté, les jeunes filles, élevées dans ce culte aveugle de l'argent, deviennent des épouses difficiles à satisfaire, et beaucoup de jeunes hommes renoncent à prendre, même avec des dots en apparence considérables, des jeunes *ladies* habituées à un luxe effréné et ruineux.

Voilà pourquoi, en France le célibat est si nombreux dans les classes aisées.

Dans d'autres pays, aux États-Unis, par exemple, où la femme ne se vend pas en mariage, on se marie par amour et de bonne heure ; aussi le célibat y est-il moins fréquent, et les unions plus solides et plus heureuses.

Pour les classes laborieuses, le célibat est souvent une nécessité fatale; la volonté divine, qui leur a dit comme à tous les humains : *Croissez et multipliez*, n'a point songé à multiplier leurs forces ni à accroître pour eux les heures de la journée, en sorte qu'à leurs yeux la famille n'est qu'une aggravation de misère qui les épouvante et leur fait fuir le mariage.

Et nous ne nous sentons pas le courage de leur en vanter les bienfaits : si, à l'état célibataire, ils gagnent péniblement le pain nécessaire à leur vie matérielle, comment pourraient-ils subvenir aux besoins de ces pauvres petits êtres que le mariage fera éclore dans la mansarde? Et pourtant, nous croyons fermement que, même dans l'état actuel, le mariage est encore le meilleur lot pour eux : le malheur se supporte plus aisément à deux, et les quelques heures passées au foyer, après une journée de labeur, sont une consolation et un réconfort.

Aux conditions générales que nous avons fait connaître s'ajoutent, en effet, pour les ouvriers célibataires, le dégoût d'une existence misérable et sans issue, l'entraînement et le mauvais exemple, qui peuvent les détourner plus aisément de la vie droite qu'ils doivent vivre. La femme est comme une seconde conscience pour l'ouvrier; elle le rattache au devoir et à l'honneur en même temps qu'elle adoucit pour lui les âpretés du sort.

Puis, les ouvriers ne doivent pas l'oublier, ce sont leurs sœurs, les filles du peuple, qui, après avoir vécu pendant quelque temps dans des unions éphémères avec eux, sont livrées presque fatalement à ce minotaure moderne qui s'appelle la prostitution.

Comme complément à l'étude du célibat libre nous allons maintenant examiner les mesures préventives générales et les moyens prophylactiques individuels des affections contagieuses.

CHAPITRE II

L'hygiène préservatrice
des affections vénériennes.

La préservation générale de la syphilis a de tout temps occupé les savants. On a cherché souvent le vaccin de la grosse vérole, et, dans ces derniers temps, quelques praticiens crurent l'avoir trouvé dans la syphilisation. C'était l'inoculation, dans un but thérapeutique, du virus syphilitique lui-même; on supposait que ce virus, introduit dans l'économie, non par hasard, mais intentionnellement et dans un but curatif, ne déterminerait, comme le virus de la petite vérole inoculée, qu'une maladie légère qui disparaîtrait d'elle-même, et qu'ensuite l'organisme ainsi syphilisé resterait réfractaire désormais à une nouvelle intoxication vénérienne. Des médecins eurent le courage d'affronter la redoutable expérience... et, malheureusement pour eux et pour l'humanité, le résultat fut négatif; la syphilisation dut être abandonnée, comme moyen préservatif; elle est restée un agent curatif de la syphilis et est fort usitée, à ce titre, dans les hôpitaux de Suède et de Norvège.

Les moyens actuellement employés pour restreindre l'action de la syphilis consistent dans des mesures de police : la répression de la prostitution clandestine, la séquestration et le traitement d'office des prostituées publiques.

Le soin de traquer la prostitution clandestine, foyer de contagion le plus redoutable de tous, est, à Paris, confié à une subdivision de la préfecture de police appelée le service des mœurs.

Des agents nombreux attachés à cette administration sont chargés de pourchasser les prostituées clandestines ; lorsqu'une femme est convaincue de s'être livrée à la débauche, elle est emprisonnée pour un certain temps, et jusqu'à guérison complète si elle est malade, puis inscrite comme fille publique ; les filles en carte subissent, tous les quinze jours, un examen médical à la suite duquel on les enferme à la prison-hôpital de Saint-Lazare si elles sont atteintes de maladies contagieuses.

Cela est bien, mais si le fait seul d'avoir la syphilis autorise la séquestration des femmes, pourquoi ne pas appliquer aux hommes aussi cette mesure, sévère mais salutaire ? Il entre, tous les ans, dans les prisons de Paris des milliers de condamnés, les habitués les plus assidus des prisons sont les coureurs de barrières, les souteneurs de filles, la tourbe infecte des porte-vices et des porte-vérole. Pourquoi ne pas les examiner médicalement, à leur entrée, et les soumettre d'office à un traitement curatif, dût-on, s'ils ne sont pas guéris à l'expiration de leur peine, les séquestrer dans un hôpital spécial jusqu'à complète guérison ? Et la liberté individuelle, nous dira-t-on !

Eh que sont les quarantaines? Ne sont-ce pas de véritables emprisonnements imposés à des gens qui n'ont commis aucun délit, pour cause de salut public!

Il y a longtemps que nous avons songé à ce moyen de restreindre le champ de la contagion. Si, maintenant que tout homme est astreint au service militaire, on ajoutait une visite médicale sérieuse, faite dans tous les corps chaque semaine, avec punition pour les soldats ayant dissimulé leur état et l'isolement des malades jusqu'à guérison radicale, avant peu d'années le nombre des cas de syphilis diminuerait beaucoup, et peut-être, avec le temps, finirait-on par en débarrasser totalement l'humanité.

Mais est-il bon de supprimer les maladies véné-riennes? La débauche étant le crime, la syphilis n'en est-elle pas le sentiment nécessaire? Il est fâcheux pour cette doctrine, qui a été soutenue, que tant d'innocents la prennent à leur coit, que tant d'épouses honnêtes la reçoivent de leurs in-dignes époux, qu'enfin les enfants des syphili-tiques, étrangers à la faute, la payent de la mort en naissant ou, s'ils vivent, d'une infériorité orga-nique absolue. La société est donc absolument in-téressée à l'extinction de ce fléau, et c'est pour cela qu'elle a le droit d'édicter des règles pré-ventives, rigoureuses peut-être, mais d'une effi-cacité évidente.

Y a-t-il des moyens qui puissent préserver sérieusement de la contagion vénérienne? Non, assurément, mais il existe une série de mesures hygiéniques dont l'ensemble peut, le plus souvent, sauvegarder les jeunes gens des effets des contacts impurs, et nous sommes convaincu que la blennorrhagie et la syphilis seraient rarement contractées si l'on n'oubliait pas une ou plusieurs de ces précautions salutaires.

Il en est pour cette affection comme de la prétendue immunité des médecins dans les épidémies, c'est par l'observance rigoureuse des règles d'hygiène que dans l'un et l'autre cas on peut obtenir cette apparente impunité.

Ces règles se rapportent à l'acte sexuel et doivent être observées par les deux parties contractantes.

En ce qui concerne la femme, il est impérieusement indiqué de n'accomplir l'acte sexuel, ni pendant la période menstruelle, ni pendant les premiers mois après l'accouchement, les humeurs féminines étant, dans ces conditions, tout particulièrement irritantes.

S'il existe un ulcère de la matrice ou seulement un flux leucorréique ou catarrhal de l'utérus ou du vagin, des fleurs blanches enfin, on doit les combattre sans retard, autant dans l'intérêt de la santé de la femme que pour la sécurité de ses rapports, car, qu'on ne l'oublie pas,

les trois quarts des blennorragies sont dues au
contact de ces flux blancs, dont sont affectées,
en si grand nombre les femmes des grandes
villes.

Dans tous les cas, quel que soit l'état de ces
organismes, une toilette intime, peut diminuer
considérablement les chances mauvaises : or,
par cette toilette intime nous n'entendons pas
seulement l'ablution des parties accessibles à la
main, mais encore une injection dans les parties
profondes, à l'aide d'un clyso ou d'un injecteur
quelconque.

Cette toilette intime doit être faite avant et
après le rapprochement : la première toilette est
préservatrice pour l'homme, car elle débarrasse
le vagin de ses mucosités irritantes et des virus
qu'un coït précédent peut y avoir déposés; la
seconde est rarement négligée par les femmes
galantes, qui savent qu'elle exerce une action
très réelle, au point de vue des suites physiologiques de l'acte du coït.

Nous savons bien que cela est souvent difficile, impraticable; mais, si on se rendait compte
de l'importance de cette mesure, pour la femme
comme pour l'homme, et non seulement au point
de vue de la blennorragie mais aussi de la
syphilis, on n'hésiterait pas, dans le cas de relations suspectes ou seulement douteuses, à en
faire la règle de sa conduite.

Évidemment, ce lavage, cette injection, ne peuvent être faits avec de l'eau pure, qui prend mal sur les muqueuses, détache insuffisamment les produits muqueux et, en tout cas, ne neutralise pas les virus ; il faut y ajouter un mordant quelconque, acide léger, alcalin ou alcool ; tous les vinaigres de toilette, les eaux parfumées, les savons, sont propres à cet usage. Nous recommandons particulièrement le Cosmal, qui à notre avis est l'alcoolat préservatif par excellence des divers accidents vénériens.

Quelles sont les mesures préservatrices à prendre pour l'homme ?

Rappelons tout d'abord que le prépuce doit être enlevé, lorsqu'il est proéminent et qu'il ne permet pas de découvrir le gland. Nous savons, en effet, que non seulement le phimosis prédispose aux maladies vénériennes, mais qu'il peut faire naître spontanément, sans coït, la balanite ; il expose, de plus, aux déchirures, qui sont une porte ouverte à la contagion syphilitique ; enfin, il ne permet pas d'apporter à la toilette préservatrice, dont nous parlerons tout à l'heure, les soins qu'elle comporte.

Il faut éviter les rapprochements sexuels, lorsqu'il y a, à la surface des parties, la plus légère excoriation et éviter le contact de tout autre point écorché (par exemple le pourtour des ongles, qui est si souvent le siège de ces petites déchirures de l'épiderme qu'on appelle *envies*) avec les muqueuses féminines ; il ne faut pas oublier ce que nous avons dit du danger de communiquer la blennorragie aux yeux.

L'homme ne doit accomplir l'acte sexuel que lorsqu'il est à jeun ; il doit l'accomplir simplement, rapidement : la lenteur dans l'accomplissement du coït est un élément important de transmission des maladies contagieuses. Un rapprochement répété plusieurs fois est presque toujours fâcheux, et il entre, à notre appréciation, comme cause dans la grande majorité des inflammations. Toute pratique irrégulière agit de même, et c'est toujours aux dépens de la santé que l'on parvient à augmenter les sensations vénériennes.

Après l'accomplissement naturel et rapide de l'acte fonctionnel, il faut, dans le plus bref délai, pratiquer une toilette minutieuse et uriner en même temps.

L'eau destinée à cette toilette doit être aussi aromatisée ou alcalinisée : toutefois, le lavage étant plus facile chez l'homme, on peut en l'absence des éléments voulus, se servir d'eau pure.

L'action d'uriner expulse les produits virulents qui ont pu pénétrer dans le canal de l'urètre, lequel reste béant pendant le coït et les absorbe fort bien, ainsi que l'attestent les chancres urétraux ou larvés. Elle remplace donc ici l'injection que nous recommandions tout à l'heure pour la femme et produit un résultat tout aussi satisfaisant.

Cette précaution, indiquée par les plus vieux auteurs, doit être la règle absolue; elle nous paraît tellement importante, que, sans vouloir être par trop affirmatif, nous pensons que la miction rapide et l'ablution immédiate constituent de véritables moyens préservatifs de la blennorragie et de la syphilis.

Pourquoi un moyen si simple, et que nous disons être aussi souverain, n'est-il pas plus généralement employé ?... Ah! c'est que souvent les rapports ne paraissent suspects qu'après le malheur advenu; c'est qu'aussi il est des circonstances où l'on ne peut recourir assez tôt à ces ablutions et que cinq minutes de retard suffisent pour la pénétration des virus ; souvent aussi on n'a pas de liquide à sa disposition; mais la vessie n'est-elle pas un réservoir qu'on porte toujours avec soi? Et l'urine un excellent détersif. Il ne faut pas être plus dégoûté dans l'emploi du moyen qui peut préserver des maladies contagieuses, que dans le choix de la Vénus qui vous en doit gratifier; d'ailleurs, l'urine a une composition telle, que beaucoup de gens en font, encore aujourd'hui, un remède interne, pourquoi se montrer plus difficile lorsqu'il ne s'agit que de l'usage externe, et surtout en présence des résultats bien autrement réels que son action détersive peut donner ?

Il y a encore ceci, qu'immédiatement après l'acte sexuel, uriner est difficile, un peu douloureux, quelquefois impossible, du moins pendant quelques instants : il faut attendre dans ce cas, faire effort, asperger les parties d'eau fraîche, pour activer l'émission ; mais il faut absolument uriner, là est le salut.

On a préconisé d'autres moyens de préservation, nous allons en dire un mot, bien que nous croyions peu à leur efficacité : c'est une onction sur les parties avec un corps gras, moyen puéril qui ne préserve de rien ; c'est l'application de l'enveloppe appelée Condom, qui n'est en réalité, suivant une parole célèbre et confirmée par l'observation, qu'un bouclier contre le plaisir et une toile d'araignée contre le péril. Il est évident que, dans les cas où l'application de cet engin est praticable, aucun des soins de toilette que nous indiquons n'est impossible. Eh bien, nous le déclarons hautement, le condom nous paraît cent fois moins sûr, comme moyen de préservation, que la réunion de ces précautions hygiéniques.

Lorsqu'en faisant la toilette intime on remarque la plus légère excoriation, produite par l'acte lui-même, il faut verser dessus, coûte que coûte, quelques gouttes de Cosmal pur, laver et laver encore, ou la cautériser avec la pierre in-

fernale, si on l'a sous la main, de façon à détruire, s'il en est temps, le fatal élément; la
morsure d'un reptile ne doit pas être cautérisée
avec plus d'empressement que cette blessure funeste de Vénus.

Il faut se rappeler que si le virus inflammatoire, celui de la blennorragie, s'introduit dans
l'organisme à travers le tissu intact de la muqueuse, le virus syphilitique ne peut pénétrer
que par une écorchure.

Voilà à peu près tout ce qu'on peut faire pour
éviter les accidents vénériens. Est-il besoin de
dire que celui qui en est atteint et qui ne craint
pas de les communiquer, en se livrant au coït,
même avec une fille, est un misérable qui commet
une action plus infâme que s'il la volait? Il y a
pourtant des jeunes gens, non de la lie de la
population, comme on pourrait le croire, qui se
vantent de ces exploits, et d'autres qui y applau-
dissent ou les entendent du moins sans protes-
tation; que dire, hélas! de ces maris, de ces
pères qui l'introduisent dans le lit conjugal, en
déshonorent l'épouse et en flétrissent à tout
jamais leur race! Ces crimes sont rares, nous
dira-t-on; las! toute peccadille conjugale peut,
c'est l'affaire du hasard, aboutir à ce désastre:
n'est-ce point assez pour justifier ce que nous
dirons tout à l'heure, en exposant les devoirs du
mariage?

CHAPITRE III

Le Célibat rigoureux, le Veuvage.

Nous nous rappelons avoir entendu dire ceci par l'un des plus éminents professeurs de la Faculté de Paris : il est aussi illusoire de vouloir se soustraire à la fonction de reproduction, qu'il serait vain de prendre la résolution de ne pas respirer. Nous sommes entièrement de cet avis, nous pensons que nulle fonction organique de l'homme n'est à la merci de sa volonté; il n'est pas libre de les exercer ou de les supprimer, au gré de ses caprices. La nature ne s'accommode pas des conventions sociales; elle est immuable dans ses lois, et si elle a donné à tous les êtres des organes de reproduction, c'est qu'elle a voulu qu'ils accomplissent la fonction à laquelle ces organes sont affectés.

Au point de vue de la fonction sexuelle, on peut diviser les hommes en trois groupes: ceux qui ont des aptitudes sexuelles excessives, ceux qui ont des aptitudes modérées et ceux, enfin, qui ont des aptitudes sexuelles faibles; nous allons exposer les résultats de la continence sur ces divers états organiques.

Il est à peu près généralement admis que la continence est impossible aux tempéraments genésiques excessifs ; dès le début de la puberté, ceux qui en sont doués, connaissent toutes les exigence du sexe, et il leur faut s'y soumettre, sous peine de perversions redoutables. Lorsqu'ils veulent contraindre la fonction qui prédomine chez eux à un silence pour lequel elle n'est point faite, ils peuvent être parfois soulagés par l'écoulement involontaire de la semence, car il faut que ce liquide, qui est sécrété quand même, trouve une issue au dehors, et des pertes de dégorgement viennent, pour un temps, faire disparaître des ardeurs qui les tourmentent. Si cette évacuation salutaire pouvait se répéter impunément, tout irait bien, mais il n'en est point ainsi. Nous l'avons vu, en étudiant la spermatorrhée, ces évacuations bienfaisantes sont vite remplacées par des pertes d'une autre nature : les vésicules et les canaux s'habituent promptement à ce cours irrégulier de la semence, et aux pertes actives succèdent les pertes passives.

Ces continents deviennent donc promptement des spermatorrhéiques, et ce résultat est bien plus rapide encore si, pour triompher de leurs besoins, ils se livrent à la masturbation. Si, maintenus par une éducation sévère, et éclairés sur les périls des manœuvres solitaires, ils peuvent résister à cet entraînement funeste, le flux séminal ne s'établira qu'avec difficulté et seulement par l'évacuation incessante du trop plein

des vésicules ; dans ce cas, la titillation produite
par l'accumulation de semence dans ces réservoirs pourra déterminer, sur l'appareil sexuel et
sur l'intellect une excitation telle, que l'être ne
se possédera plus ; c'est alors qu'on verra surgir
ces terribles perturbations : le satyriasis, le priapisme et la folie érotique. Donc, de ce côté, point
de doute, le célibat rigoureux est, pour ces types,
tout à fait périlleux. Hâtons-nous de dire que le
nombre est restreint des tempéraments excessifs
qui se condamnent à un régime si difficilement
toléré par eux, ceux qui le tentent y renoncent
promptement ; ce n'est guère que dans les prisons ou au bagne qu'on les voit aller jusqu'à ces
débordements furieux.

Tout ce que nous venons de dire des tempéraments génésiques excessifs s'applique à un
degré moindre aux tempéraments modérés :
ceux-ci arrivent moins brusquement mais aussi
sûrement aux troubles et aux perversions que
nous avons signalés ; c'est même chez eux qu'on
les observe plus souvent, parce que le calme relatif de leurs passions, au début de la vie, les
fait plus facilement se vouer au célibat. Et qu'on
ne pense pas que la force de volonté puisse sur-
monter les excitations qui viennent les assaillir :
que leurs appétits soient modérés ou excessifs,
la sécrétion du sperme se fait toujours, et ils
sont aussi impuissants à en suspendre l'évacua-

tion, qu'ils seraient inhabiles à arrêter la sécrétion de la salive, des larmes ou de la bile. Tous ces actes de la vie organique échappent à la volonté; le défaut d'exercice peut diminuer l'abondance de la sécrétion, voilà tout, et il arrive toujours un moment où la vésicule séminale, engorgée, stimule le cerveau et, avec ou sans le concours de l'être, parvient à se vider. Quelquefois le célibataire pourra se garder des attouchements funestes, soit; dans ce cas, il ne pourra éviter le contact de son lit, de ses vêtements, d'un corps étranger quelconque; l'approche d'une femme, une lecture ou la vue d'un tableau, la rêverie, qui, écartée avec persévérance des sujets libidineux, y revient avec persistance, tout convergera vers ce but.

Les malheureux s'accusent parfois de ne pouvoir réagir contre ces tendances, ils se reprochent leur faiblesse et leur dépravation : hélas! ils ne peuvent rien, rien absolument contre cet instinct tout physique ; c'est la plénitude de la vésicule qui détermine ces excitations du cerveau : elle y fait naître des idées érotiques, aussi sûrement, aussi fatalement qu'une piqûre détermine la sensation de douleur. Enfin, si, pendant la veille, la volonté est la plus forte, elle fait trêve pendant le sommeil, et là, après des rêves dont le rapprochement normal ne fait pas le sujet le plus fréquent, mais où des images révoltantes, des accouplements monstrueux habituent peu à peu l'esprit à tous les dérèglements passionnés, les évacuations involontaires se produisent. Dès lors, elles se répètent, de plus en plus rapprochées, et c'est désormais la spermatorrhée.

Arrivons aux tempéraments génésiques faibles. Il semblerait, au premier abord, que, pour ceux-là du moins, la continence dût être sans péril : il n'en est rien. Si l'on veut bien se reporter à ce que nous avons dit, en étudiant la spermatorrhée, de la faiblesse native des organes sexuels et de l'influence qu'elle exerce sur la production de cette grave maladie, on comprendra que ceux qui sont congénialement doués d'organes génitaux incomplets et d'une fonction sexuelle imparfaite et, partant, d'appétits génésiques faibles, ont aussi beaucoup à craindre de la continence. En effet, pour éviter les pertes séminales dont ils sont particulièrement menacés, il faudrait donner à leurs organes de la tonicité, de la force, et on ne peut le faire que par l'exercice régulier de la fonction.

Ces hommes sont peu tourmentés de désirs vénériens, ils éprouvent même une certaine répugnance pour l'acte sexuel, mais lorsqu'on cherche les causes de cette froideur, on trouve que sous des prétextes plus ou moins spécieux se cache toujours une véritable impuissance.

Chez eux, les canaux sans ressort ou trop

élargis, laissent écouler la semence à mesure qu'elle se forme, et c'est parce que les réservoirs ne se remplissent jamais qu'ils ignorent les excitations sexuelles. Ils sont en réalité spermatorrhéiques naturellement, pour ainsi dire, et il ne faut pas croire que ces pertes séminales, en quelque sorte constitutionnelles, soient moins graves : elles ont sur la santé physique et les facultés intellectuelles la même influence déplorable.

Qu'on examine attentivement ceux qui, par le calme de leurs passions, paraissent les mieux faits pour la vie du célibat, et on trouvera toujours chez eux des désordres plus ou moins graves : le visage pâle, l'aspect triste, l'humeur solitaire et sombre, le caractère chagrin, des douleurs mal définies, de la constipation, des palpitations, des spasmes de toutes sortes, des dépravations de l'appétit, etc., tout le cortège des maux qui constitue l'hypocondrie. Quelquefois, malgré toutes ces misères, le patient peut atteindre l'époque du repos de la fonction sexuelle ; dans le cas contraire, le terme fatal de tous ces désordres c'est, nous le savons, la consomption et la mort.

Ne croyez pas que nous assombrissions le tableau à plaisir : ces désordres-là ne sont point de ceux qu'on révèle à ses proches, à ses amis, ni même au médecin habituel, qui trop souvent

les traite avec une légèreté dont se blesse étrangement la susceptibilité exagérée de ces malades;
mais tous les praticiens qui s'adonnent spécialement à l'étude de ces troubles singuliers, considérablement plus fréquents qu'on ne le suppose, ont pu apprécier, comme nous, les ravages
que la fonction sexuelle, étranglée par un célibat
rigoureux et pervertie par des désordres ou des
abus qui en sont la conséquence, exerce sur l'organisme tout entier.

Et qu'on ne se méprenne pas sur nos intentions, nous ne voulons point dire qu'il n'y ait
pas des hommes capables de supporter la continence rigoureuse : nous pensons tout le contraire,
nous savons que l'austérité de l'éducation peut y
préparer certaines organisations et que la volonté
et le dévouement au devoir, peuvent les y maintenir. Nous n'entreprenons donc pas ici une
thèse contre le célibat imposé dans certaines
situations sociales; mais notre devoir est d'en
faire ressortir les difficultés et les dangers, et
notre exposé ne fait que rehausser le mérite de
ceux qu'une conviction sincère porte à renoncer,
au prix de tant de maux, à celles de nos fonctions qui, non seulement nous offre le plus de
charmes, mais aussi s'impose à nous avec le plus
de rigueur. Si donc nous insistons sur les inconvénients du célibat rigoureux, ce n'est point
pour ces cas particuliers où toutes les observa-

tions scientifiques doivent échouer devant une règle absolue, mais pour d'autres situations dans lesquelles les lois de l'hygiène peuvent et doivent être observées.

Parmi les jeunes gens qui passent dans le célibat la première partie de l'âge viril, le plus grand nombre vit dans le célibat libre, mais il en est d'autres qui observent une continence absolue; nous admettons encore une fois qu'un certain nombre y peuvent arriver, grâce à la force de leur volonté et à l'influence de leur éducation, mais, le plus généralement, ce n'est qu'en ayant recours à des évacuations volontaires, ou parce qu'un écoulement spontané s'établit, qu'ils peuvent ainsi tromper la nature.

Sauf de bien rares exceptions, la continence rigoureuse pour les jeunes gens livrés à la vie mondaine peut se traduire par maladie ou perversion fonctionnelle.

Faut-il donc laisser le jeune homme se livrer, jusqu'au mariage, à tous les entraînements des unions passagères? Nous avons, en étudiant le célibat libre, repoussé ce genre de vie, fécond aussi en abus de toutes sortes. Où donc est le remède? Nous l'avons dit déjà, dans le mariage, et dans le mariage contracté à l'heure assignée par la nature; jusqu'à cet âge de la grande évolution sexuelle, l'exercice physique peut mater les appétits vénériens, mais alors rien ne peut les vaincre et si vous les comprimez dans le sens naturel, soyez sûr qu'ils jailliront, malgré vos efforts, sous forme de vices redoutables ou qu'ils se transformeront en maladies.

Les mêmes dangers menacent plus sûrement encore les hommes veufs qui veulent rester fidèles au souvenir de celle qu'ils ont perdue. Il est d'observation générale que, lorsqu'une fonction organique quelconque a été pendant long-temps accomplie avec régularité, une brusque interruption dans l'exercice de cette fonction donne lieu à des troubles plus graves. Ainsi, un homme habitué à bien vivre supporte plus diffi-cilement l'inanition qu'un malheureux qui l'a souvent éprouvée : il en est de même pour la fonction sexuelle. Si la femme, qui, nous le savons, n'a point d'éléments actifs d'excitation génésique, peut supporter le veuvage; il n'en est pas de même pour l'homme, et celui qui, après avoir toute sa vie régulièrement, conjugalement accompli l'acte sexuel, se trouve condamné tout à coup à la continence rigoureuse, voit presque fatalement et promptement surgir chez lui les désordres qui en sont la conséquence habituelle; c'est pour cela que le veuvage peut compter parmi les causes les plus influentes de la sper-matorrhée. Nous ne saurions dire combien de fois il nous est arrivé de voir des hommes à pas-sions modérées, des pères de famille également éloignés du type rigide et du tempérament ardent, des époux sobres et attachés à leur devoir, dépérir promptement pendant une longue absence et surtout après la mort de leur compagne. Cette altération de leur santé, visible même pour les personnes étrangères à la science, est facilement attribuée à l'ennui ou à la douleur, mais c'est à nous qu'on vient révéler les véritables causes de ces changements.

Il faut donc que le veuf d'âge viril se remarie, s'il veut éviter ces éventualités fâcheuses, et on doit se garder de blâmer ceux qui contractent une nouvelle union, même avant l'époque fixée par les usages. On ne sait pas ce qui se passe dans ces âmes éprouvées et combien profondément y imprime ses traces la vie de famille longtemps vécue, on ne sait pas comme elle est difficile à subir, pour certains cœurs aimants, la terrible solitude que fait la mort sur son passage. Gardons-nous donc de juger trop sévèrement ceux qui paraissent oublier vite le lien qu'elle est venue rompre, car c'est souvent l'acuité du souvenir qui leur fait rechercher une nouvelle union où ils puissent retrouver quelque chose du passé disparu.

C'est en vain qu'on demanderait à la thérapeutique des ressources pour faciliter l'exercice de la continence. Nous avons déjà dit ce que nous pensions de l'action des anti-aphrodisiaques;

nous pouvons répéter ici que les agents réputés comme ayant la propriété de calmer les ardeurs sexuelles sont loin de justifier leur renom. Le camphre à petites doses peut être légèrement calmant, à doses plus fortes il excite au contraire. En tout cas, c'est sur les muscles de l'appareil génito-urinaire et, partant, sur les spasmes de la vésicule et des canaux, qu'il exerce son action, et non sur la sécrétion de la semence; il pourra donc être opposé aux pollutions de nature nerveuse, et non à celles que détermine la continence. Le bromure de potassium, le chloral, la belladone, le lupulin, tous les anti-spasmodiques enfin sont dans le même cas; l'action du nénuphar est encore plus illusoire. Nul agent, qu'on le sache bien, n'a le pouvoir d'arrêter la sécrétion du sperme; ce ne serait qu'en agissant sur l'organisme tout entier qu'on pourrait la modérer. Parmi ces moyens généraux, il faut placer au premier rang l'activité corporelle : nous avons longuement expliqué, en effet, comment l'exercice musculaire peut être regardé comme un véritable dérivatif pour les appétits génésiques. L'alimentation débilitante, la diète ou du moins un régime végétal très doux, sobre d'excitants de toutes sortes (spiritueux, épices et condiments), des bains tièdes longs et fréquents, et même des évacuations sanguines, peuvent, en affaiblissant toutes les fonctions, calmer en même temps le sens génésique ; mais on comprend qu'il est pénible et périlleux d'obtenir à ce prix le calme nécessaire à l'exercice rigoureux de la continence.

Concluons : le célibat rigoureux présente autant d'inconvénients et de périls que le célibat libre, c'est-à-dire que les deux extrêmes, cela est tout à fait physiologique, conduisent au même résultat. L'hygiène sur ce point est d'accord avec la morale : il n'y a de salut, pour l'individu et pour la société, que dans le mariage, et dans le mariage contracté dans les conditions d'âge et de sélection hygiénique que nous allons faire connaître.

CHAPITRE IV

Le Mariage.

Nous avons exposé les résultats également
funestes des abus sexuels et de la continence et
condamné, au même titre, le célibat libre et le
célibat rigoureux ; la conclusion est qu'il n'y a
qu'un état complètement satisfaisant, au point
de vue de la fonction sexuelle, c'est le mariage,
et le mariage monogamique.

Tout démontre en effet que la monogamie est
imposée à l'homme, non seulement par les lois
et les usages, mais par la nature elle-même, et
que ce sont ses passions et ses dépravations
qui le poussent à la pluralité des femmes. Il
existe dans le règne animal, presque aussi nettement tranchées que dans les végétaux, des
différences essentielles au point de vue de
l'union des sexes ; les espèces inférieures abandonnent au hasard le soin de réunir les deux
constituants de la fécondation ; parmi les animaux supérieurs, d'aucuns s'accouplent sans
prédilection accusée, mais il en est d'autres, et
l'homme est de ceux-là, qui sont organisés
pour une union plus intime et plus exclusive.
Pour être convaincu que c'est là une condition
native de l'humanité, il suffit de rappeler les
mœurs du Gorille, c'est-à-dire de l'être qui

dans la création, nous représente le mieux ce que fut l'espèce humaine à son origine : eh bien, le Gorille, sans loi ni convention sociale, sans autre guide que son instinct, lequel dérive de sa constitution même, le gorille est monogame. On le rencontre toujours, seul avec sa femelle et ses petits d'âge différent, qu'il élève et qu'il protège pendant toute leur longue enfance.

Il semble, en effet, que la durée du premier âge, dans les espèces animales, soit un des éléments déterminants de la forme de l'union sexuelle : les animaux qui arrivent très vite à un développement complet vivent tout de suite de la vie personnelle; ils quittent de bonne heure le nid paternel et ne constituent pas une famille ; ceux, au contraire, qui, comme l'homme, ont longtemps besoin de l'appui de leurs procréateurs, sont naturellement faits pour la monogamie.

Nous savons bien que la polygamie existe dans tout l'Orient, mais cela ne fait que confirmer notre thèse, puisque c'est cet usage qui y engendre indubitablement les abus sexuels meurtriers dont le résultat général est l'affaissement graduel des races orientales.

Nous savons qu'un peuple vigoureux, les Mormons, l'a introduite dans ses lois, mais les Mormons ne sont point des réformateurs, comme

ils veulent le faire croire, ce sont des spécula-
teurs qui ont vu de loin ; ils ont compris que
l'orgueil des mâles de l'espèce humaine n'ad-
mettrait pas longtemps l'esclavage des deux
sexes, et ils ont, sous le nom de mariage, inventé
un esclavage cent fois plus dur et plus ignoble
que celui qui, aux États-Unis, écrasait la race
nègre. Attendez d'ailleurs que l'arbre funeste ait
porté ses fruits, et vous verrez ce que la polygamie fera du mormonisme.

Certes, bien que la monogamie soit inscrite
dans les lois d'Occident, un grand nombre d'hommes y vivent en réalité de la vie polygamique ;
mais nous avons, en étudiant le célibat libre, établi péremptoirement, il nous semble, que c'est à
cela justement qu'il faut attribuer les désordres
qui ruinent physiquement et abêtissent l'espèce
humaine.

N'est-il pas démontré, d'ailleurs, que les
femmes aviles par ces institutions malsaines,
réduites au rôle de nos prostituées de l'Occident,
finissent par arriver, comme elles, à l'anéantis-
sement de l'intelligence, et qui, traitées comme
un vil bétail, elles finissent par n'être plus qu'un
vil bétail ? Que dire de mœurs qui rejettent à jamais
hors de l'humanité la moitié de ses membres, et
non pas la moins bien douée, au point de vue
intellectuel, n'en déplaise au sexe fort. Cet avilissement des femmes par la polygamie soumet

à la faire condamner, s'il n'y avait tant d'autres raisons.

Oui, quoi qu'en disent certains novateurs, un peu étrangers peut-être aux connaissances biologiques, l'homme ne peut garder sa suprématie physique et intellectuelle, rester le roi de la création et marcher sans accident vers le but élevé que le progrès lui assigne, qu'à la condition d'être chaste, non pas comme Newton, qui se voua à un autre abus, la continence absolue, mais chaste dans le mariage.

A ces novateurs animés des meilleures intentions et qui prêchent, sous le nom d'union libre, la promiscuité des femmes, à M. Émile de Girardin qui, dans une polémique fameuse, arrive à peu près au même résultat, nous nous permettrons de dire ceci : « L'homme est né pour la vie de famille ; la durée de nos affections, notre inépuisable tendresse pour nos enfants, tendresse qui ne se rencontre qu'à l'état passager chez les autres animaux, tout démontre que c'est la nature et non notre volonté qui a créé le mariage tel qu'il est ; ne renversez pas l'édifice parce que des abus y sont glissés, réformez les abus, mais respectez et consolidez cette douce et chère association, la famille, dont la société devrait être la reproduction agrandie. Si vous supprimez ce lien étroit et solide, si vous renversez ce cher foyer où se concentrent toutes nos pensées, nos aspirations et

nos joies, c'est la barbarie que vous ferez renaître,
et votre prétendu perfectionnement ne sera qu'un
recul funeste dans la marche progressive de
l'humanité. »

Oui, nous le reconnaissons, le mariage est, de
nos jours, plus souvent une association d'intérêts
qu'une union de sentiments, mais c'est cet abominable trafic des cœurs qu'il faut combattre, par
la parole et par l'exemple; oui, il y a des in-
compatibilités qui conduisaient à la séparation
de corps, c'est-à-dire à un divorce absurde, puisqu'il abandonnait les époux désunis à toutes les
irrégularités du célibat libre. Mais, pour parer à
cela, il a suffi de rétablir le divorce rationnel,
celui qui est inscrit dans nos lois et qui existe,
depuis nombre d'années, chez plusieurs nations
européennes.

Nous avons connu de ces partisans des unions
libres : le plus grand nombre étaient célibataires,
et nous leur disions : vous êtes incompétents,
attendez que vous soyez époux et pères et vous
verrez alors si vous permettrez à l'état social
d'empiéter sur le bien-aimé domaine de la
famille; d'autres étaient des époux mal assortis
que l'indissolubilité de leur chaîne avait aigris;
d'autres enfin, nous devons l'avouer, étaient
d'heureux époux et des pères aimants, mais
notre siècle chercheur soulève tant de problèmes, met à jour tant de réformes, qu'il n'est

pas surprenant de voir les meilleurs s'égarer, de bonne foi, sur ce chemin ardu, dont le bonheur de l'humanité est le but et le terme. Ah ! s'ils savaient, pourtant, comme ces nouveautés de langage et les théories excessives qu'elles paraissent recouvrir nuisent à la cause qu'ils veulent servir ! Une phrase paradoxale, une appréciation fantaisiste d'un philosophe à boutades, reprise et développée en doctrine par des fanatiques de vingt ans épris de l'étrange et de l'inattendu, ont fait qualifier une grande école philosophique moderne d'ennemie de la propriété ; au même titre, ce mot d'union libre, qui ne cache au fond que le mariage, rendu dissoluble par le divorce, fait, aux yeux des naïfs, passer ceux qui le prononcent pour des ennemis de la famille ! Quelle singulière tendance ont certains réformateurs à présenter les choses les plus simples et les plus facilement admissibles de façon à les rendre repoussantes ; il nous semble à nous, qui sommes médecin, il est vrai, que pour faire accepter par la société ces réformes qui doivent la troubler un temps, pour la laisser ensuite plus robuste et plus saine, il nous semble qu'on devrait plutôt... dorer la pilule.

Donc le mariage, et nous entendons toujours le mariage monogamique fidèle, est incomparablement supérieur, au point de vue de l'espèce ; il en est de même en ce qui concerne les individus. Nous avons dit que les célibataires payaient un plus large tribut à la mort : il est indubitable que la cause en est dans les abus même que comporte le célibat ; la syphilis, les excès alcooliques et sexuels, et, à leur suite, la spermatorrée, la paralysie, l'affaissement intellectuel, les névroses, les névralgies, l'hypocondrie sont surtout le lot des célibataires.

Les statistiques établissent que les deux tiers des aliénations mentales sont observées chez les célibataires ; mêmes proportions pour les suicides, et ces chiffres seraient beaucoup plus concluants en faveur du mariage si tant de maris ne menaient la vie de garçon. Malgré tous ces avantages sociaux et individuels, le nombre des mariages est plus faible en France que dans les autres pays : c'est en Russie qu'on se marie le plus, après vient l'Allemagne, puis l'Angleterre et enfin, au dernier rang et à une grande distance, la France. Nous avons, à l'article Célibat, donné les causes de cette infériorité, nous n'avons point à y revenir et nous passons à une question d'une grande importance, celle de l'âge où le mariage doit être contracté.

La loi française a fixé la limite d'âge minimum à 15 ans pour les filles, et à 18 ans pour les hommes ; mais, sauf de rares exceptions, on se marie en France beaucoup plus tard, et nous avons dit pourquoi ; on dépasse ainsi l'heure de la véritable évolution génésique, c'est-à-dire l'âge naturel du mariage. A notre avis, on doit unir les êtres lorsque l'appareil sexuel est arrivé à son développement complet, environ six ou sept ans après le début de la puberté, c'est-à-dire de 18 à 20 ans pour les filles, et de 20 à 23 pour les hommes ; c'est l'âge où l'être, en pleine possession de son développement individuel, peut fournir à ce développement extérieur, qui est la procréation ; c'est l'époque où l'arbre est assez vigoureux pour fournir, sans souffrir, des fruits complètement formés. Contracté plus tôt ou beaucoup plus tard, le mariage ne peut avoir, nous allons l'établir, que des inconvénients pour les individus et pour leur race.

Avant l'âge que nous venons d'assigner, les organes sexuels de l'homme sont encore insuffisamment développés, et la liqueur séminale n'a point acquis ses caractères essentiels ; d'un autre côté, la charpente de la jeune fille, son organisme tout entier, sont trop débiles pour les lourdes secousses de la maternité ; enfin l'esprit des deux époux est, comme leur physique, trop peu mûr pour la vie sévère de la famille. Les unions précoces font souvent dépérir les époux pour cette cause, et aussi parce qu'ils savent moins résister aux entraînements passionnels ; mais, en outre, elles ont pour résultats de donner des fruits de mauvais aloi, des enfants chétifs et mal constitués.

Les unions tardives n'ont pas de moindres inconvénients. Il est possible de retarder, chez un homme, jusqu'à 22 ou 23 ans l'accomplissement de la fonction sexuelle, à l'aide de certains dérivatifs, mais on ne peut prolonger, sans accidents, jusqu'à 25, 30 et 35 ans ce sommeil du sens génésique. L'homme qui reste célibataire jusqu'à cet âge mènera la vie libre ou conservera sa continence, et il y a, pour lui, péril dans l'un et l'autre cas.

Ainsi les anciens mariaient leurs fils très tard, et des abus monstrueux déshonoraient leur jeunesse : l'âge moderne, plus austère, en apparence du moins, a réformé ces abus, tout en conservant les mariages tardifs, et l'onanisme a pris la place des débauches antiques. Il est, au contraire, un peuple qui, ne connaissant point les impérieuses exigences de la dot, cette plaie des unions européennes, marie ses fils vers la vingtième année, mariages monogamiques, accompagnés d'une vie active, indépendante de traditions et de préjugés : nulle race n'est plus robuste et plus vaillante, et c'est à ce peuple, au grand peuple américain, qu'appartient l'avenir de la race humaine.

Donc l'hygiène, sans souci des convenances sociales, fixe à 21, 23, 25 ans au plus tard l'âge rationnel du mariage pour tous les hommes.

Ce n'est pas tout de choisir l'heure normale du mariage et de le contracter dans les conditions hygiéniques, que nous ferons connaître dans le chapitre suivant, il faut encore en remplir les devoirs.

Le plus important de ces devoirs, celui sans lequel l'époux perd tous les avantages du mariage, c'est la fidélité conjugale; s'il le déserte, il retombe dans la situation du célibataire et en subit tous les inconvénients, sans compter les maux sans nombre qu'il peut semer autour de lui. Il faut l'avouer pourtant, les hommes ont les idées assez libres sur ce qu'ils appellent les coups de canif conjugaux; impitoyables pour la femme, ils sont remplis d'indulgence pour l'adultère masculin. Il nous souvient qu'un jour, interrogeant quelqu'un sur certains points de morale et de philosophie, nous lui demandâmes ce qu'il pensait de l'adultère : « C'est un crime digne de mort, répondit-il, tout courroucé (c'était un mari). — Non, non; pas de l'adultère de la femme, mais de celui du mari. — Ah ! dit-il, avec un sourire qui valait toute une confession, ah ! c'est bien différent ! » Voilà, en effet, toute la morale de la chose, c'est bien différent. Il est vrai que la loi, traîtreusement faite par des mâles au profit des mâles, a établi cette distinction

étrange : l'adultère de la femme est puni quand
même, celui du mari ne l'est que s'il s'accomplit
sous le toit conjugal ; la consécration civile du
mariage sanctionne cette iniquité : elle demande
à l'épouse de jurer fidélité, au mari de promettre
aide et protection.

Eh bien, cela est purement abominable, et,
toutes les arguties ne nous feront point accepter
pour bon un partage aussi léonin des devoirs du
mariage.

Lorsque deux marchands trafiquent, ils se
tiennent engagés par leur parole ou par leurs
signatures ; deux époux le sont, de même et à
titre égal, par le contrat qui les unit. En vain
l'on objectera que l'adultère du mari a des conséquences moins graves pour la société que
celui de l'épouse, qui introduit dans la famille
des fils d'origine illicite ! Qu'importe cela, puisque
les rejetons étrangers y recevront les soins et la
tendresse des fruits de bonne souche, qu'ils auront le père légal... — *is pater est...* — pour les
protéger et les défendre. Est-il vraiment préférable, au point de vue social, de voir l'adultère
masculin semer partout, au hasard, ces misérables rameaux sans tiges, qui pullulent dans
nos asiles, en attendant qu'ils aillent peupler les
prisons et les bagnes ? D'ailleurs, l'adultère du
mari X..., n'a-t-il pas pour conséquences l'adultère de la femme Y... ?

Et c'est parce que l'homme est l'être fort et intelligent dans l'association, qu'il s'est attribué cette impunité ; s'il est supérieur à la femme (il le prétend, mais ce n'est point notre avis), ne doit-il pas être, plus qu'elle, maître de ses mauvais instincts ? Si encore ces instincts étaient réels, mais c'est là l'exception ; quatre-vingt-dix fois sur cent, les maris font l'école buissonnière, non pas entraînés par la passion, mais poussés par la fanfaronnade. Vous en doutez ? Nous en douterons comme vous le jour où le mari qui trompe sa femme le gardera discrètement pour lui. Mais combien de fois avez-vous vu des Céladons, en rupture de fidélité conjugale, s'enorgueillir de leurs prouesses et entraîner les niais dans la même voie, par la contagion de l'exemple ?

Est-il donc si merveilleux, en somme, de sacrifier à une vanité absolument stupide, car presque toujours ces bonnes fortunes se payent en espèces sonnantes, le repos de la femme qui a droit de compter sur votre affection ; de porter dans un autre foyer le désordre et le malheur, d'entraîner au vice une fillette sage ou, enfin, d'avilir son esprit, d'user son corps et de laisser parfois son honneur au contact des filles perdues, pour rapporter ensuite au logis quelquefois les maladies honteuses, toujours la colère, la désunion et, pour les enfants, le mauvais exemple ? Tous ceux qui ont vu de près ces tristes demeures dont le vice a banni toute joie, toute expansion, tout ce qui fait, en un mot, le charme de la vie de famille, comprendront et approuveront la sévérité de ces appréciations.

Nous venons de faire connaître la plus importante des règles hygiéniques du mariage. En voici quelques autres, qui ont aussi une réelle valeur.

Les maris, les jeunes maris surtout, se laissent facilement emporter par les ardeurs de la lune de miel ; il ne faut pas oublier que ces entraînements passionnels du début du mariage peuvent en ruiner à tout jamais le bonheur : la spermatorrée, et une spermatorrée très grave, dont Hippocrate avait signalé la fréquence chez les nouveaux mariés, est souvent la suite de ces excès.

Combien de fois, quand et comment faut-il, pour être sage aux yeux de l'hygiène, accomplir les devoirs conjugaux ?

Combien de fois ? Rappelez-vous ce que nous avons dit déjà : quand une nuit conjugale laisse au réveil une sensation de bien-être et d'ardeur physique et intellectuelle, elle a été selon les règles ; si elle est suivie, au contraire, de fatigue, de somnolence, de répugnance pour le travail et d'une espèce d'hébétement taciturne, c'est qu'il y a eu excès et il faut enrayer ; voilà la plus sage

22

mesure, car les capacités amoureuses sont aussi variables que les individus. Toutefois, ceux qui, par forfanterie, se risquent à abattre, selon l'image drôlatique de Balzac, jusqu'à quatre, cinq, six, sept noix dans une nuitée, sont aussi maladroits que ceux qui parient d'avaler un litre d'alcool : ces belles prouesses peuvent réussir quelquefois, mais il arrive fatalement un jour où l'on n'abat plus que des noix creuses, et même plus de noix du tout.

Quand ? L'homme est, dit une piquante définition, un animal qui boit sans soif, mange sans faim et fait l'amour en tout temps : cela est vrai, en général. Mais il est certaines exceptions nécessaires : l'époque menstruelle doit être réservée, non pas seulement par convenance, mais aussi par prudence, puisque le flux des règles peut déterminer l'inflammation blennorragique ; même réserve si l'épouse a quelque affection de la matrice, ou seulement des flueurs blanches abondantes, lesquelles sont également irritantes, mais peuvent le plus souvent, et heureusement pour les maris, être guéries avec une extrême facilité ; réserve absolue, et à tous les titres, dans les derniers mois de la grossesse, et quelques mois après l'accouchement ; si la mère allaite son enfant, il serait prudent de lui assurer son année entière de nourriture naturelle, car la femme, bien que non réglée pendant

l'allaitement, peut néanmoins devenir grosse.
Ce régime pourrait paraître dur à bien des
maris ; heureusement, ce ne sont là que des
faits exceptionnels, et, d'ailleurs, presque tous
les maris connaissent certains moyens de tout
concilier.

Comment ? Conjugalement, c'est-à-dire selon
la loi naturelle, sans aucun artifice ni perfectionnement ; la mère de vos enfants, avons-nous
besoin de le dire, messieurs, doit être respectée
et ignorer ce que vous ont appris les filles. C'est
le salut de votre santé à vous, et c'est aussi la
sauvegarde de la vertu de l'épouse, car toute recherche est un premier pas fait dans l'entraînante
éducation du vice, et femme initiée est bien près
d'être femme perdue.

Voilà comment on doit comprendre et pratiquer le mariage, si l'on veut sauvegarder son
bonheur en même temps que sa santé physique
et se donner une race robuste et vaillante.

CHAPITRE V

La Sélection conjugale.
(Choix hygiénique des époux.)

Voilà comment il faut comprendre et pratiquer le mariage, avons-nous dit tout à l'heure, si l'on veut avoir de robustes rejetons.

Ce devrait être là, en effet, la préoccupation dominante pour ceux qui s'unissent en mariage : procréer des enfants sains, vigoureux et bien doués ; mais, pour y atteindre, il faudrait obéir plutôt aux aspirations des époux et aux lois de l'hygiène, qu'à des intérêts ou à des convenances de famille, et malheureusement on consulte plus souvent le notaire que le médecin, dans cette grave affaire. Nous allons tenter de démontrer, dans ce chapitre, quel serait, à ce point de vue spécial de l'avenir physiologique et intellectuel de la descendance, l'utilité de l'intervention de la science dans le choix des époux.

Il n'est pas permis de révoquer en doute l'influence des milieux et de l'éducation sur le développement de l'être humain, mais il est un autre élément dont il faut tenir grand compte, c'est l'origine. L'enfant est la résultante de ces trois forces : milieu, éducation, origine, mais il convient d'attribuer le premier rang à cette dernière.

ainsi que des faits nombreux vont nous le démontrer.

Dans toute l'échelle des êtres organisés, végétaux et animaux, les fruits sont toujours la représentation plus ou moins exacte des procréateurs.

Si cette filiation physiologique échappe plus souvent, dans l'espèce humaine, cela tient à la plus grande variété des types, au nombre plus considérable des mélanges et aussi, assez souvent, à la difficulté d'affirmer la véritable origine; mais il y a des faits concluants qui la démontrent: nous allons résumer les principaux.

Dans le règne végétal, les preuves de l'influence de l'origine abondent; tous les végétaux utiles, nos fruits, nos légumes, nos plantes d'ornements, sont le résultat de cette loi naturelle; la nature n'a jeté sur le sol que des sauvageons; c'est l'homme qui, de ces plantes inutiles ou parasites, a fait naître, instinctivement d'abord, et plus tard rationnellement, tout ce qui dans ce règne, sert à l'entretien ou à l'agrément de sa vie. Par le choix du sol et d'autres conditions nutritives spéciales, il a obtenu le développement de certaines parties d'un végétal; par un voisinage intelligent, il a obtenu les croisements nécessaires au résultat qu'il cherchait. Les espèces nées de ces premiers produits avaient des qualités acquises, auxquelles il a pu ajouter par le même procédé, et c'est ainsi que, de génération en génération, les plantes sauvages et agrestes sont devenues nos admirables végétaux cultivés. Rien n'est plus connu que l'influence de l'hérédité sur les reproductions végétales ; il n'est point d'horticulteur qui ne sache créer, à son gré, des espèces nouvelles et les perfectionner, au point de vue de la beauté et de l'utilité.

On connaît beaucoup moins ce qui se passe d'analogue dans le règne animal, et l'on court risque d'être taxé d'hérésie en affirmant que les types animaux, qu'on prétend avoir été créés et fixés à tout jamais, peuvent être modifiés, au gré de ses besoins, par l'industrie humaine. Las! il faut bien se rendre à l'évidence; si la perpétuité et l'immutabilité des espèces animales sont des preuves contre la philosophie moderne, il y faut renoncer, car tout démontre que ces espèces subissent, chaque jour, des transformations, et c'est surtout en agissant sur leurs procréateurs qu'on peut les obtenir.

L'élevage rationnel des animaux domestiques est tout entier fondé sur ces principes : c'est en associant des chevaux arabes ou anglais pur sang à nos races dégénérées que l'administration des haras nous a rendu une race chevaline bien douée. Nul de ceux qui s'occupent de sport n'ignore que le poulain provenant d'un cheval de course est nativement doué pour la course, c'est même pour cela qu'on publie la généalogie de ces chevaux. Même remarque a été faite pour les chevaux de trait; on a même observé l'influence de l'origine sur le caractère des chevaux, qui sont doux ou farouches selon le tempérament de l'étalon et de la jument qui les ont produits. Voici, encore à propos de chevaux, une observation très précise. Une race de chevaux, ayant subi pendant plusieurs générations une cautérisation sur un certain point du corps, il en naquit, à la fin, des poulains portant en naissant une marque cicatricielle à la même place. Mais ce qui, comme démonstration, dépasse tous ces faits, c'est la fabrication, on peut l'appeler ainsi, des chevaux marchant l'amble, dans l'Amérique du Sud.

La marche qu'on désigne ainsi a lieu lorsque l'animal jette, en même temps, les deux jambes du même côté en avant. Eh bien, pour obtenir cette marche, on prend des juments et des étalons dont on lie ensemble les deux membres du même côté, ce qui les contraint de marcher ainsi; les liens qu'ils ont aux jambes y déterminent des nodosités qui les disqualifient, aussi ne servent-ils qu'à la reproduction. Mais leurs poulains ont naturellement et dès en naissant, la marche spéciale qu'on a voulu obtenir.

L'élevage des bœufs et des cochons est arrivé, en Angleterre, à la hauteur d'un art, et l'on y obtient, à son gré, des races d'animaux chez lesquels le poids des os est réduit au minimum, au profit de la chair et de la graisse, et cela, toujours par le développement de ces conditions chez les étalons. Il en est de même pour les moutons, au point de vue du rendement de la laine; mais il y a, pour cette race, un fait particulier très concluant, c'est l'apparition des moutons courtes pattes en Amérique. On sait d'une façon formelle que cette race, très recherchée parce qu'elle ne peut sauter par-dessus les enclos, est due à la reproduction de deux premiers animaux doués accidentellement de cette disposition particulière. On a constaté une origine analogue pour les bœufs sans cornes de l'Amérique du Sud. Dans ces cas-là, il a fallu une longue association d'êtres ainsi modifiés, car la transmission héréditaire, coupée par des croisements, finit par disparaître, généralement après quatre générations: c'est ainsi qu'une vache décornée, par suite de maladie, fut l'origine de quelques générations de bœufs sans cornes, après lesquelles des croisements ayant eu lieu, la race revint au type normal. On a observé que les races de chiens auxquels on coupe habituellement la queue ou les oreilles finissent par produire des petits naissant avec ces appendices écourtées.

C'est chez cet intelligent animal qu'on peut le

mieux constater la transmission des qualités acquises. Qui ne sait que le chien, procédant d'un
chien de chasse est presque naturellement dressé
pour cet exercice, tandis qu'il est difficile et quelquefois impossible d'en dresser un autre? Qui ne
sait que les bons chiens de bergers ne naissent
que de chiens de bergers? Enfin, voici un fait qui
démontre la réalité de l'étendue de cette faculté
de transmission : la portée d'un chien et d'une
chienne, dressés pour la chasse au putois, leur
fut enlevée dès la naissance, et ces animaux,
arrivés à l'âge adulte, manifestèrent un appétit
extraordinaire, dès qu'on leur fit percevoir l'odeur
caractéristique du putois.

Nous n'en finirions pas si nous voulions parcourir, dans tout le règne animal, les faits qui
confirment l'influence prédominante de l'origine
sur la constitution physique et les aptitudes intellectuelles des êtres, mais nous nous hâtons d'arriver à l'espèce humaine.

L'homme peut transmettre à sa race par voie
d'hérédité : 1° des conditions organiques natives
ou acquises; 2° des qualités intellectuelles naturelles ou inculquées.

Les qualités corporelles qui peuvent être le fruit
de l'origine sont : la stature, la voix, les traits du
visage, la force physique, la constitution, le
tempérament, certains vices de conformation et
enfin les prédispositions morbides.

Pour la stature, la voix et les traits, la transmission héréditaire est d'observation banale;
il est rare qu'on ne trouve pas, dans l'aspect des
enfants, malgré l'influence des agents extérieurs,
des traces de leur origine. C'est ainsi que certains
traits du visage ont caractérisé pendant plusieurs
générations des familles historiques, comme le
nez bourbonien de la famille royale de France
et la lèvre autrichienne des Hapsbourgs. Qu'on
ne dise pas que le contact incessant des parents
peut déterminer cette ressemblance, car elle ne
s'accentue généralement pas dans la première
période de la vie, c'est-à-dire pendant que l'enfant reste au sein de sa famille, mais plutôt vers
l'âge adulte, lorsqu'il en est le plus souvent éloigné; d'ailleurs, combien d'enfants privés de leur
père, dès leur naissance, en sont néanmoins la
vivante image!

Il en est de même de la constitution et de la
force physique : les enfants reçoivent ces conditions de vie, favorables ou défavorables, par
voie d'hérédité, et c'est ce qui explique comment
certaines familles semblent vouées à une mort
prompte, tandis que d'autres semblent avoir le
monopole de la longévité. Certes, nous reconnaissons qu'il y a de nombreuses exceptions,
mais il ne faut pas oublier qu'il y a là deux facteurs dont les actions peuvent être concordantes
ou contraires et qu'en outre, dans l'espèce

humaine, l'origine ne peut jamais être scientifiquement démontrée.

La transmission des tempéraments est également certaine, et même nous allons voir, tout à l'heure que l'union de deux tempéraments analogues ne peut donner naissance qu'à des êtres chez lesquels le tempérament s'exagérera jusqu'à la maladie.

La transmission des vices de conformation est plus caractéristique encore : c'est ainsi qu'on a observé des familles où le nombre des doigts aux mains ou aux pieds était augmenté ou diminué, et cela pendant de nombreuses générations, c'est-à-dire jusqu'à ce que des croisements multiples aient fait disparaître ce vice originel. Les juifs pratiquent toujours la circoncision, eh bien, leurs enfants naissent avec un prépuce très court, quand il ne manque pas tout à fait, et l'on pourrait presque chez eux, étant donnée leur coutume de se marier généralement entre eux, renoncer à cette opération, sans préjudice pour les lois de l'hygiène qui la recommandent.

Certains sauvages déformaient le crâne de leurs nouveau-nés ; avec le temps, ils ont pu renoncer à cette coutume, car leurs enfants naissaient tous avec le crâne allongé ; il y a en Afrique une race nègre qui se souvient qu'il y a plusieurs générations il était d'usage de couper le lobule de l'oreille aux enfants, à leur naissance ; aujourd'hui

cet usage n'existe plus parce qu'ils naissent tous
sans lobules. Les enfants européens, ceux des
classes aisées notamment, naissent tous avec des
extrémités fines, les doigts de pieds très courts;
c'est tout le contraire pour les peuplades sauvages et pour nos classes laborieuses, surtout
dans les campagnes: c'est à ce point que la finesse
des attaches est donnée, et avec raison, comme un
signe certain de l'aristocratie de la race. Il n'y a
pas là de quoi se glorifier, assurément, car si les
fils de paysans ont les extrémités épaisses, c'est
que leurs aïeux, pendant de longues générations,
les ont exercées par le travail, tandis que nos
jeunes hobereaux doivent à la fainéantise de leurs
ancêtres la mièvrerie de leurs formes. Inutile
d'ajouter que ces caractères peuvent, d'ailleurs,
être observés chez les descendants d'une race
exclusivement vouée aux travaux intellectuels.

Ce qu'on admet sans conteste, c'est l'hérédité
des maladies, mais ici il y a une grave erreur à
signaler. On croit généralement que les maladies elles-mêmes sont héréditaires; il n'en est
rien, sauf dans un cas, celui où des parents,
actuellement infectés de syphilis, procréent un
enfant syphilitique, ce qui est moins une transmission héréditaire qu'une extension de la contagion; sauf ce cas donc, ce sont les prédispositions à acquérir certaines maladies et non ces maladies qui se transmettent des parents à l'enfant.

On ne saurait admettre, en effet, qu'il y eût dans l'organisme humain des germes y restant à l'état latent pour y éclore subitement sous la forme d'états pathologiques ; d'un autre côté, si ces germes existaient, on ne pourrait en arrêter l'évolution ; or, il est démontré qu'on peut, par des soins hygiéniques rationnels, faire disparaître la prédisposition héréditaire et soustraire l'enfant à la fatalité originelle qui pèse sur lui. Il est donc bien établi que les fils sont prédisposés à contracter certaines maladies paternelles, mais à la condition que des influences extérieures en viendront déterminer l'apparition.

On conçoit quelle est l'importance de cette doctrine. En faisant disparaître la croyance fort accréditée de l'hérédité fatale et sans ressources de certaines maladies, elle ouvre l'accès de la vie de famille aux malheureux qui en sont atteints, puisque la science, nous le verrons bientôt, a des moyens sérieux et nombreux pour faire disparaître les conséquences des unions qu'ils peuvent contracter.

Le cadre des affections dont les prédispositions sont héréditaires est vaste et comprend les maladies les plus redoutées et les plus redoutables : en voici l'énumération par ordre d'importance et de fréquence : phtisie pulmonaire, cancer, folie, épilepsie, hémorragies,

affections scrofuleuses, idiotie, crétinisme, sur-
dimutité, goitre, albinisme, cécité, hystérie,
rhumatisme, goutte, hypertrophie du cœur, pléthore, catarrhe et emphysème pulmonaires,
pneumonie, apoplexie, paralysie.

Aujourd'hui, il y a un si grand nombre de faits
qui l'établissent, que personne ne songe à nier la
transmission héréditaire de ces prédispositions
morbides.

Ce ne sont pas seulement les caractères physiques qui peuvent se léguer ainsi du père au
fils. Les aptitudes intellectuelles, réserve faite
toutefois de l'influence de l'éducation, sont aussi
un héritage de famille : des exemples nombreux
établissent que c'est surtout au sujet de l'intellect, que l'ancien adage *Talis pater* est de toute
vérité. La famille des Mortemart, célèbre par
son esprit traditionnel, les dynasties scientifiques des Jussieu, des Geoffroy Saint-Hilaire,
le génie musical natif de Mozart, fils et petit-fils
de musiciens, et tant d'autres faits, prouvent
jusqu'à l'évidence cette filiation intellectuelle.
Nous savons que le contact incessant des pères
a dû ajouter aux prédispositions natives, mais
voici des faits où cette influence ne peut être
invoquée. Il n'est pas de professeur ou d'insti-
tuteur qui n'ait remarqué que, parmi ses élèves,
les fils des paysans incultes étaient beaucoup
plus rebelles à l'enseignement que les enfants

d'hommes instruits, et cela dès le premier âge. Des missionnaires ont, dès le siècle dernier, signalé les facilités naturelles des fils de mandarins comparés à l'intelligence bornée des petits Chinois de la classe illettrée.

C'est indubitablement à cette hérédité d'aptitudes qu'il faut attribuer les caractères propres à chaque nation ; les Français de nos jours sont si bien les fils des Gaulois — nous en exceptons bien entendu nos hobereaux, qui eux aussi sont restés les dignes fils des Francs orgueilleux et superstitieux ; — les Français, disons-nous, ressemblent à ce point aux Gaulois, qu'on est frappé de surprise en étudiant les mœurs de nos ancêtres dans les historiens latins ; le génie commercial des Juifs, les aptitudes musicales des Italiens, le caractère hypocondriaque du peuple anglais, la forfanterie espagnole, etc., ne sont-ce pas là des exemples de ces hérédités psychologiques dont nous voulons démontrer l'influence ? D'ailleurs, pourquoi tant argumenter : cherchez autour de vous, et vous verrez que, la part faite à l'influence des deux procréateurs ainsi qu'à certains éléments étrangers dont il faut, dans l'état actuel de nos mœurs, admettre la fréquente intervention, il est peu d'enfants qui ne reçoivent de leurs ascendants les qualités intellectuelles et morales dont ils sont nativement doués.

Et c'est même là une des causes majeures qui doivent imposer au chef de famille la culture de son intelligence, le respect des lois morales, ainsi que le souci de sa santé physique, qui s'y lie étroitement, puisque ce n'est pas lui seulement qu'il sert ou qu'il compromet par son genre de vie, mais aussi l'avenir de sa descendance.

C'est que le vice aussi a sa filiation fatale : le père débauché ne doit pas s'étonner si son fils imite et exagère les déportements de sa jeunesse, puisque c'est lui qui, en augmentant par l'abus telles ou telles aptitudes cérébrales, l'a doté dès sa naissance d'aptitudes identiques. S'il y a des dynasties de savants, il y a aussi des races de malfaiteurs; et vainement on arrache les tiges maudites : leurs rejetons n'en poussent pas moins, congénialement formés pour le mal. Nous verrons, toutefois, qu'il est quelques moyens de combattre cette terrible fatalité, devant laquelle, si elle était sans ressources, la raison et la société se sentiraient désarmées.

Il est donc bien démontré que les produits du mariage sont le résultat physiologique et intellectuel des deux facteurs; cela étant, on conçoit que parmi les conditions qui peuvent assurer l'hérédité il n'en soit pas de plus sûre qu'une origine commune des deux conjoints. En effet, ils ont reçu, sortant de la même race, des conditions organiques analogues ; ils ne pourront, en s'unissant à nouveau, qu'accuser encore ces aptitudes, et le plus souvent les porter jusqu'à l'état pathologique. C'est ce qui explique les résultats des unions consanguines ou entre parents. On a reconnu de bonne heure les inconvénients des mariages entre des êtres ayant une source commune, et la loi est intervenue pour interdire les unions entre enfants d'une même souche. Mais ce n'est point assez, la science indique que la loi n'est pas assez rigoureuse, et les mariages entre oncles et nièces, tantes et neveux, entre cousins-germains et même entre cousins issus de germains doivent être considérés comme ne pouvant produire que des résultats désavantageux pour la descendance.

Sur ce point les faits abondent, et s'il est des exceptions — il en est, nous devons le reconnaître — il faut les attribuer à la vigueur organique des époux ou à certaines règles d'hygiène et d'éducation physique sévèrement appliquées.

Ces unions peuvent avoir pour conséquence la perte radicale de la fonction de reproduction ; les êtres d'origine consanguine sont, comme les espèces trop éloignées qu'on accouple, frappées de stérilité. Dans d'autres cas, le produit ne peut atteindre son développement complet ; il en résulte des avortements, des vices de conforma-

tion ou des tares originelles plus ou moins
sérieuses. C'est ainsi qu'on a signalé comme
résultant des unions consanguines l'état scrofuleux, l'idiotie, le crétinisme, la démence, l'albinisme, etc. C'est à cette cause qu'il faut attribuer la santé déplorable et d'extinction fatale de
certaines races royales, où le soin apporté à conserver la pureté du sang, en ne contractant
des unions qu'avec des familles souveraines,
amène toujours un résultat diamétralement
opposé.

Disons, en passant, que cette stérilité due à
la consanguinité, on l'observe également dans
les conditions contraires : ainsi, les unions de
nègres et de blancs sont généralement peu fécondes et donnent naissance à des êtres également peu propres à la reproduction.

Cette loi conservatrice des espèces s'observe
mieux encore chez les animaux, où les métis
sont presque toujours stériles.

Autant que la consanguinité, la similitude des
types accuse les conditions d'hérédité, et cela se
comprend aisément : l'influence des deux facteurs s'ajoutant au lieu de se combattre, le résultat doit être une exagération de leurs caractères organiques. Le salut d'une race est donc
dans un croisement rationnel fixé dans certaines règles d'hygiène que nous ferons connaître plus loin.

Quelles sont les lois générales de cette transmission héréditaire, et d'abord quelle est l'influence relative des deux facteurs? On a cru longtemps qu'il y avait une influence directe d'un sexe sur les produits du même sexe, c'est-à-dire que les garçons ressemblaient plus au père et les filles à la mère. Aujourd'hui, on admet, sans plus de raison, la transmission entrecroisée, c'est-à-dire du père aux filles et de la mère aux garçons. Il y a erreur dans ces deux préjugés, l'influence des deux facteurs est égale pour les deux sexes. Si elle s'accentue parfois inégalement, cela tient à la prédominance de certains caractères physiologiques chez l'un des auteurs et à certaines autres conditions encore mal définies, parmi lesquelles il faut placer, au premier rang, l'âge relatif des époux. Il est de remarque, en effet, que les caractères physiologiques sont d'autant plus sûrement transmis que les auteurs avancent en âge, c'est-à-dire que les derniers nés d'une famille porteront, d'une façon plus apparente que les aînés la marque héréditaire. Des faits nombreux confirment cette loi : pour notre part, nous avons signalé, dans notre livre sur les Maladies du poumon, ce fait remarquable d'une famille entière frappée héréditairement de la prédisposition tuberculeuse et dans laquelle la maladie se développa dans un ordre régulier, depuis le plus jeune jusqu'à l'aîné

de cinq enfants, ce qui prouve bien que la
force de transmission s'accroît avec l'âge des
parents.

Cette famille présenta également le singulier
phénomène de l'hérédité en retour, c'est-à-dire
que le père et la mère de ces enfants, morts de
phtisie, ne furent point atteints de cette maladie,
alors que leurs parents à eux y avaient succombé. C'est là une observation banale, et l'on
compte par milliers de ces cas où l'hérédité
pathologique, sautant une génération, va porter
dans l'organisme des petits-fils la prédisposition morbide des aïeux : c'est ce qu'on appelle
l'atavisme, et on peut, il nous semble, l'expliquer d'une façon rationnelle.

Nous avons dit déjà que ce n'est point la
maladie qui se lègue, mais la prédisposition de
l'acquérir, et nous verrons tout à l'heure que
l'hygiène a des ressources nombreuses pour
combattre cette prédisposition. Or, ce fait de
l'hérédité de certaines affections est connu depuis longtemps, ainsi que quelques-unes de ces
règles préservatives. Ne peut-on supposer que
les parents, atteints d'une affection organique
et, plus tard, ceux qui les remplacent auprès de
leurs enfants, savent entourer ces petits êtres de
précautions qui les en préservent. Mais ceux-ci,
arrachés à force de soins à l'horrible fatalité
héréditaire, oublient facilement à quels efforts ils

ont dû leur salut et négligent d'autant mieux de procéder à la reconstitution de leurs descendants que la loi de l'hérédité en retour est peu connue, et qu'ayant dans leurs personnes donné un démenti à la loi de l'hérédité directe, ils croient aisément leur race à tout jamais préservée.

L'humanité est ainsi faite qu'il faut le danger immédiat, visible en quelque sorte, pour la décider à y parer, et le souci de la santé de leur progéniture, si vivace chez les parents malades, ne subsiste jamais au même degré chez leurs héritiers bien portants. Or, la prédisposition se lègue pendant quatre générations au moins, quels que soient les croisements ou plutôt en admettant des croisements rationnels, et plus longtemps encore dans le cas contraire : il faut donc combattre pendant quatre générations aussi les prédispositions pathologiques transmises.

Quatre générations, c'est en effet la durée normale de l'influence héréditaire dans le cas de croisements continus. A ce sujet, la science a des données certaines, fondées sur les unions des deux races blanche et noire. Une négresse qui épouse un blanc procrée un mulâtre; celui-ci devient, avec une blanche, père d'un quarteron; un nouveau croisement de ce dernier avec une blanche donne un octavon, et le fils d'un octavon

et d'une blanche est d'un blanc complet, sauf
quelques caractères originaires de second ordre:
l'épaisseur des lèvres, la forme du nez, le crêpé
des cheveux, qui peuvent persister un peu plus
longtemps. La même gradation successive
s'observe, en sens inverse, pour l'union d'un
blanc et de sa descendance avec des noirs: après
quatre générations le type nègre est rétabli. Chez
les animaux, des observations analogues ont con-
firmé cette durée de la transmission héréditaire.

Si dans ces associations de races différentes
il y a interruption de croisement, si le mulâtre
ou le quarteron retournent à la négresse, la
transmission héréditaire est prolongée d'autant;
c'est ce qui arrive souvent pour les hérédités
physiologiques et pathologiques et ce qui rend
difficile la recherche de la transmission héréditaire, dans nos unions européennes, où nous
n'avons point des éléments d'observations aussi
absolus.

Nous avons pu donner une explication suffisante de l'hérédité en retour; il nous sera peut-
être plus difficile d'expliquer un mode de transmission héréditaire qu'on pourrait appeler
hérédité de contact; voici ce dont il s'agit.

On a observé souvent qu'une femme ayant été
mère dans un premier mariage, donnait naissance, avec un deuxième époux, à des enfants
ayant avec le premier mari des liens indéniables

d'hérédité. On a tenté d'expliquer ce fait par l'influence de l'éducation, qui peut, nous le reconnaissons, agir jusque sur les traits du visage, sur la voix et les habitudes du corps; cette éducation, donnée par le premier mari à la femme, serait transmise par celle-ci aux enfants du second lit. Mais quand des signes de transmission s'observent dès la naissance de l'enfant, ou lorsqu'il est séparé immédiatement de ses parents et que néanmoins il ressemble au premier mari, comment expliquer cela?

D'un autre côté, la physiologie comparée est venue corroborer ces observations par des faits bien autrement concluants. Un âne zébré d'Afrique fut accouplé avec une jument anglaise, qui en eut un mulet zébré; depuis lors, cette jument saillie trois ou quatre fois par des étalons anglais n'eut jamais que des poulains zébrés; une truie, ayant eu une portée avec un sanglier, n'eut jamais par la suite, avec des cochons, que des rejetons ayant des caractères apparents de filiation avec le sanglier; enfin, et ceci est d'observation banale, parmi les amateurs de chevaux et de chiens, une jument ou une chienne de race qui subissent un premier contact fécondant avec un chien ou un étalon de mauvais aloi, ne peuvent plus, dans la suite, produire avec les chiens et les chevaux du sang le plus pur que des rejetons disqualifiés.

On voit qu'une première conception imprime sur l'organisme féminin une empreinte désormais ineffaçable, car, encore une fois, cette transmission n'a lieu que lorsque la mère a été fécondée par un premier mariage ; ces faits sont acquis, mais il est assez difficile de les expliquer.

Il faut admettre que l'ovule et le zoosperme, parties détachées de l'être, emportent avec eux les conditions vitales de la souche qu'ils abandonnent et qu'ils transmettent au tronc sur lequel ils se greffent, pendant la première évolution de l'enfant, ces caractères propres aux deux procréateurs. Il est sans nul doute fort extraordinaire que ces organismes, infiniment petits, portent en eux-mêmes une si puissante émanation de l'être qui les produit, mais c'est moins étrange et moins mystérieux que l'influence immatérielle des regards, des souvenirs, des envies dont on fait tant abus et qu'on admet si crédulement. Ici, il n'y a aucune communication directe, positive, matérielle, tandis que dans l'explication physiologique que nous venons de donner il y a contact et pénétration des éléments, et les sciences physiques et chimiques nous apprennent que, souvent, les effets les plus considérables peuvent être déterminés par les plus petites causes.

Nous pouvons, de ces données, tirer maintenant des conclusions pratiques, au point de vue

de la sélection conjugale; nous savons que toutes
les conditions organiques des êtres se transmettent par hérédité, et notamment l'intelligence,
la constitution, le tempérament et les prédispositions morbides.

Il en résulte que les époux d'une intelligence
bornée ou mal cultivée ne pourront espérer des
rejetons prodiges et qu'ils devront se contenter de
faire gravir à leurs fils par l'éducation un ou plusieurs échelons de ce progrès naturel, dont nous
avons esquissé les lois. Il en résulte que l'homme
qui considère l'intelligence de ses fils comme un
plus riche patrimoine que l'argent, doit se
préoccuper des aptitudes de la jeune fille qu'il
veut épouser plutôt que de ses titres de rentes;
il en résulte aussi qu'un homme de science,
dont l'intellect est arrivé au summum de développement par un labeur continu ne doit point
épouser une femme également vouée au travail
cérébral : nous avons vu, en effet, que l'union
d'aptitudes identiques produit des fruits chez
lesquels ces aptitudes peuvent être multipliées
jusqu'à l'état maladif, c'est-à-dire, ici, jusqu'à
des perversions plus ou moins considérables de
l'intelligence.

Mais ce ne sont pas seulement les qualités de
l'intelligence qui se lèguent ainsi; les aptitudes
morales, les passions et les vices font partie de
cette fortune héréditaire que la nature transmet

fidèlement de génération en génération. Le père vertueux et droit n'aura que peu d'efforts à faire pour que ses enfants lui ressemblent, le père dépravé et corrompu ne devra pas être surpris si, dès le premier âge, son fils manifeste des appétits de même nature.

Est-ce donc une fatalité invincible, inéluctable? Non, certes; nous verrons qu'il y a, pour lutter contre ces influences natives, les ressources nombreuses de l'hygiène proprement dite et de l'éducation; mais il faudra que les efforts soient proportionnés à l'importance de ces influences originelles, qu'il est bien préférable de diminuer ou d'annihiler par un choix rationnel des époux.

Pour la constitution, il en est de même : deux êtres de constitution débile ne peuvent, en s'unissant, donner naissance qu'à des avortons. Est-ce à dire que ceux qui sont affligés de ces constitutions délicates doivent se vouer au célibat, dont nous avons fait ressortir tous les inconvénients. Non, sans doute; quelle que soit la sévérité de ces lois d'hérédité, l'hymen est accessible à tous et il n'est aucun être qui doive être absolument mis hors la loi bienfaisante du mariage; seulement, l'homme à constitution délicate devra choisir une épouse robuste et vigoureusement constituée, et les fruits de cette union seront parfaitement suffisants.

Pour les tempéraments, la donnée est iden-

tique : que deux tempéraments lymphatiques
s'unissent, les fruits seront fatalement atteints
de lymphatisme au superlatif, c'est-à-dire d'affections scrofuleuses ; mais qu'une femme lymphatique épouse un homme sanguin, nerveux ou
bilieux, et leurs enfants seront dotés de tempéraments mixtes : lymphatico-nerveux, lympha-
tico-sanguin, lymphatico-bilieux, lesquels sont
des tempéraments suffisants, bien supérieurs
aux tempéraments lymphatiques purs, les plus
mauvais de tous.

Que deux nerveux s'épousent, leurs enfants
auront des convulsions, des névroses et d'autres
affections dues à la prédominance de l'élément
nerveux dans leur constitution ; qu'ils modifient
cette influence par un croisement avec des lymphatiques, des sanguins ou des bilieux, et le
résultat sera tout autre.

Il en est de même pour les types sanguins ; on
admire assez généralement les mariages de ces
gaillards à faces rubicondes et épanouies, bien
replets, bien satisfaits de vivre et vivant à pleines
voiles ; ces unions peuvent être funestes à leur
descendance ; elles mènent à la pléthore, aux
affections organiques du cœur, aux congestions,
aux apoplexies. Un homme fort, sanguin, brun,
coloré, doit épouser, non par amour du contraste,
mais par souci de l'hygiène, une femme mi-
gnonne, délicate, blonde, fût-elle même un peu

lymphatique. Pour les tempéraments bilieux, c'est encore la même loi : pour eux aussi des croisements rationnels sont nécessaires.

Mais, nous dira-t-on, quelle part laissez-vous à la passion ? Le mariage ne va plus être une affaire de sentiment, mais une question purement médicale. Eh ! bon Dieu, quelle place lui laissez-vous à la passion, avec vos mariages au marc le franc ? Si vous avez le droit de faire un trafic éhonté de l'union conjugale des êtres, ne pouvons-nous pas, à meilleur titre, y chercher une association favorable au développement et à la conservation de la vraie richesse que le mariage donne, de la famille ? Puis, quel est le cœur assez lâche pour ne pas faire taire ses passions devant les impérieuses lois de la nature ; quel est l'homme assez esclave de ses entraînements pour ne pas reculer devant la certitude de payer quelques jours de satisfaction passionnelle par une existence vouée toute entière aux misères morales que nous causent les maladies et la perte des chers petits êtres qui naissent de nous ?

Nous avons plus de confiance en la raison des hommes, bien qu'on s'acharne à l'obscurcir comme à plaisir, et nous pensons que le temps viendra où nul ne se hasardera au mariage sans avoir, au préalable, pesé toutes ces considérations, s'il peut le faire par lui-même ou, dans le cas contraire, sans avoir soumis les éléments d'appréciation à un juge compétent, à un homme de science.

Nous avons dit que nul n'était fatalement en dehors du mariage, et pourtant il est, nous le savons, des maladies affreuses justement redoutées qui se peuvent transmettre par voie d'hérédité : comment concilier ces deux données?

Nous répéterons ce que nous avons dit déjà ; ce qui se lègue, ce n'est point la maladie, c'est la prédisposition, c'est-à-dire la tendance à la contracter, si certaines circonstances déterminantes se rencontrent. Il suffira donc d'écarter ces circonstances des enfants pour lesquels on craindra l'hérédité pathologique ; il faudra, en un mot, les soumettre à des règles étroites d'hygiène, pour les soustraire à la fatalité qui pèse sur eux.

Et il en sera de même pour les fruits des mariages les plus mal assortis au point de vue hygiénique ; de même encore pour les enfants des unions consanguines.

Oui, lorsque les entraînements du cœur ou l'ignorance des suites ont amené deux proches parents ou deux tempéraments analogues à s'unir, l'avenir est loin d'être, pour leur descendance, absolument sans ressources et la science peut intervenir victorieusement pour atténuer et même faire disparaître les résultats de l'imprudence commise.

On peut réformer les constitutions mal venues, amender les tempéraments excessifs, corriger enfin la nature ! nonobstant sa prétendue inviolabilité, l'homme peut, à son gré, modifier la matière, lui faire subir telle forme, la pousser dans telle direction qu'il lui plaît; il est, ce puissant créateur, maître de sa propre subsistance, à ce point qu'il peut d'un être malingre et scrofuleux faire un homme robuste et sain.

Comment, par quels moyens? Pour les faire connaître en détail il faudrait exposer ici toute l'hygiène, et c'est un livre entier que nous avons consacré à cette science immense. Le lecteur désireux de connaître complètement ces divers moyens de réformation organique, pourra recourir à notre *Traité d'hygiène populaire*, où nous les avons exposés en détail. Nous nous bornerons à dire, pour terminer ce chapitre déjà bien long, que ces moyens reposent essentiellement sur les soins à donner à l'enfance, sur le choix de sa première alimentation, c'est-à-dire sur l'état organique de sa nourrice, qui doit être de tempérament contraire à celui des époux; sur une éducation physique et intellectuelle appropriée, et enfin sur un changement de milieu, c'est-à-dire sur l'éloignement des lieux où les parents ont pu acquérir les prédispositions funestes,

LIVRE QUATRIÈME

HYGIÈNE SEXUELLE DE LA VIEILLESSE

CHAPITRE PREMIER

La fin de la Fonction de reproduction.

Il faut considérer la reproduction comme le dernier terme de développement des êtres. Est-il surprenant que cette fonction surgisse la dernière et que ce soit elle aussi qui ouvre la marche lorsque, sous l'influence de la décrépitude sénile, toutes les parties de la machine humaine subissent un travail contraire à celui du développement des premiers âges, c'est-à-dire un mouvement incessant d'usure organique et fonctionnelle?

La fonction génésique disparaît, chez l'homme comme chez la femme, au début de la vieillesse, et c'est même ce phénomène important qui, dans les deux sexes, marque la fin de l'âge viril.

Chez la femme, un fait apparent signale cette période, c'est la cessation de l'ovulation, c'est-à-dire de l'émission des germes féminins et la suppression des règles, qui n'en est que la conséquence. Cette suppression, appelée Ménopause, a lieu généralement vers la quarantaine ; cela est d'ailleurs très variable, selon la date de l'apparition de la menstruation, selon l'état de santé générale et aussi d'après le nombre des fécondations. A partir de ce moment la femme est inféconde. Mais y a-t-il chez l'homme des signes aussi tranchés du repos de la fonction sexuelle tels qu'on puisse affirmer que l'homme est arrivé à l'infécondité sénile? Quels sont les caractères scientifiques de cette espèce de *Méno-pause masculine*, et enfin à quel âge en peut-on fixer la venue? Toutes questions intéressantes, sur lesquelles les praticiens sont souvent interrogés et que nous voulons aborder ici.

A mesure que l'homme avance en âge, ses appétits deviennent de moins en moins impérieux, et, sauf les abus qui peuvent l'entraîner au delà des besoins réels, il arrive à espacer de plus en plus les rapprochements sexuels : le cerveau suit la décroissance graduelle de l'appareil génital et les ardeurs fougueuses de la jeunesse font place à d'autres passions, plus calmes et plus douces; chaque enfant survenu, en prenant sa part de l'affection paternelle, a atténué peu à peu ce que l'amour conjugal avait emporté au début, et la passion sexuelle fait place à la longue à une tendresse plus immatérielle.

La puissance virile décroît de plus en plus, sans que le vieillard en éprouve une sensation pénible, comme les impuissants accidentels. C'est que cette insuffisance fonctionnelle est dans les vues de la nature; tout l'être y concourt et doit l'accepter aisément, sauf le cas où des abus fâcheux ont donné à ce sens une prédomi-

nance excessive. Donc il y a diminution progressive de la virilité, puis, à la fin, impuissance
absolue ; mais, longtemps avant que ce signe
apparent et d'une facile constatation soit survenu, la faculté de reproduction est éteinte, et l'on
peut en acquérir la certitude en étudiant la composition et l'aspect de la liqueur fécondante.

De même que, chez le jeune homme, la faculté
de copulation précède le développement normal
des germes et la faculté de fécondation, de
même le vieillard peut encore accomplir l'acte du
coït longtemps après que la semence a cessé
d'être fécondante. En effet, à partir d'un certain
âge, le sperme présente des animalcules plus
rares, moins mobiles, plus promptement altéra-
bles ; bientôt leur volume diminue, leur queue
se raccourcit, plus tard le zoosperme est réduit à
une tête qui se meut lentement ou à des cellules
spermatiques non brisées, puis, enfin, toute
trace d'organisation disparaît dans ce liquide
arrivé à la fin de sa destinée fonctionnelle, et
l'on n'y voit plus qu'un amas de granulations
inertes.

C'est, identiquement, ce qui se passe dans les
cas d'impuissance pathologique. Dès le moment
où ces éléments sont atteints, même légèrement
en apparence, dans leur contexture et leur vitalité, ou bien le vieillard n'est plus apte à reproduire, ou bien, s'il l'est encore, il ne peut donner

que des fruits incomplets. Nous ne voulons point
dire que tous les enfants de vieillards doivent
être d'une constitution chétive, trop de faits
démontrent le contraire. Mais, outre que, du
côté paternel, il y a toujours une réserve à faire,
au point de vue de la filiation, il faut bien comprendre que cette infériorité des rejetons n'existe
que lorsque la semence est frappée de sénilité,
et il faut la constatation microscopique pour en
décider, car il est impossible de fixer d'une
façon précise l'âge de cette décrépitude sexuelle,
tant elle est subordonnée à la constitution, au
tempérament, au genre de vie, en un mot à une
foule de conditions individuelles.

Jusqu'à quel âge un vieillard peut-il avoir des
enfants ? demandait Napoléon à Corvisart. Un
vieillard qui se marie à 60 ans peut en avoir
quelquefois, répondit le praticien, s'il se marie à
70 ans il en a toujours.

Pour répondre sérieusement à cette question,
nous dirons qu'il n'y a pas de limite fixée à la
paternité : il est vrai que c'est, généralement,
vers la soixantaine que cette fonction disparaît,
mais il en est d'elle comme de l'intelligence, de
la force musculaire ou des sens ; de même qu'on
voit des vieillards de 80 ans conserver intacte
leur intelligence, des centenaires accomplir des
travaux corporels rudes, d'autres garder, dans
leur intégrité, l'ouïe ou la vue, de même on

peut voir des vieillards avoir la faculté procréatrice jusqu'à 70, 75 et même 80 ans. Qu'on ne
crie pas à l'exagération : il n'y a pour nous
qu'un seul signe absolu, l'état du liquide séminal, et nous l'avons trouvé normal chez un vieillard arrivé à cet âge. C'est là l'exception assurément, et cet homme devait cette verte vieillesse
à l'emploi sobre de la fonction génésique pendant toute sa vie ; mais si beaucoup d'hommes,
par leurs abus, usent promptement leurs ressources, combien d'autres mènent un genre de
vie qui doit reculer, pour la fonction sexuelle,
l'heure de la décrépitude !

Mais il doit cependant y avoir une durée normale pour la fonction sexuelle, ainsi que pour
l'organisme tout entier ! Cela est vrai pour les
animaux ; chez eux, on peut assigner des limites
précises à l'étendue de la vie et, partant, à la
durée de telle ou telle de leurs conditions organiques ; mais pour l'homme on ne saurait faire
une semblable appréciation. Ses passions, ses
abus, la dépense intellectuelle qu'il fait, en un
mot la mauvaise administration de son soi-
même, font que, seul de tous les animaux, c'est
lui, le plus intelligent de tous, qui reste en deçà
de la limite que la nature a assignée à la durée
de sa vie. Des recherches extrêmement précises
ont établi que tous les animaux vivaient, sauf
accident, sept fois autant d'années qu'il en avait

fallu pour parfaire leur entier développement. Cette règle est absolue, son exactitude a été constatée dans toute l'échelle animale, et il n'y a aucune raison pour que l'homme échappe à cette loi de la matière organisée. Or, le développement complet de l'homme a lieu de la dix-huitième à la vingtième année, l'âge normal de la fin de sa vie serait donc de cent vingt à cent quarante ans, et, en effet, on a le droit de supposer que la plupart des hommes approcheraient de cet âge s'ils savaient mieux se subordonner aux règles de l'hygiène, qui peut s'appeler la science de longue vie. Eh bien, il en est évidemment de même pour la mort de la fonction sexuelle; elle est considérablement avancée par notre genre de vie, à ce point qu'elle peut, chez les impuissants par suite d'abus, survenir même pendant l'âge viril. Il est facile de concevoir, d'après cela, qu'il est matériellement impossible de délimiter nettement la période de virilité, puisqu'elle est essentiellement subordonnée à l'usage qui a été fait de la fonction de reproduction. On ne peut, encore une fois, arriver sur ce point à une certitude qu'en soumettant la liqueur séminale à l'examen microscopique.

CHAPITRE II

Les Abus sexuels chez les Vieillards.

Que la semence du vieillard ait conservé ou non sa vertu prolifique, s'il est encore apte à la copulation, il ne doit s'y livrer qu'avec une extrême réserve. Si les abus sexuels ont, chez les adolescents et les hommes faits, les conséquences redoutables que nous avons fait connaître, est-il besoin de longs développements pour faire admettre que ces conséquences sont cent fois plus redoutables à cet âge, où la fonction sexuelle tend invinciblement au repos?

Toute excitation vive, tout retentissement violent sur les centres nerveux, chez les vieillards, peuvent avoir des suites fâcheuses pour l'intégrité de l'organe cérébral, et le nombre est considérable des vieillards qui ont payé de la perte de leurs facultés intellectuelles la persistance de leurs appétits vénériens. Un viveur à cheveux blancs aboutit promptement et fatalement à un gâteux; il faut bien se représenter, en effet, que pour réveiller leurs sens affaiblis ils ne peuvent se contenter des excitations habituelles; c'est pour ces Faublas édentés que sont faites toutes les recherches de la prostitution la plus raffinée; il suffit de se rappeler certains scandales, et parmi les derniers l'affaire de la rue de Suresnes, pour apprécier l'avilissement où la débauche plonge certains vieillards.

D'autres accidents, plus prompts, peuvent être le prix des violations des règles naturelles : ce sont des congestions, des apoplexies cérébrales et pulmonaires, des ruptures du cœur et des vaisseaux, dont les parois sont si souvent altérées chez les vieillards, etc. C'est ainsi que des syncopes graves et même des morts foudroyantes ont frappé des vieillards au moment même de l'accomplissement du coït.

Il faut donc obéir à la loi suprême de la nature; après avoir été chaste pendant la période d'évolution de la fonction génésique, après l'avoir exercée régulièrement pendant l'âge viril, il faut en restreindre l'usage à mesure que la vieillesse avance.

Tant d'autres passions sont venues prendre la place de celle qui emportait le jeune âge : les fruits de cette fonction auguste, les enfants et les petits-enfants, s'agitent autour du vieillard, demandant à son intelligence, mûrie par l'expérience, les conseils et les leçons. Quelle autorité pourront avoir ses avis s'il les dément par une existence malsaine ? Quoi de plus hideux, aux yeux de la jeunesse, que ces vieillards inas-

souvis qui empiétent sur ses droits et usurpent
sur ses plaisirs ? Quel spectacle, pour l'épouse et
les enfants, que ces chefs de famille, traînant
leurs cheveux blancs dans toutes les fanges du
vice ! Quelle grandeur, au contraire, dans la
vieillesse qui sait être de son âge, qui sait imposer le respect à tous par le respect de soi-
même, qui couronne une vie de travail et de
droiture par une digne fin !

Nous assistions, il y a quelques années, à la
première représentation d'une féerie : dans une
avant-scène de droite s'étalait cette masse de
matière humaine qui s'appelait le prince X....,
les lèvres humides et pendantes, le regard voilé,
la face bestialisée, l'attitude écrasée ; à côté de
lui, veillant jusqu'à la dernière heure sur cette
proie de toute sa vie, se montrait sous une
épaisse couche de blanc et de rouge, impuissante à cacher sa décrépitude, une femme ga-
lante célèbre dès le commencement de ce siècle.

Dans une loge, à gauche et presque en face,
le hasard avait placé une famille comprenant
trois générations : un vieillard à l'aspect intelligent et fier, le front découvert par la glorieuse
calvitie du travail intellectuel ; près de lui le
jeune ménage et en avant deux blonds chéru-
bins, tout épanouis. Le vieillard suivait le spectacle sur le frais sourire des petits et semblait
revivre son jeune âge, en partageant leurs in-

pressions fraîches et naïves. C'était un contraste saisissant : d'un côté la vie de famille, sobre, chaste, avec ses pures et inépuisables joies, de l'autre, la luxure sénile dans toute sa hideur.

Et nous nous disions : si les peintres et les poëtes, au lieu de farder la débauche et d'assombrir le visage de la vertu, les peignaient, l'une et l'autre, avec leurs couleurs réelles, qui sait si les hommes ne choisiraient pas plus souvent la vie selon l'hygiène et selon la morale?

La nature de notre livre nous a permis d'être réaliste et de montrer à nu toutes les laides conséquences du vice; si ces enseignements ont pris quelquefois une allure un peu sermonneuse, c'est qu'il est véritablement temps, dans l'intérêt des individus et surtout dans l'intérêt de notre nation, de réagir contre cette tendance, prédominante chez nous, à célébrer quand même le *champagne* et *l'amour*. Le champagne et l'amour, très bien lorsqu'on en use; mais quand on en abuse, et c'est ce qu'on fait généralement, il est bon de savoir jusqu'où peuvent vous conduire ces deux joyeux compagnons. C'est ce que nous avons fait, pour l'un d'eux, dans cet ouvrage et, pour l'autre, dans le chapitre de notre traité d'hygiène consacré à l'alcoolisme. Puisque la science seule est aujourd'hui attentivement écoutée, c'est à elle de faire entendre sa voix, non plus en parlant à l'homme au nom de principes facilement méconnus, mais au nom de ce qui peut plus sûrement intéresser son égoïsme, au nom de sa santé physique et intellectuelle.

entendre sa voix, non plus en parlant à l'homme au nom de principes facilement méconnus, mais

APPENDICE

ÉCOULEMENTS ET PLAIES

DE

L'APPAREIL SEXUEL

DIAGNOSTIC MICROSCOPIQUE
TRAITEMENT PRÉSERVATIF, ABORTIF ET CURATIF

APPENDICE

MODERNES ET PRATIQUE
L'ANALYSE MÉDICAL

DIAGNOSTIC MICROSCOPIQUE

TRAITEMENT PRÉSERVATIF, ABORTIF ET CURATIF.

UNE
Révolution... en médecine

Voici ce que nous écrivions, il y a vingt-huit ans, dans un numéro de l'*Uroscopie* de 1862 :

« Le microscope est l'instrument fondamen-
« tal des recherches uroscopiques. Puissant
« créateur du monde infiniment petit, prodi-
« gieux révélateur des races perdues dans des
« atomes, le microscope est l'étonnement de la
« science moderne! Où finira son empire? Où
« s'arrêtera sa puissance de grossissement?
« Quelles myriades d'organismes atomiques lui
« échappent encore et deviendront tôt ou tard
« le prix de ses perfectionnements?
« Tel qu'il est, d'ailleurs, n'est-il pas la source
« de ces recherches sur la génération et la pro-
« pagation des êtres qui agitent le monde sa-
« vant? Tel qu'il est, d'ailleurs, n'est-il pas
« l'agent indispensable et suffisant de toutes
« nos recherches uroscopiques? C'est à lui que

« nous devons d'avoir pu généraliser la diagnose
« urinaire, non seulement parce qu'il est l'agent
« de recherche des modifications les plus nom-
« breuses, mais encore parce que, contrôlant
« les données de l'analyse chimique, il consti-
« tue une contre-épreuve indispensable à des
« travaux de cette importance. »

Les événements ont pleinement justifié ces
prévisions, et l'on peut dire que les plus importantes découvertes que l'humanité ait jamais vues
se réaliser, dans le domaine médical, viennent
d'être faites, que la plus grande révolution
scientifique vient, ainsi que nous le pressentions,
de s'accomplir, dans le cours de ces vingt dernières années et que c'est le microscope qui a
été, comme nous l'annoncions, l'unique élément
de cette immense transformation d'une science
à qui, jusqu'à ce jour, on reprochait, non sans
quelque raison, de rester immobile et réfractaire
au progrès.

Un mystère profond et qui paraissait inso-
luble régnait dans les questions de propagation des maladies contagieuses; on ne pouvait
s'expliquer cette extension, par contact, voisinage ou grandes envolées d'air infecté, d'un
grand nombre de maladies et non des moins
importantes, et, par cela même qu'on ignorait
la nature intime des causes, on était sans ressources devant les effets.

les plaies spécifiques, contagieuses aussi ont
également leur microbe virulent et nous allons
voir que les formes des uns et des autres sont

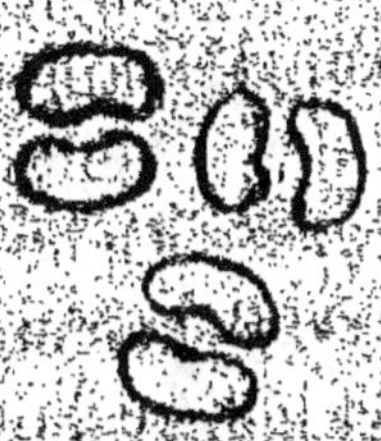

FIGURE 2.
Gonocoques parasites du virus de la blennorragie.

d'aspect tel qu'on peut distinguer facilement le
pus d'une urétrite simple de celui d'une manifestation syphilitique.

Les Gonocoques ou Microbes de l'urétrite

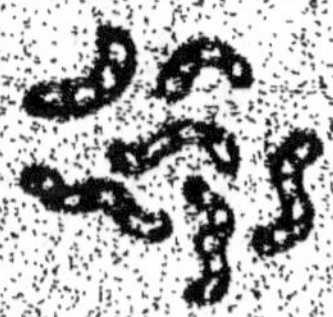

Bacilles en virgule, en S et striés du virus de la syphilis.

inflammatoire (fig. 2) sont des corpuscules
tellement petits, qu'il en faut deux ou trois,
réunis et juxtaposés, pour mesurer un millième
de millimètre; ils sont arrondis, accolés deux

26

B. M.

par deux le plus souvent, parfois par groupes plus nombreux ; ils se multiplient en se divisant en plusieurs parties qui deviennent de nouveaux parasites ; on les voit déjà avec un grossissement de sept cents diamètres, mais comme des points semés dans l'intérieur des globules du pus ; avec le grossissement de deux mille diamètres, on les voit parfaitement, surtout si on traite le liquide par certains principes colorants, qui les font ressortir sur le milieu où ils sont plongés.

Les bacilles de la syphilis (fig. 3) ont un peu l'aspect de ceux de la phtisie pulmonaire, ce sont des petits bâtonnets striés mais recourbés en virgule ou en S comme le microbe du choléra.

Traitement des écoulements aigus.

A. *Préservation.*

La doctrine de la préservation des maladies contagieuses a fait un pas immense, depuis l'avènement de la théorie microbienne ; on sait de façon positive, que, comme les parasites d'un volume plus considérable, le microbe qui constitue l'élément de la contagion, déposé sur un nouvel organisme, ne s'y fixe qu'après un certain temps, ne commence son œuvre de pullulation qu'après avoir assuré solidement son implantation sur ce terrain nouveau : il s'installe, avant de coloniser.

Or, pendant toute la durée de cette installation, on peut facilement et sûrement l'atteindre et, par suite, mettre l'organisme à l'abri des conséquences de la contamination.

Tous les êtres rudimentaires, auxquels on donne le nom de Microbes, peuvent être, en effet, facilement détruits par des agents qui sont sans action sur les tissus plus solides du corps humain; ce fait est journellement constaté pour des parasites d'un volume bien supérieur : ainsi le soufre et les sulfures tuent sûrement le sarcopte de la gale et ne déterminent pas la plus petite indisposition chez le galeux qui en est recouvert. Il résulte de ceci que la préservation consiste tout simplement à toucher les muqueuses, où le parasite a pu se déposer, avec un agent microbicide bien choisi, soit immédiatement, soit tout au moins dans les vingt-quatre heures de l'accomplissement de l'acte.

Voilà ce qu'il convient de faire après les contacts imprudents ou seulement suspects; mais puisque l'urétrite peut se développer, même après un contact régulier, ni imprudent ni suspect, il est sage de toujours faire suivre l'ac-

complissement de l'acte : 1° d'une émission
d'urine immédiate, 2° d'une ablution soigneusement faite, également tout de suite après, avec
de l'eau additionnée d'une préparation antiseptique et atteignant aussi bien l'intérieur de
l'orifice du canal que l'extérieur, ce qui est
facile avec le petit spéculum que nous faisons
connaître plus loin.

C'est pour répondre à ce besoin que nous
avons formulé un ANTISEPTIQUE spécial, dont
l'action sur les parasites microscopiques est
foudroyante; une cuillerée à bouche de cet Antiseptique, dans un demi-verre d'eau, constitue
le détersif le plus sûr, pour ces lotions préservatrices.

B) *Traitement abortif.*

Quand aucune mesure préservatrice n'a été
prise, et c'est ce qui arrive dans la majorité des
cas, tant on a peu le souci de ces graves dangers, tant, jusqu'à ce jour aussi, on était mal
outillé pour tenter cette préservation, quand,
par suite, l'ardeur dans le canal, puis, peu après,
l'écoulement ont surgi, il faut, sans une minute
de retard, tenter de faire avorter la maladie; il
faut, dans les quelques jours qui suivent le dépôt de l'élément contagieux, le tuer au point
d'implantation, et empêcher sa propagation ex-

térieure et intérieure. On ne peut le faire, bien
entendu, qu'après avoir bien constaté la nature
de cet élément, les agents destructeurs de l'un
étant, *à cette période d'implantation*, sans action sur l'autre.

Si rien n'est plus nécessaire que ce diagnostic microscopique, rien n'est plus facile ni plus
rapide : le praticien cueille une goutte du flux
sur un porte-objet, le soumet, séance tenante,
au microscope, et, séance tenante, administre
l'abortif indiqué. Cet examen peut se faire également pour les malades éloignés, à qui, pour
les écoulements aigus aussi bien que pour les
écoulements chroniques, nous envoyons porte-
objet et couvre-objet, avec ce qu'il faut pour luter
l'un sur l'autre, de façon que le liquide nous
arrive sans se dessécher.

Quatre-vingt-dix fois sur cent, on peut ainsi
avoir raison, et à tout jamais, d'accidents dont
les suites peuvent empoisonner la vie toute entière des malades; on le comprendra tout à
l'heure en voyant comment on peut réaliser ce
traitement abortif des maladies vénériennes.

Si ces saines notions thérapeutiques étaient
plus répandues, si les jeunes gens se faisaient
traiter rationnellement, au lieu de se faire soigner au hasard et *à la diable*, on verrait rapidement décroître la proportion de ces funestes
maladies et on pourrait même en espérer la dis-

parition complète, surtout si on y ajoutait les
moyens préventifs que nous indiquons dans ce
livre, au chapitre de l'*Hygiène préservatrice des
maladies vénériennes* (p. 383).

« Si le seul fait d'avoir la syphilis, y disons-
« nous, autorise la séquestration des femmes,
« pourquoi ne pas appliquer aux hommes
« aussi cette mesure sévère, mais salutaire? »

« Il entre, tous les ans, dans les prisons de
« Paris des milliers de condamnés : les habi-
« tués les plus assidus des prisons sont les cou-
« reurs de barrières, les souteneurs de filles, la
« tourbe infecte des porte-vices et des porte-
« maladies. Pourquoi ne pas les examiner mé-
« dicalement, à leur entrée, et les soumettre
« d'office à un traitement curatif, doit-on, s'ils
« ne sont pas guéris à l'expiration de leur
« peine, les séquestrer dans un hôpital spécial,
« jusqu'à complète guérison? Et la liberté indi-
« viduelle, nous dira-t-on ! Et que sont les quaran-
« taines? Ne sont-ce pas de véritables emprison-
« nements imposés, pour cause de salut public,
« à des gens qui n'ont commis aucun délit?

« Il y a longtemps que nous avons songé à ce
« moyen de restreindre le champ de la conta-
« gion. Si maintenant que tout homme est as-
« treint au service militaire, on y ajoutait une
« visite médicale sérieuse, faite dans tous les
« corps, chaque semaine, et l'internement des

« soldats malades, jusqu'à guérison radicale,
« avant peu d'années le nombre des cas de ma-
« ladies spécifiques diminuerait beaucoup et
« peut-être, avec longtemps, finirait-on par en
« débarrasser totalement l'humanité. »

Prévenez et coupez, point n'aurez à traiter.

C'est l'exergue que nous avons donné à l'écusson de notre titre. Il entoure justement l'image de l'instrument nouveau, à l'aide duquel on peut sûrement *prévenir* ou *couper* pour n'avoir point à traiter. Nous allons faire connaître ce petit appareil, ainsi que les règles du traitement préventif et abortif auquel il concourt si efficacement.

Il est acquis que, quel que soit l'agent de la contagion, les virus ne pénètrent dans l'organisme que par le point même où ils ont été déposés. Il est démontré que tous les principes virulents, avant de s'étendre vers les parties plus profondes, avant de pénétrer au sein de l'organisme, séjournent quelque temps au point même où ils se sont déposés ; la durée de ce séjour est marquée par l'intervalle entre le con-

tact impur et les premières grandes manifestations de la maladie. C'est l'incubation, et on
peut, l'expérience l'a établi, donner, pour les
maladies vénériennes, une durée moyenne
d'une dizaine de jours à cette période, pendant laquelle les éléments funestes, étant occupés à prendre pied au point d'implantation,
leurs premières colonies n'ont point encore
pullulé et n'ont pu envoyer plus loin ou plus
profondément d'autres colonies de microbes.
Ici la nature indique, d'une façon nette, le
moment précis, psychologique, où on peut atteindre le germe meurtrier, avant qu'il ait atteint les organes plus profonds ou contaminé
l'organisme tout entier.

Ces dix jours, *et non plus*, appartiennent au
traitement préventif et abortif ; au delà, on peut
le tenter encore, et il peut réussir parfois, chez
certains malades plus réfractaires à la pullulation des microbes, mais, dans cette limite, il
doit rationnellement, et nous l'avons maintes
fois constaté pratiquement, il doit réussir *toujours*, si la médication préservative et abortive
est bien administrée.

Bien administrée, c'est ici le point capital, car
tenter de préserver et de couper, et le faire mal
ladroitement, c'est sûrement s'exposer à donner
à la maladie les complications les plus redoutables, et c'est, hélas! ce qu'on fait généralement.

On ne peut réagir contre cette notion, universellement répandue, que, pour couper le mal en sa racine, à son origine, il faut toucher directement le lieu atteint ; on le fait facilement pour les plaies et inflammations apparentes, celles qui atteignent le prépuce et le gland. De simples cautérisations, des lavages, des bains locaux avec des agents bien choisis ont vite raison, si l'on s'y prend tout de suite et des excoriations et de la balanite, qui, grâce à cela même, est une maladie de quelques jours. Mais l'intérieur du conduit, mais le vestibule de l'urètre qui, lui aussi, a été au contact de l'élément de contagion et lui a donné asile, comment y pénétrer?

Par les injections abortives, dit le raisonnement, et on ordonne des injections abortives.

Certes, si les jeunes gens pouvaient s'astreindre aux précautions indiquées, s'ils savaient bien limiter le champ de propulsion du liquide et ne prenaient que des injections dosées d'après la capacité de ce vestibule du canal de l'urètre, ce serait bien, mais ils ne le font pas. On a beau leur recommander, pour ces injections du début, de serrer l'organe à la base du gland, ils l'oublient facilement, et, quand ils oublient cette recommandation capitale, le liquide injecté propulse devant lui et envoie vers l'urètre profond les microbes qu'on veut détruire : le médicament devient le véhicule du virus, et l'uré-

trite généralisée, les orchites, les cystites, etc.,
sont le résultat de ces manœuvres maladroites.

Aussi tous les praticiens s'élèvent-ils contre
l'usage des injections au début, et si nous-même
nous les avons prescrites, sur les instances de
malades pressés de guérir, ce n'a jamais été
qu'en leur répétant plusieurs fois les précautions nécessaires à prendre et en insistant sur
les périls qu'ils pouvaient courir en les oubliant.

Toutefois, cette question nous préoccupait
étrangement.

Comment, nous disions-nous, il est avéré
qu'avant de commencer leur œuvre funeste, le
gonocoque, le microbe syphilitique, restent là
une dizaine de jours à notre portée, que nous
pouvons directement les atteindre, aussi sûrement qu'on détruit le virus de la rage avec une
application de fer rouge, et nous n'osons l'atteindre et le tuer sur place, dans la crainte
d'aider à son développement, en le conduisant
par le traitement même, vers les profondeurs
du canal!

Nous avons longuement cherché la solution
de ce problème et nous avons enfin pu le résoudre, par l'emploi de notre *Spéculum naviculaire fenêtré*, que nous allons faire connaître.

Spéculum naviculaire fenêtré antiseptique.

C'est une petite armature en fils d'argent, ou d'aluminum, ou de platine, ou de nickel, ou de tout autre métal (figure 4) ; il a les dimensions et la forme en olive de la fosse naviculaire de l'urètre ; il se compose de six fils métalliques réunis en A au sommet en un centre commun, fixés à l'autre bout autour d'un petit cercle de 4 millimètres de diamètre, représentant moins de la moitié du calibre de cette partie du canal, ce qui fait qu'on peut l'entrer aussi aisément que le bec d'une seringue à injection. Cet orifice est muni d'un petit manche pour le saisir, l'appliquer, le maintenir, sans tremper les mains dans le bain local.

Ce petit appareil doit être employé *au début de la Blennorragie et de la Syphilis*, qui ne dépassent jamais alors la *fosse naviculaire*, laquelle constitue la première partie de l'urètre dans l'épaisseur du gland. On peut encore s'en servir comme moyen préservatif après un contact suspect ou douteux, surtout si l'on est prédisposé soit par un tempérament lymphatique, soit par suite d'accidents antérieurs. En tout cas, des l'apparition de la sensation de titillation, de cuisson qui précède toujours, pendant quelque temps, l'apparition du flux blennor-

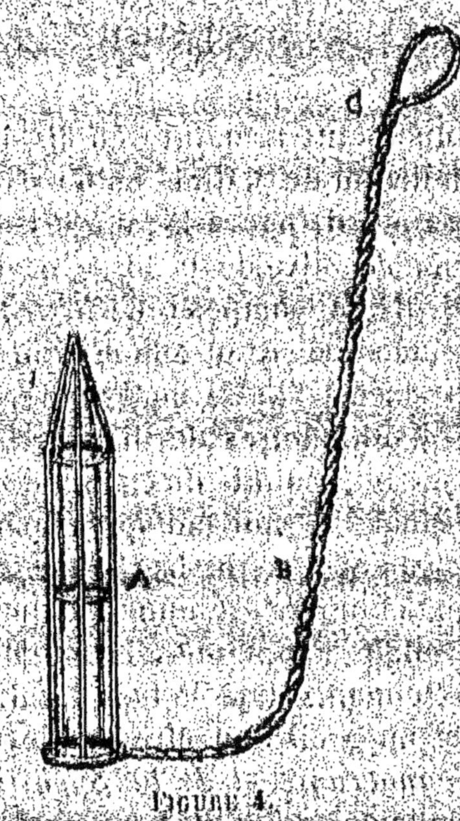

Figure 4.

Speculum naviculaire fenêtré (double de volume).
A. Partie introduite dans le canal. — **B, C.** Manche du spéculum.

ragique ou la gouttelette purulente du *chancre larvé.*

La fosse naviculaire est représentée figure 5.

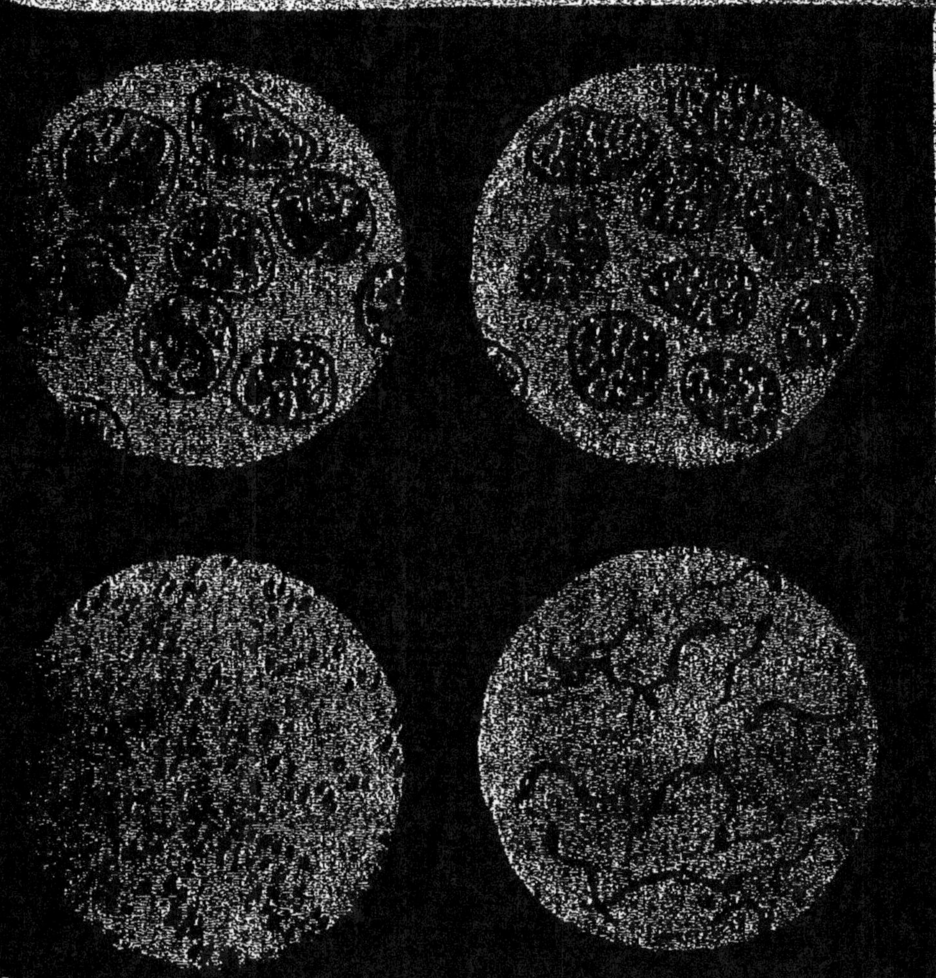

FIGURE 1.

Vues microscopiques.

A. *Leucocytes ou globules de pus ordinaire.* — B. *Globules de pus de l'uré-trite contagieuse : les petits corpuscules épars dans les globules sont des parasites virulents (Gonocoques).* — C. *Granulations du liquide pros-tatique.* — D. *Éléments figurés, mobiles (Zoospermes) du liquide séminal.*

La révélation de ce mystère, d'un si puissant intérêt pour l'humanité, vient d'être faite, et c'est le microscope qui a parlé. C'est lui qui, pour la plupart des maladies virulentes, contagieuses, — et ce sera pour toutes certainement, dans un avenir prochain, — c'est lui qui a fait trouver le parasite funeste, le microbe meurtrier; qui a permis d'étudier ses caractères, son mode de propagation; de chercher, d'appliquer les agents qui peuvent le détruire ou atténuer l'action nocive de son introduction dans l'organisme; c'est à lui, en un mot, qu'on doit un diagnostic précis, dans des maladies qu'on pouvait jadis difficilement reconnaître, et des traitements d'une efficacité héroïque et immédiate contre des états pathologiques, devant lesquels l'art de guérir était jusqu'alors, le plus souvent, impuissant et désarmé.

Nous allons, à la fin de cet exposé sommaire des progrès réalisés, depuis la publication de la dernière édition de ce livre, en ce qui concerne les maladies de l'appareil sexuel chez l'homme, nous allons montrer de quelle importance sont, au point de vue spécial qui nous occupe, ces merveilleuses conquêtes de la science contemporaine; par cet exemple, se rapportant à un seul ordre de maladies, nos lecteurs pourront, au point de vue général, en apprécier l'immense portée.

MALADIES

DE L'APPAREIL SEXUEL

Nous les avons étudiées en les classant d'après leur nature, dans le corps de cet ouvrage; ici nous les résumerons d'après leurs caractères essentiels apparents.

A ce point de vue, on peut distinguer les maladies de l'appareil génital en deux grandes classes, les plaies et les écoulements : nous allons suivre cet ordre.

I

LES PLAIES DE L'APPAREIL SEXUEL

Elles sont de deux espèces bien différentes au point de vue des suites : les *Plaies bénignes* et les *Plaies malignes*.

Plaies bénignes.

Il y a de nombreuses plaies bénignes de l'appareil sexuel, contagieuses ou non, depuis l'*Herpès préputial*, que peut faire naître un simple défaut de soins de propreté, jusqu'aux *Plaies végétantes*, jusqu'aux *Manifestations vo lantes* de la petite maladie spécifique, les-quelles sont contagieuses autant que celles de la grande maladie, et peuvent donner lieu quelquefois à des désordres locaux d'une grande intensité, à des complications très alar-mantes, du côté des aines (*Phagédénisme*); mais qui, du moins, ne contaminent pas, comme les plaies spécifiques de la grande maladie, à tout jamais l'organisme tout entier, et ne vouent pas la vie de ceux qui en sont atteints à des ac-cidents de plus en plus redoutables.

Au point de vue des manifestations qui attei-gnent ces organes, les malades se peuvent divi-ser en deux classes bien distinctes : les initiés, que la plus légère excoriation de ce côté alarme immédiatement et quelquefois au delà de la raison ; ceux-là courent moins de dangers, mais s'ils ne sont immédiatement édifiés sur le carac-tère et la gravité de leur cas, ils risquent fort de se donner, et souvent pour des accidents de peu d'importance, cette douloureuse hypochondrie spécifique qui fait le désespoir de la vie des malades qui en sont affligés; les autres, ignorants ou insouciants, laissent aller tranquillement les choses, se soignent peu ou prou, bien ou mal, toujours plutôt mal que bien, jusqu'au jour où des accidents plus graves viennent, trop tard, leur faire payer le prix de leur imprévoyance.

Plaies spécifiques.

Celles-là, que des caractères le plus souvent insaisissables pour les malades (voire même pour des praticiens peu habitués à ces sortes de maladies toutes spéciales), différencient des plaies bénignes, doivent être pourtant tenues pour les accidents les plus redoutables dont un homme puisse être atteint; la morsure d'une vipère ou d'un chien enragé peut tuer un être humain, mais elle le tue à brève échéance et d'un seul coup, tandis que la morsure dont nous parlons ici, à laquelle pourtant des milliers et des milliers de jeunes gens s'exposent chaque jour avec la plus navrante indifférence, peut avoir pour conséquence une existence cent fois pire que la mort, car elle est semée de misères physiques, déplorables et sans cesse renaissantes, dont nous esquisserons tout à l'heure le terrible tableau. Quel empressement pourtant à recourir à l'alcali quand on a senti la dent de la vipère, au fer rouge contre la morsure du chien ! Et on laisse insoucianment, à cet autre virus, le temps de prendre racine, au point d'implantation, pour, de là, s'étendre, pénétrer dans le sang, atteindre l'organisme tout entier, qu'il déshonorera à tout jamais ! Il faudra désormais des médications longues, difficiles, incertaines souvent dans leurs effets, pour le combattre, ce pernicieux virus, lorsqu'il se sera généralisé, alors qu'il était si facile, en intervenant dès le début, de conjurer son influence funeste !

Complications et suites des Plaies bénignes et spécifiques.

Certaines plaies bénignes, les érosions herpétiques particulièrement, ne donnent lieu à aucune complication; parfois elles déterminent un léger engorgement, plus ou moins douloureux, des ganglions de l'aine; les autres, les manifestations volantes de la petite maladie con-

tagieuse donnent lieu, mal soignées, à la production de plaies analogues, et sur la muqueuse
voisine et sur la peau, et à des inflammations des
ganglions de l'aine, d'un caractère tout spécial,
qu'on traduit par ce mot : *Phagédénisme* (tra-
duction littérale : *faim dévorante*). Ces ganglions
suppurent, se gangrènent, détruisent ainsi leur
propre substance et la peau qui les recouvre, et
laissent à leur suite de vastes cicatrices, indis-
crètes au plus haut chef et indélébiles.

Mais les suites des plaies spécifiques sont
bien autrement redoutables encore, bien autrement persistantes, puisqu'elles peuvent durer
toute la vie. Or, la spécificité d'une plaie de
cette nature est acquise, dès qu'elle s'est in-
durée, par ce seul caractère, elle est devenue
infectante et la maladie est désormais *constitutionnelle*. Mais ce caractère fondamental, *l'induration*, est extrêmement difficile à saisir pour
les inexpérimentés ; il arrive souvent que des
plaies simples s'entourent d'un dépôt plastique,
simulant à ce point l'induration spécifique, que
les malades, et parfois même des praticiens, ne
traitant qu'exceptionnellement ces affections,
portent sur ces cas un verdict que l'avenir ne
justifie pas ; on peut affirmer que, s'il n'est
point de diagnostic plus important, il n'en est
pas non plus de plus difficile, que celui qui
permet d'affirmer que le malade est atteint de

la maladie *constitutionnelle* que nous allons faire connaître.

Syphilis constitutionnelle : Accidents secondaires.

La Syphilis est un long drame pathologique divisé en trois phases distinctes, qui portent les nom d'*Accidents primitifs*, d'*Accidents secondaires et d'Accidents tertiaires*.

Les *Accidents primitifs* sont les plaies spécifiques, *indurées*, dont nous venons de parler, et les écoulements spécifiques dont nous parlerons plus loin.

Nous allons énumérer rapidement les accidents secondaires et tertiaires.

Les accidents secondaires peuvent se manifester trois ou quatre semaines après les accidents primitifs; ils peuvent n'apparaître que plus tard, jusque vers le quatrième mois, jamais au delà du sixième mois; ce sont :

1° L'*Anémie spécifique*, due à la pénétration des microbes dans le sang, se manifestant par la pâleur, l'abattement, la tristesse; elle suit presque immédiatement la cicatrisation de la plaie spécifique et elle disparaît avec l'apparition

des autres accidents secondaires, qui tous
se portent à la surface, sur la peau et sur les
muqueuses, tandis que les accidents tertiaires
atteignent les parties profondes, les os, les
muscles, les viscères ou le cerveau.

2° La *Roséole spécifique*, éruption générale fort
pénible pour les malades, parce que, bien
qu'assez souvent elle respecte le visage, elle est
néanmoins un signe révélateur vite apprécié et
facilement interprété.

3° D'autres *Eruptions* : *Papuleuses*, *Squa-
meuses*, *Bulbeuses*, *Vésiculeuses*, *Pustuleuses*,
peuvent apparaître sur tout le corps, mais souvent, trop souvent, hélas! au front, où elles
constituent la *Couronne* caractéristique, ou au
cuir chevelu, dans la barbe, dans les sourcils,
où elles attaquent, sans les détruire radicalement, les follicules des poils, qui tombent par
places ou en totalité.

Tous ces accidents secondaires, comme les
accidents primitifs et tertiaires, sont généralement indolents, mais, comme eux, ils sont contagieux.

4° Des *Engorgements des ganglions* de l'aine,
du cou, de la nuque, lesquels, quoi qu'on fasse,
ne reviendront jamais au volume normal et
permettront toujours, au point de vue des maladies spécifiques, de reconstituer les antécédents
d'un malade.

5° Des *Manifestations cutanées* à la paume des mains et à la plante des pieds, extrêmement rebelles.

6° Des *Erosions (Plaques muqueuses)*, recouvertes de membranes blanchâtres friables, atteignant tous les points des muqueuses et même de la peau, surtout sur les divers points de l'appareil sexuel, à la gorge, sur les parois de la bouche, dans les fosses nasales, sur la langue, où elles constituent des accidents terriblement gênants et difficilement dissimulables, car il modifient assez sensiblement la voix et l'émission des sons pour attirer l'attention.

7° L'*Alopécie spécifique*, qui peut survenir sans éruption, est encore un signe des plus indiscrets, puisqu'elle peut faire tomber tout ou partie des cheveux, des sourcils ou de la barbe. Elle se distingue de la calvitie ordinaire par ceci, qu'elle se manifeste par places, au hasard, comme la Pelade, tandis que la calvitie commence toujours par le sommet de la tête.

La Calvitie, d'ailleurs, quoi que prétendent les prospectus des innombrables *Régénérateurs* du tissu pileux, ne guérit jamais, tandis que l'Alopécie spécifique guérit toujours et même disparaît très vite, sous l'influence du traitement.

8° L'*Onyxis spécifique*, inflammation du derme des ongles, pouvant aller jusqu'à y produire des végétations fongueuses.

6° L'*Iritis* et la *Choroïdite spécifiques*, affections graves des yeux, pouvant compromettre à tout jamais l'organe, et qu'il faut, par conséquent, combattre par les moyens les plus radicaux ; elles atteignent, de préférence, les malades qui se servent beaucoup de l'organe de la vision.

Ce deuxième acte de la maladie est, on le voit, passablement rempli ; nous avons dit à quel moment il commence, il se prolonge habituellement jusque vers la fin de la deuxième année, mais il n'est pas rare de voir cette phase secondaire se répéter plusieurs fois !

Syphilis constitutionnelle :
Accidents tertiaires.

Le troisième acte de cette lugubre tragédie peut suivre immédiatement le deuxième, ou bien seulement après un entr'acte de plusieurs mois, quelquefois de plusieurs années ; on a vu des accidents tertiaires ne surgir que trente années après les accidents secondaires.

C'est la maladie de Damoclès, que le malheureux contaminé a, toute sa vie, suspendue sur sa tête.

Ces accidents tertiaires atteignent les parties profondes de l'organisme; nous ne pouvons, faute d'espace, que les énumérer, et la liste en est longue; ce sont:

1° Les *Tumeurs Gommeuses*, qui peuvent se développer sous la peau, sous les muqueuses, dans les muscles, dans les viscères, notamment dans le foie (*Cirrhose spécifique*), dans le poumon, où elles donnent tous les symptômes de la phtisie; dans d'autres organes encore (*Orchite, Orchi-sarcocèle spécifiques*).

2° Les *Inflammations des Os* et de leur enveloppe, le *Périoste*, et les *Douleurs ostéocopes* (*qui frappe les os*), c'est le mot consacré, qui les accompagnent; les *Tumeurs Osseuses* (*Exostoses*), les *Caries*, les *Nécroses*, maladies qui peuvent atteindre tout le système osseux, mais de préférence les os du crâne, la voûte du palais qu'elles perforent, la cloison du nez qu'elles détruisent, ce qui détermine la chute du nez, caractéristique de cette hideuse maladie.

3° Les *Tumeurs blanches*, dans les articulations.

4° Les *Manifestations cérébrales spécifiques*, dues à des tumeurs gommeuses ou à des empâtements scléreux de la substance nerveuse, se manifestant par la paralysie des nerfs de la face, déterminant la chute de la paupière, des douleurs de tête atroces et persistantes, des douleurs rhumatoïdes intolérables et rebelles, des vomissements, des attaques d'épilepsie, la paralysie générale, accompagnée de démence progressive ; la redoutable *Ataxie locomotrice*, l'atrophie du nerf optique et la cécité complète, irrémédiable, l'atrophie du nerf acoustique, et la surdité non moins définitive, non moins absolue !

Est-ce tout ? Cette effrayante nomenclature est-elle enfin terminée ? Tous les organes, tous les systèmes étant ainsi frappés, la terrible maladie a-t-elle dit son dernier mot ? Pas encore !

Elle peut atteindre l'être humain dans tous les points de son corps, mais elle peut le frapper plus cruellement encore, dans les êtres qui naissent de lui ; tous, ou bien meurent dans le sein de la mère, ou bien naissent avec cet aspect sénile, avec cette face grippée de petits vieux, tout à fait caractéristique, et qu'ils ne gardent pas longtemps, car dès les premiers mois la mort les touche impitoyablement de son aile !

Ceux qui échappent à cette mort rapide, donnée par la transmission héréditaire du virus, n'ont qu'un développement tardif et incomplet, présentent tôt ou tard des lésions spécifiques du côté de la dentition, de l'ouïe, de la vue, dans les viscères, et gardent pendant toute leur vie une infériorité organique, une tare constitution-

nelle qui les expose à toutes les misères pathologiques.

N'avions-nous pas raison de dire que c'est la
plus horrible de toutes les morsures, celle-là
qui ne tue pas tout de suite les êtres humains
mais qui les fait souffrir inexorablement, pendant toute leur vie, dans leur corps et dans leurs
affections, puisqu'elle frappe aussi leurs enfants?

Traitement curatif des plaies spécifiques, traitement préservatif et curatif de leurs suites.

Quand on songe que tout ce cortège de maux
a pour origine cette toute petite excoriation
du début, cette érosion dont, *pendant huit
ou dix jours*, on peut sûrement détruire la propriété virulente, on demeure confondu en constatant que, quatre-vingt-dix fois sur cent, les
victimes de ces accidents se sont préoccupées
des plaies surgies sur l'appareil sexuel trop
tard pour en faire avorter l'implantation et la
propagation.

Certes, beaucoup de jeunes gens, plus généralement éclairés aujourd'hui sur les suites de
ces manifestations locales, les cautérisent sui-

gneusement dès leur apparition, mais, pour
choisir le caustique efficace, il est nécessaire de
bien discerner la nature de ces plaies dès le
début, et il faut pour cela l'œil exercé d'un
praticien ; il faut, en outre, la nature de l'accident bien établie, choisir le caustique approprié
et l'appliquer sans retard, ce qui, qu'on le sache
bien, quel que soit le caustique appliqué, se fait
toujours sans grande douleur et ne peut déterminer aucune suite fâcheuse. Faite en temps
utile et avec un agent bien choisi, la cautérisation détruit toujours le virus sur place, ce qu'indique la fermeture rapide de son nid d'implantation, c'est-à-dire la cicatrisation, *sans induration*, de la plaie spécifique, cicatrisation qui dit
formellement au patient que son accident n'aura
aucune suite.

Quand le malade a laissé passer dix jours
sans traitement rationnel après l'apparition de
la plaie spécifique, il doit s'attendre à voir surgir, à tour de rôle, toutes les suites et complications que nous venons d'énumérer, ou quelques-unes seulement selon les cas :

Toutes ou quelques-unes, car en effet, même
pour la Syphilis, il y a de grandes différences
dans la marche, tenant à la constitution, au tempérament de l'être atteint, tenant aussi à la
force, même très différente, selon les cas, du
virus qui l'a pénétré.

A ce point de vue, la Syphilis peut être *forte*, *moyenne* ou *faible*, et selon le degré d'intensité elle donne lieu à tous ou à une partie seulement de ces phénomènes; elle va ou ne va pas jusqu'aux accidents secondaires ou tertiaires; or, le praticien seul peut savoir, par ses caractères, de quelle intensité est le mal, et baser sur cette appréciation le choix des agents thérapeutiques à administrer contre les suites.

Il y a en effet deux méthodes de traitement; l'une qui emploie un agent héroïque, d'une efficacité rapide, le Mercure et ses composés, mais dont l'emploi, surtout s'il est mal réglé, mal administré et sans adjonction de correctifs qui en détruisent les effets fâcheux, ou encore s'il est continué sans intermittences régulières, peut exercer sur la santé générale une influence des plus funestes; l'autre méthode répudie radicalement l'usage de cet agent et préfère recourir à des moyens curatifs plus lents, mais d'une action moins chanceuse.

Eh bien, nous sommes, — et, pour les causes, longuement déduites au chapitre vi du livre III de cet ouvrage (page 192), — nous sommes un partisan convaincu de cette deuxième méthode et nous n'employons jamais le mercure *dans la Syphilis*. Nous sommes néanmoins de cet avis qu'un praticien doit mesurer ses moyens d'action à l'imminence du péril, et préférant, dans

des cas tout spéciaux et très rares, courir les
chances d'un hydrargyrisme dont on peut, en
somme, avoir assez facilement raison, à la
venue d'accidents, sans ressources possibles,
nous n'hésiterions pas à y avoir recours, *avec
l'assentiment formel des intéressés,* si la maladie nous paraissait être d'une grande intensité, si de graves désordres étaient imminents,
si elle menaçait un organe essentiel, la vue, le
cerveau etc.; et toujours, dans ces cas, nous
administrerions concurremment avec le mercure un agent correctif tout-puissant, qui, sans
atténuer son efficacité spécifique contre la
grande maladie, lui enlèverait son action générale fâcheuse sur l'organisme tout entier. Grâce
à cette méthode d'administration, nous sommes
persuadé que nous pourrions employer impunément ce médicament, dont l'action est plus rapide, en somme, dans les cas urgents et graves,
et seulement dans ces cas-là.

De tout ceci résulte la notion évidente, clairement établie que, depuis le début, les plaies
de l'appareil sexuel, chez l'homme, constituent
toujours des problèmes d'une extrême importance et aussi d'une extrême difficulté, et qu'il
est souverainement imprudent, pour ceux qui
sont atteints de ces accidents, de se soigner
eux-mêmes, sans direction scientifique; et nous
ne nous lasserons pas de le répéter, tant nous

avons pu, dans notre longue carrière de spécialiste, constater souvent les déplorables résultats de l'incurie ou des soins mal dirigés sur la marche de cette redoutable affection.

Nous verrons comment, grâce à notre spéculum naviculaire, on peut atteindre et fermer ces plaies virulentes, même lorsqu'elles ne sont point apparentes, lorsqu'elles ont leur siège dans le canal de l'urètre, lorsqu'elles sont larvées en un mot.

II

LES ÉCOULEMENTS

Ils sont de deux sortes, différents au point de vue de la gravité et du traitement : *les écoulements aigus* et les *écoulements lents ou chroniques.*

Écoulements aigus.

C'est un accident tellement banal, que beaucoup de spécialistes prétendent, ce qui nous paraît absolument excessif, que, dans les grands centres, il n'est pas un jeune homme qui y échappe. Il peut être acquis par contagion, mais il peut aussi se développer autrement, sous l'influence d'une foule de causes : l'oubli des règles d'hygiène qui doivent présider à l'accomplissement de la fonction, règles dont presque tous les jeunes gens n'ont cure ni souci, les abus même auxquels ils se livrent, ignorants qu'ils sont, le plus souvent, des suites funestes que ces abus peuvent avoir, des prédispositions individuelles qui vouent certains tempéraments, certains organismes à toutes ces misères pathologiques, dans des conditions où d'autres hommes, plus réfractaires aux influences nocives, restent complètement indemnes.

Une maladie générale, le Diabète sucré, détermine souvent, par l'irritation que produit l'urine sucrée sur les canaux qu'elle traverse, une urétrite qui, manifestement conçue sans contagion, est néanmoins parfaitement contagieuse, et c'est fort souvent cet écoulement, sans cause appréciable, qui amène le diabétique à notre cabinet !

Les caractères de ces flux sont très variables; tantôt ils sont presque indolents, plutôt séreux que purulents, tantôt ils sont franchement inflammatoires et coïncident avec des phénomènes douloureux, d'une intensité plus ou moins grande, pouvant aller jusqu'au ténesme le plus cruel, accompagné d'une dysurie très pénible et de phénomènes nocturnes d'excitation, qui donnent au patient de longues nuits d'insomnie.

Dans ces conditions, l'inflammation peut s'étendre en avant, où l'Urétrite devient la Balano-Posthite; en arrière, où c'est l'inflammation aiguë du col de la vessie d'abord, de la vessie toute entière ensuite, puis, plus profondément, la Néphrite (*Inflammation des reins*); le mal peut s'étendre encore dans une autre direction et produire l'inflammation des cordons, l'Epididymite et l'Orchite.

Combien de Catarrhes de la vessie, terriblement rebelles, sinon incurables, combien d'albuminuries mortelles ont eu pour point de départ cette maladie que les jeunes gens traitent avec tant de désinvolture et appellent assez facilement la Petite maladie! Petite, elle l'est en effet, par rapport à la grande affection spécifique, dont nous avons esquissé l'histoire; elle l'est, quand elle se présente sous la forme simple et sans complications, quand surtout elle est soignée dès son apparition et par des moyens rationnels; grave, au contraire, très grave même dans ses manifestations et dans ses suites, quand elle est négligée, abandonnée à elle-même ou soumise à une mauvaise médication.

Écoulements syphilitiques.

Quelle est la valeur des écoulements aigus? A quelles maladies faut-il les rapporter?

C'est là un point capital auquel l'avenir des jeunes gens est attaché: dans la majorité des cas, l'écoulement est purement et simplement de nature inflammatoire.

Mais il est d'autres cas où ce flux, venu du canal, est le produit de plaies développées à la surface de la muqueuse, de manifestations syphilitiques cachées (*larvées*) dans le parcours de ce conduit. Or, ces plaies profondes ont toute l'importance des plaies apparentes, auxquelles nous avons consacré la première partie de ce travail; avec ceci, en plus, qu'étant dérobées à la vue, non constatées, elles sont d'autant plus insidieuses, d'autant plus redoutables, puisque le patient peut croire n'avoir été frappé que d'accidents légers, jusqu'au jour où il est réveillé de sa quiétude par l'apparition des manifestations consécutives.

C'est par milliers qu'on compte les malades présentant des manifestations secondaires et tertiaires, qui n'ont eu, comme phénomène primitif, que cet écoulement aigu, indice d'une plaie spécifique *larvée*; c'est par milliers aussi que, dans notre longue pratique spéciale, nous avons pu reconnaître et faire avorter, dès le début, des écoulements dus à des plaies syphilitiques *larvées*, beaucoup plus fréquentes qu'on ne le pense, et épargner, par suite, au malade tout l'horrible cortège des suites et des complications énumérées plus haut et qui sont les conséquences fatales de tous les accidents spécifiques apparents ou latents, non soignés.

Mais, pour obtenir ces résultats, il faut intervenir de bonne heure, au plus tard dans les huit ou dix jours de l'apparition de l'écoulement.

On comprend, par ces données, qu'il n'est peut-être pas, en pathologie, de cas où la nécessité d'un diagnostic *précis* et *immédiat* soit plus impérieuse; en face d'un écoulement aigu, il faut savoir et *savoir tout de suite*, s'il est *inflammatoire* ou *spécifique*:

1° Pour prévoir et prévenir, s'il y a lieu, les suites possibles de ce premier accident.

2° Pour choisir, s'il en est temps encore, le mode de traitement, — et il est essentiellement différent, selon les cas, — qui peut le faire avorter.

3° Enfin, s'il est trop tard pour tenter le traitement abortif, pour choisir, en connaissance de cause, le traitement curatif indiqué par la nature de l'accident.

C'est ici que les indications de la chimie et de la microscopie médicales, dont notre cabinet ne cesse, depuis bientôt trente ans, et par sa pratique assidue et par ses publications, de démontrer l'importance capitale, au point de vue du diagnostic, c'est ici que ces moyens rendent d'inappréciables services; c'est ici que les conquêtes contemporaines de la micrographie, dont nous parlions en commençant, donnent des résultats d'une immense portée pratique.

Diagnostic microscopique
des écoulements aigus.

Si l'on ne peut pénétrer dans le canal pour connaître formellement la nature de l'écoulement, voir la plaie qui peut-être le détermine, une goutte du liquide qu'il produit nous permet, dans l'état actuel de la science, de faire d'une façon précise ce diagnostic différentiel : aussi le premier devoir d'un praticien, en présence d'un accident de cette nature, est de prendre sur un couvre-objet cette gouttelette révélatrice et de l'examiner au microscope.

Nous avons dit que toute maladie *contagieuse* était due à l'implantation et à la propagation d'un parasite, tantôt visible à l'œil nu, comme pour les poux de la tête ou du pubis, tantôt visible à la loupe, comme pour le parasite de la gale, tantôt enfin visible seulement au microscope, et parfois avec des grossissements considérables et à l'aide de réactions et de colorations très minutieuses, pour les parasites microbiens, dont la recherche et la découverte constituent le grand événement scientifique de notre temps.

Toute urétrite inflammatoire, étant contagieuse, a son microbe spécial : le *Gonococcus*

mais elle est représentée ici, maintenue béante
par de la cire injectée dans le canal, afin de
bien faire juger de sa forme et de ses dimensions, par rapport au reste du canal; mais,
comme pour tout le canal, du reste, ses parois

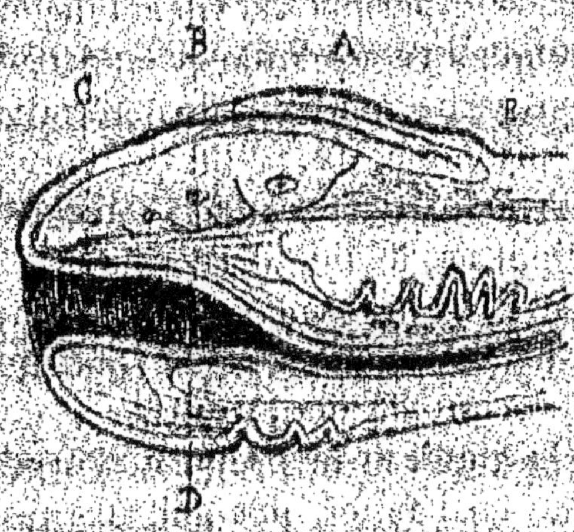

FIGURE 5.

*Partie antérieure de l'urètre (représentant l'aspect du
canal, maintenu béant par une injection de cire solidifiée).*

A. Prépuce. — B. Gland. — R. Canal de l'urètre. —
C, D. Vestibule de ce canal, dans l'épaisseur du gland
formant la cavité dénommée fosse naviculaire.

sont accolées et elle est complètement close à
l'état normal. Les bains locaux ordinaires im-
prégnent le prépuce et le gland; mais ne
peuvent y pénétrer et en baigner la muqueuse,
où le germe funeste s'est logé. Ce petit appareil
la tient ouverte et béante, lorsqu'il est en place,

il n'y a qu'à plonger l'organe dans un vase plein d'un liquide microbicide, pour détruire sur place les parasites morbigènes, c'est-à-dire avant leur pénétration dans les parties plus profondes de l'urètre, avant le développement de la maladie contagieuse.

Cet appareil permet d'éviter l'inconvénient des injections urétrales, de propulser le virus vers les parties profondes et de déterminer ainsi l'urétrite profonde, la cystite et l'orchite. La figure 6 le montre clairement : avec les injections ordinaires, le liquide est lancé, le pénis relevé, vers les profondeurs de l'urètre où il repousse les microbes ; avec le spéculum naviculaire, le vestibule de l'urètre est lavé aussi bien que le gland et le prépuce, l'organe restant incliné en bas, et, par suite, sans danger de contamination plus profonde, ce qui rend le traitement des urétrites au début et des chancres larvés, aussi rapidement efficace que celui de la balanite et des plaies apparentes.

Étant donné, en somme, que le principe de la contagiosité de la syphilis, tout comme celui de la blennorragie, se dépose toujours au point de contact, soit sur le gland et le prépuce, soit dans cette fosse naviculaire (*chancre larvé*) qui est le vestibule du canal, nous sommes convaincu que l'emploi d'un bain local préservatif et abortif, à l'aide de notre spéculum navicu-

laire fenêtré, peut sûrement réaliser la préservation et l'avortement des maladies vénériennes

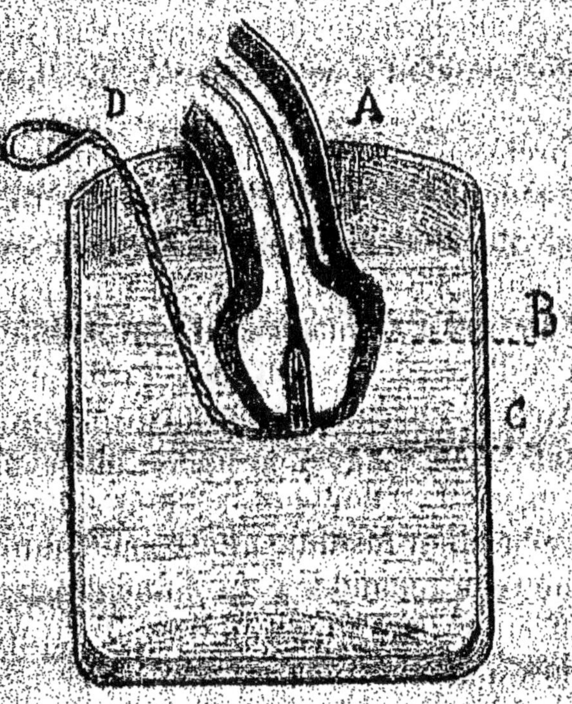

FIGURE 6.

*Bain extérieur et intérieur des parties pouvant être
atteintes par les virus blennorragique et syphilitique.*

A. Verre à bain local. — B. Pénis, plongé dans le bain. —
C. Partie du spéculum naviculaire, maintenant le canal
béant et accessible au liquide antiseptique. — D. Manche
de l'appareil, permettant de le maintenir sans plonger
les doigts dans le liquide.

contagieuses : *Blennoragie, Syphilis et Syphi-
loïdes.*

Quel liquide choisir? Tous les liquides d'injection, le nitrate d'argent en solution très étendue, le sulfate de zinc, la résorcine, l'acide phénique, l'acide borique, la liqueur de Van Swieten, l'iodoforme, etc., tous les agents sérieusement microbicides peuvent être utilisés; mais à tous nous préférons, et par suite des résultats qu'il nous a donnés, notre *Antiseptique*. Un bain local de 15 à 20 minutes, mieux encore d'une demi-heure, s'il se peut, deux ou trois par jour, dans un verre à madère d'eau, additionné d'une cuillerée à dessert de cette préparation, pris avec le spéculum naviculaire, soit après tout coït, pour les gens prudents, ou seulement après un contact douteux, surtout s'il est suivi d'une sensation insolite à l'extrémité du canal, doit, nous en répondons absolument, préserver des affections redoutées ou les faire avorter en quelques jours[1].

1. Pour ces précautions habituelles du début et l'emploi de ces bains locaux à l'aide du spéculum naviculaire, il n'est point nécessaire de consulter un praticien ; on peut sans nul inconvénient et avec certitude d'en être satisfait, se soigner soi-même ; il suffit de se procurer le Spéculum naviculaire et l'Antiseptique, qu'on trouve ~~au Dispensaire général de Commission des Médecins de France, pharmacie-droguerie Pinot et Petit-Jean, rue Vieille du Temple,~~ à Paris.

Traitement curatif.

Sauf de rares exceptions, le traitement abortif ne peut être tenté, avec chances de succès que dans les dix premiers jours de la maladie; ce temps écoulé, le traitement curatif doit être institué.

Ce traitement curatif est général et local : général, soit pour mettre le sang en état de résister à l'intoxication spécifique, soit pour donner à l'urine des qualités spéciales qui la fassent agir topiquement sur les muqueuses atteintes; local, pour atteindre directement le siège de l'inflammation ou de la plaie.

Ce traitement local est d'une haute importance, à ce point qu'il nous paraît impossible de réaliser la guérison sans son concours; il a pourtant toujours été négligé, à cause de la difficulté de son administration par les moyens employés jusqu'à ce jour.

C'est cette notion de l'importance et de la difficulté de l'administration des injections qui nous a conduit à créer nos *Capsules-Injections*, grâce auxquelles on peut faire le traitement local en tout lieu, avec toute la sécurité et la discrétion désirables (fig. 7 et 8).

Nous ne voulons pas faire apprécier nous-

même la valeur de ce nouveau mode de traitement, nous préférons reproduire ici les quelques
lignes que lui consacra le *Moniteur des Spécia-*

Figure 7.
Capsule-Injection en gélatine.

lités thérapeutiques, lors de son apparition en
1881 :

« Un nouveau procédé d'administration des
« médicaments, pour l'usage externe, vient

Figure 8.
Capsule-Injection en étain.

« d'être introduit dans la thérapeutique, et nous
« croyons qu'il est appelé à rendre de sérieux
« services dans le traitement des maladies
« secrètes : c'est la Capsule-Injection, du doc-
« teur Goupil. »

« Les Capsules-Injections sont des capsules

« molles, analogues à celles qu'on emploie,
« depuis longtemps, pour l'administration des
« médicaments pour l'usage interne, seulement,
« au lieu d'être de forme ovoïde, comme celles-
« ci, les Capsules-Injections sont piriformes,

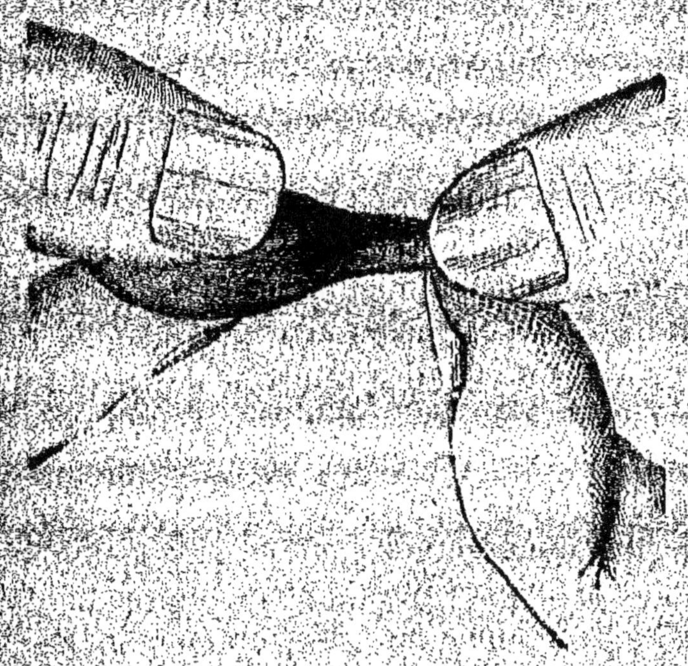

FIGURE 9.
Ouverture de la Capsule-Injection avec les ongles

« c'est-à-dire se composent d'un corps terminé
« par une pointe allongée, en forme de bec.
« Au moment de l'emploi, on coupe (fig. 9),
« avec les ongles ou avec un canif l'extrémité de
« ce bec, et l'enveloppe, ainsi ouverte, devient

« sous la pression des doigts (fig. 10), l'agent
« de propulsion du médicament dans le canal
« de l'urètre, dans lequel le mouvement mé-
« thodique de la main, en dessous, recommandé
« pour toute espèce d'injections, le fait che-
« miner ensuite vers les parties profondes, de
« telle sorte que quatre à cinq grammes de sub-
« stance médicamenteuse (capacité des Cap-
« sules-Injections), suffisent pour imprégner
« toute la muqueuse.

« Avec les Capsules-Injections, plus de se-
« ringues, dont la pointe dure, maniée par une
« main inhabile ou inquiète, peut blesser l'or-
« gane, dont le piston ne peut manœuvrer
« qu'après une imbibition préalable, et qui, le
« plus souvent, mal calibrées, mal fermées,
« peuvent faire des taches révélatrices sur les
« vêtements, les tapis ou les parquets ; plus
« de fiole de réserve, où le médicament s'al-
« tère à la longue ; plus d'injecteurs élastiques,
« dont l'enveloppe est plus ou moins attaquée
« par les médicaments ; plus d'instruments
« d'aucune sorte, qui sont toujours d'un ma-
« niement difficile, sinon impossible ; plus d'in-
« jections non dosées, données sans mesure,
« causes si fréquentes de cystite ; plus de pré-
« paratifs, plus de mise en train préalable
« (remplissage de la seringue, ajustage d'une
« canule à l'injecteur, etc.) plus de matériel

« encombrant et surtout indiscret. Grâce à ce
« procédé, aussi simple qu'ingénieux, le ma-
« lade peut se donner une injection partout,
« même dans un urinoir public, sans attirer
« l'attention, ce qui lui permet d'obéir à cette
« règle, imposée par tous les praticiens, de se

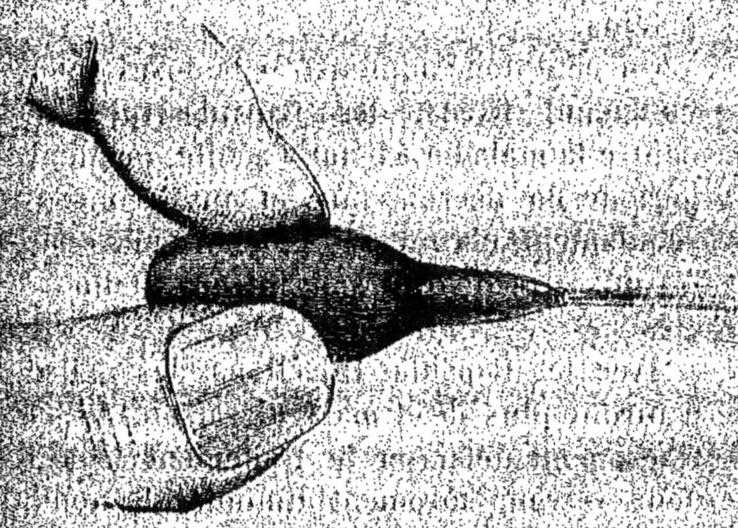

FIGURE 40.
Émission du liquide sous la pression des doigts.

« donner une injection après chaque émission
« d'urine.
« Discrétion absolue, sûreté, rapidité et faci-
« lité d'administration, dosage exact, économie,
« (pas une goutte du médicament n'est perdue),
« Inaltérabilité complète du médicament; tels

27.

« sont, en résumé, les avantages des Capsules-
« Injections.

« Quant au contenu, il a été élaboré par le
« praticien expérimenté auquel nous les devons,
« de façon à réunir, dans un assemblage ration-
« nel, les agents consacrés par la pratique, et
« préconisés par nos spécialistes les plus com-
« pétents.

« On peut donc administrer, à doses scienti-
« fiquement fixées, les Capsules-Injections,
« contre la maladie à l'état d'acuité, pendant la
« période de décroissance et aussi contre les
« écoulements chroniques, indolents mais rebel-
« les qui succèdent si souvent aux blennorra-
« gies.

« Avec les Capsules-Injections, les malades
« n'auront plus désormais ni raison, ni pré-
« textes, pour délaisser le traitement local, et
« nous verrons sûrement diminuer le nombre
« de ces écoulements chroniques interminables,
« suite fatale des urétrites mal soignées, qui,
« selon l'expression consacrée, *font le désespoir*
« *des médecins aussi bien que des malades.* »

Ces capsules, en gélatine, servent pour des
injections isolantes, dont la base est une espèce de crème spéciale, adhérente aux parois
du canal, empêchant le contact de ces parois,
contact des plus favorables à la persistance et
à l'extension de l'inflammation.

D'autres capsules en métal, basées sur le même principe, servent pour les injections dont le véhicule est l'eau, plus généralement indiquées et employées.

Le traitement interne, on le conçoit, est, à cette période d'état des maladies vénériennes, d'une extrême importance, mais nous l'avons assez longuement exposé dans le cours de cet ouvrage pour n'avoir point à y revenir dans cet appendice.

Les écoulements chroniques.

Les écoulements aigus, non ou mal soignés, aboutissent toujours à des écoulements chroniques; mais ceux-ci peuvent être dus à d'autres causes. Le canal de l'urètre peut être le siège d'un flux catarrhal, comme toute autre muqueuse; des fongosités, des brides peuvent se développer à sa surface et y déterminer une suppuration persistante; il y a, en outre, annexée à ce conduit, une glande, la Prostate, qui y déverse le produit de sa sécrétion, et qui peut être également atteinte d'inflammation et de catarrhe; enfin, l'urètre est le canal d'abouchement des conduits de l'appareil génésique, et c'est dans son étendue, puis à son orifice, que le liquide révélateur apparaît toutes les fois qu'il y a des Pertes séminales.

Autant d'origines pour le flux urétral chronique, autant d'états pathologiques divers, autant de médications différentes et quelquefois antagonistes, et, pour fixer le diagnostic, rien qu'une gouttelette apparaissant à l'orifice du méat urinaire !

Qu'on s'étonne, après cela, qu'on les ait tenus pour si rebelles, pour incurables même, ces états pathologiques, qu'on médicamentait à tort et à travers, sans s'inquiéter de leur nature intime.

Cette nature intime du mal, l'examen microscopique, ainsi que nous l'avons dit, la révèle immédiatement; l'examen microscopique pratiqué sur cette goutte recueillie par le malade lui-même (fût-il loin de Paris), et conservée fraîche, par le procédé que nous avons indiqué, et aussi sur le dépôt des urines, qui balayent et entraînent, dans leur flot, tous les produits déposés à la surface de l'urètre, produits que leur densité différente permet de séparer ensuite, après quelques heures de repos.

Le diagnostic ainsi formellement assis, le traitement ne peut ni hésiter, ni dévier, et la guérison est toujours, parfois lentement, mais sûrement, obtenue, de ces affections qui, c'est la phrase consacrée, *font*, ou plutôt *faisaient*, *le désespoir des médecins aussi bien que des malades.*

Le désespoir des malades, assurément, car il n'y a pas de maladie qui les tourmente au plus haut degré ; l'un de ces flux, les Pertes Séminales, détermine même une hypochondrie spéciale, avec des troubles intellectuels pouvant aller jusqu'à la Monomanie-Suicide ; mais, chose singulière, presque tous les flux chroniques de l'urèthre exercent une influence aussi fâcheuse sur l'intellect : c'est que les jeunes gens savent que ces écoulements torpides sont un champ de développement tout préparé, et pour les pluies spécifiques, et pour les urétrites aiguës, qui leur reviennent fatalement, même dans l'accomplissement le plus normal, le plus modéré, le plus prudent de la fonction. De plus, sont-ils contagieux ou non, ces flux à marches lentes ? Ils ne le savent point, et les voilà tourmentés à l'idée de communiquer à d'autres l'empoisonnement qui les désole, surtout lorsqu'il s'agit pour eux de contracter mariage.

Et c'est ici encore le triomphe de l'examen microscopique ; toutes les fois que la gouttelette révélatrice ne présente à l'examen que des granulations muqueuses, ou les éléments figurés du liquide séminal, la contagion n'est point à craindre ; elle est à redouter, au contraire, tout le temps qu'on y trouve des globules de pus, des *Gonocoques*, ou les éléments parasitaires du virus syphilitique, dont nous avons donné les formes distinctives dans les figures 1, 2 et 3 de cet ouvrage.

le temps qu'on y trouve des globules de pus, des *Gonocoques*, ou les éléments parasitaires du virus syphilitique,

MICROBES DES MALADIES VÉNÉRIENNES

I. — Gonocoques

(MICROBES DE LA BLENNORRHAGIE)

La découverte de ce parasite, dont l'action est si générale, ne remonte qu'à 1872 : constaté non seulement dans l'urétrite blennorragique, mais dans les ophtalmies spéciales, si redoutables, dues au contact du pus d'un écoulement urétral avec la muqueuse de l'œil, le lien de cause à effet qui le rattache aux gonorrhées ne saurait être discuté. Il foisonne dans le pus des urétrites spécifiques, et on ne le trouve pas dans le liquide muqueux, muco-purulent, ni dans les flux de diverses natures, qui peuvent apparaître à l'extrémité du canal, dans tous les autres états pathologiques.

L'action spécifique de ces microbes, auxquels on donne le nom de *gonocoques*, a reçu, en outre, la suprême consécration : recueilli et mis en culture régulière (ce qui, en micro-biologie, signifie, introduit à l'aide d'une piqûre à la surface d'un coagulum de gélatine obtenu dans un tube, et maintenu à une température égale à celle du corps humain), mis en culture, le pus blennorragique a produit des colonies dont une parcelle, inoculée sur quelques jeunes expérimentateurs, qui se sont dévoués à la solution de ce grave problème, a déterminé des Blennorragies-types, avec toutes leurs manifestations caractéristiques.

Ce malfaisant petit organisme, élément des cuisantes misères auxquelles échappent si peu de jeunes gens, a une forme ovalaire un peu déprimée sur un côté, à peu près la forme d'un rognon ; il mesure, en longueur, cinq millièmes de millimètre de diamètre, trois millièmes en largeur, à peu près. Presque tous sont accolés deux à deux par leur face déprimée (fig. 2).

Ces petits groupes sont doués d'un léger mouvement d'oscillation bien évident, mais, en somme, peu étendu.

On rencontre ces parasites, les uns épars dans le pus même, les autres logés dans la cavité même des Leucocytes ou globules de pus de l'écoulement.

Or, voici ce qui donne une base scientifique

sérieuse à notre traitement abortif de la blennorragie : au début de l'affection, le pus recueilli pendant plusieurs jours ne présente que
quelques globules (deux ou trois pour cent)
contenant des gonocoques, et, chacun, avec
deux ou trois gonocoques seulement, épars au
milieu des globules de pus, non envahis encore, et d'une quantité considérable de lamelles
d'*épithélium urétral*.

Donc, pendant plusieurs jours, l'œuvre des
parasites est restreinte et s'exerce à fleur de
muqueuse, sur l'épiderme protecteur, qui
tombe sous l'influence de leur séjour à sa surface. Tant qu'ils en sont là, leur prolifération
est restreinte. Avant de pulluler, ils prennent
pied et s'installent sur le sol qu'ils ont envahi.

Mais rien n'est tenté pour les déloger, ou
bien les moyens locaux employés, les injections, mal données, n'en tuent que quelques-
uns et laissent, sans les atteindre, ceux qui
avoisinent les caroncules, là où pose le bec de
la seringue, ou bien encore en propulsent
quelques-uns, intacts et vivants, vers les parties
profondes; c'est là, dans l'urètre postérieur,
au voisinage des canaux éjaculateurs et sur
le col vésical, qu'ils plantent leur première
colonie, et c'est vers la vessie et les testicules
qu'ils vont porter leur action, c'est-à-dire
qu'ils vont déterminer tout de suite la Cystite

et l'Orchite, les complications les plus redoutables et les plus redoutées de la Blennorragie.

D'un autre côté, si on les laisse à eux-mêmes,
si on leur permet de s'implanter solidement
dans cette fosse naviculaire, dont, pendant
plusieurs jours, ils se contentent d'exfolier
l'épiderme, afin de se greffer sur la muqueuse
dénudée, on voit peu à peu ces parcelles
d'épithélium devenir de plus en plus rares dans
le liquide de l'écoulement, puis disparaître.
Les gonocoques ont entièrement décortiqué
la muqueuse, ils sont maîtres du terrain et
ont défriché leur sol; à cette heure ils peuvent
proliférer, et ils prolifèrent de belle façon.

Il n'y avait que quelques globules de pus
infestés par eux; en voilà, dix, quinze, cinquante pour cent, les voilà tous, garnis,
remplis de gonocoques. Les leucocytes ne
donnaient asile qu'à deux ou trois parasites;
on les compte bientôt par dizaines dans chaque
leucocyte, parfois même on en trouve jusqu'à
cent et plus, dans un seul corpuscule de pus!

A cette heure, le tissu propre de la muqueuse est envahi par l'affreux petit parasite
désormais, la maladie ne pourra plus être
coupée, elle devra suivre son cours régulier;
cela, au bout des deux premières semaines
écoulées après le contact qui fut l'origine de la
maladie.

Mais cette colonie parasitaire n'a qu'une existence précaire et passagère, en somme, elle ne peut s'étendre qu'exceptionnellement au delà de son domaine propre qui est l'appareil génito-urinaire; elle ne peut pénétrer dans les profondeurs de l'organisme et l'empoisonner tout entier, comme la Syphilis, sauf dans quelques cas très rares, dans les manifestations rhumatoïdes d'origine blennorragique, par exemple, où on a retrouvé des gonocoques dans le sang. Donc, à moins qu'on n'ait rien fait pour les expulser, qu'on ait abandonné la maladie à elle-même, il arrive qu'après un temps variable, selon la valeur des agents internes et les moyens locaux employés, on atteint les gonocoques, même dans leurs refuges plus profondément situés. Si on ne les tue pas facilement alors, comme on le pouvait faire au début, on arrête du moins peu à peu leur prolifération et on les voit diminuer, et dans le liquide purulent et dans les globules, puis, concurremment avec cette diminution graduelle, on voit des lamelles d'épithélium reparaître, en plus grand nombre, dans le liquide de l'écoulement, qui finit, à la longue, par se tarir. Dans d'autres cas, si le traitement a été mal choisi, mal administré, irrégulier, il se transforme, cet écoulement, et devient l'écoulement chronique, le suintement

urétral habituel, cette terrible *Goutte militaire*
inflammatoire, dont nous avons parlé et dans
laquelle on ne retrouve plus que des granulations muqueuses et des lamelles d'épiderme,
altérées par la présence, en leur substance, de
quelques gonocoques restés là, tout prêts à de
nouvelles poussées de prolifération, dès que
l'occasion, c'est-à-dire la plus légère inflammation, le plus innocent échauffement viendra
leur offrir un renouveau de vitalité. De ceci il
résulte que quiconque est atteint de ce suintement urétral continu, est un porte-microbes,
toujours armé pour contaminer celle qu'il
approche et toujours disposé à se gratifier
lui-même d'une nouvelle blennorragie, sous
l'influence de la première excitation génésique un peu excessive!

Il est inutile d'insister sur l'immense portée
de ces notions nouvelles, sur l'origine, les
caractères microbiologiques et le mode d'évolution de la Blennorragie : elles sont la consécration, en quelque sorte mathématique, des
données thérapeutiques que nous appliquons
depuis si longtemps et dont nous venons
d'exposer sommairement les principales règles.

II. — Bacille de la Syphilis.

Tout ce que nous venons de dire au sujet de l'évolution successive du Gonocoque, s'applique, trait pour trait, au Bacille de la syphilis, avec cette différence toutefois que ce parasite, s'il n'est pas détruit, par le traitement abortif, pendant son séjour, soit à la surface des parties contaminées, soit dans la fosse naviculaire (*Chancre larvé*), contrairement à ce que nous disions pour le gonocoque, pénètre fatalement dans les profondeurs de l'organisme, s'y installe pour longtemps, y demeure, à l'état paisible et latent, pendant de longues accalmies, puis subit à des intervalles réguliers, plus ou moins longs, des phases d'activité et de pullulation, auxquelles correspondent de nouvelles poussées : *Accidents secondaires* et *Accidents tertiaires*, dont tous les organes, tous les systèmes peuvent être, à tour de rôle, le champ de développement. Le gonocoque est un virus de passage, qui rarement fait sur l'être humain élection définitive de domicile; le bacille de la syphilis est un parasite vigoureux, tenace, qui lâche difficilement sa proie et seulement sous l'influence d'efforts persistants et longtemps poursuivis.

Ce bacille a été découvert en 1884, par plusieurs micrographes compétents, et, en dépit d'avis contradictoires, — il y en a toujours à chacune de ces fécondes découvertes, — son existence et ses effets sont aujourd'hui généralement admis. Il a, en moyenne, cinq millièmes de millimètre de longueur sur deux de largeur; il a la forme d'un bâtonnet arrondi aux deux extrémités, rarement droit, plus souvent un peu recourbé en virgule et même en S; sa surface est coupée de cavités, de forme ovale, caractéristiques (fig. 3). Ce corpuscule se rencontre dans le pus des plaies et dans les diverses sécrétions des manifestations syphilitiques.

Traitement des écoulements chroniques.

Une fois le diagnostic bien établi, et on voit, par ce qui précède, qu'on le peut sûrement établir aujourd'hui, le praticien peut choisir ses moyens thérapeutiques avec une sûreté de main qui détermine presque toujours le succès.

Un exposé, même succinct, de ces moyens nous entraînerait trop loin; d'ailleurs il serait un hors-d'œuvre ici; autant il nous a paru sage de décrire les moyens de préservation qui sont à la portée des malades, autant il nous paraîtrait imprudent de faire connaître, par le menu, les moyens de curation, puisqu'un praticien seul, et un praticien armé du microscope, peut les prescrire et les manier sans danger.

Il nous suffira de dire que, de tous les traitements auxquels notre longue expérience nous a fait nous arrêter, nous avons éliminé toutes les manœuvres directes sur les parties profondes de l'urètre, remplaçant, et pour de bonnes raisons, même dans le traitement des Pertes séminales et de l'Impuissance virile consécutive, la cautérisation de Lallemand, à laquelle, comme tant d'autres, nous avons eu recours au début de notre carrière, par des électrisations, par des révulsions sur la région lombaire, qui donnent les mêmes résultats, plus lentement il est vrai, mais aussi sans déterminer une douleur aussi cuisante, et sans présenter les mêmes inconvénients.

Dans les autres cas, traitement interne bien choisi, applications topiques appropriées à chacun d'eux; tous ces moyens associés d'ailleurs à un bon régime et à des règles sévères d'hygiène, nous ont donné de tels résultats que nous ne connaissons pas, dans notre pratique, de cas qui soit demeuré rebelle à notre intervention, éclairée toujours scrupuleusement par le diagnostic uroscopique et microscopique. Et il en doit être ainsi, car un diagnostic précis a toujours pour conséquence une thérapeutique efficace; voyez, jusqu'au commencement de ce siècle, la Gale fut tenue pour une maladie des plus cruelles et des plus rebelles; Napoléon Ier en fut tourmenté pendant de longues années, sans parvenir à s'en guérir, et c'est peut-être à cela, — petites causes peuvent engendrer grands effets, — qu'il dut la fureur de bataille qui coûta tant de larmes et de sang à l'humanité ! Eh bien, en 1834, un étudiant en médecine, Renucci, trouva le parasite de la gale, et cette maladie rebelle, incurable parfois jusqu'alors, on la guérit aujourd'hui, couramment, *en une matinée*, à l'hôpital Saint-Louis !

Notre longue pratique spéciale, les faits de notre clinique, nous donnent le droit d'affirmer qu'on peut guérir de même les maladies de l'appareil Sexuel, *presque aussi rapidement à leur début*, plus lentement, mais sûrement encore dans les autres cas, quand on se donne la peine de chercher, afin de le bien combattre, le principe intime qui les a fait naître et qui les entretient.

FIN

premier ou l'un des premiers, émis au
réveil, soit dans le petit récipient spécial
que nous envoyons, à cet effet, aux consul-
tants qui nous en font la demande et qu'on
ferme hermétiquement avec le papier gommé
qui l'accompagne, soit entre deux verres de
montre ou dans un flacon quelconque à large
tubulure, pouvant être très hermétiquement
clos, soit avec de la cire, soit avec du papier
ou de la baudruche gommée. (*Avoir soin de
mettre le nom du malade sur le récipient,
quel qu'il soit.*)

L'envoi peut être fait par la poste (à la
condition de mettre les fioles, ou le récipient,
dans des doubles boîtes en fer-blanc), par
le chemin de fer ou par les messageries.

Les honoraires, qu'il est préférable
d'adresser, à chaque consultation (en Man-
dats ou Timbres-Poste), sont de dix francs
pour une consultation simple, et de vingt
francs, si la consultation s'accompagne de
l'analyse chimique ou de recherches microscopiques.

Des soins gratuits ou certaines réductions
sur les honoraires sont accordés, sans difficulté, aux malades que leur situation de
fortune autorise à en faire la demande.

Bulletin-Questionnaire

POUR

LES CONSULTATIONS PAR CORRESPONDANCE

———

Age? — Nom? — Domicile? — Marié ou célibataire? — Profession ou occupations habituelles? — Pour les femmes: combien d'enfants et âge du dernier enfant? — Date du début de la maladie? — Comment elle a commencé? — Ses causes présumées? — Santé générale de la famille? — A quelle maladie ont succombé les parents décédés? — Maladies ou accidents précédents? — Dates de ces maladies ou accidents? — Traitements suivis? — Habitudes? — Régime habituel?

Digestion? — Appétit? — Douleurs de

ventre? — Ballonnement? — Garde-robes? (*Constipation ou diarrhée: quantité, aspect, odeur, consistance*). — Vomissements?

Respiration? — Toux? (*Caractères, fréquence: à quel moment de la journée?*) — Crachats? (*Couleur, consistance, adhérence au vase*). — Douleurs à la poitrine?

Enflure? — Étouffements? — Fièvre? (*A quel moment de la journée?*) — Chaleur du corps? — Palpitations? — Pertes de sang?

Faiblesse? — Sueurs? — Amaigrissement?

Fonction mensuelle? (*Combien de jours entre chaque retour; durée de l'époque; aspect, abondance; douleurs avant, pendant ou après?*) — A quel âge la Menstruation s'est établie? — Quelles ont été ses caractères, ses irrégularités, dans tout le cours de la vie? — Pertes? (*Blanches, Rouges, Rousses, Verdâtres, Odorantes ou non?*) — Douleurs de bas-ventre et des reins? — Pertes séminales? (*Nocturnes ou diurnes; en urinant, en allant à la garde-robe; aspect du liquide?*)

Émission de l'urine? (Combien de fois
par jour? Combien de fois par nuit?
Quantité émise par 24 heures? — Douloureuse ou non?)

Troubles nerveux? Sommeil? (Durée,
régularité, heure des insomnies, rêves?)
— Douleurs de tête, douleurs dans les
membres? (A quels points de la tête ou des
membres? A quels moments de la journée?)
— État des fonctions intellectuelles?
(Changement dans le caractère; irritabilité,
tristesse, troubles de la raison.) — Mémoire?
— Mouvements? (Convulsions, crises, paralysies des mouvements?) — Sensibilité? (Névralgies, exagération ou paralysie de la
sensibilité?) Troubles des sens? (Ouïe, vue,
odorat, toucher, goût). — Troubles de la
parole?

Gymnastique. — Hygiène de la vue, de l'odorat, de l'ouïe, du goût, du toucher; — Culture intellectuelle. — Sommeil et insomnie. — Professions : choix, influences pathologiques et hygiène des Professions libérales et manuelles.

Un volume in-8°, de 112 pages, par le Docteur Goupil. Le deuxième fascicule, HYGIÈNE DE LA RESPIRATION, est en préparation et paraîtra prochainement.

IV. — La Femme, ses Fonctions et ses Maladies.

Menstruation normale; — Irrégularités, Absence de Menstruation; — Menstruation difficile et douloureuse; — Pertes blanches; — Chlorose; — Nervosisme féminin; — Névrose utéro-ovarienne (Hystérie); — Déplacements, Inflammations, Ulcères, Tumeurs de la Matrice et des Ovaires; — Vaginite et Vaginisme; — Maladies des Seins; — Stérilité; — Fécondité volontaire.

Un volume in-18, de 350 pages, avec figures, par le Docteur Goupil.

V. — Le Poumon et la Maladie de Poitrine.

ANATOMIE. RESPIRATION.

MALADIE DE POITRINE : Anatomie des Tubercules; — Description de la Maladie; — Signes; — Diagnostic; — Causes; — Pronostic.

HYGIÈNE : Hygiène de la Respiration; — Hygiène préservatrice et curative de la Phtisie.

DÉCOUVERTES RÉCENTES : Consomption, Bronchite chronique et Phtisie; — Contagion; — Le Bacille; — Diagnostic microscopique; — Curabilité; — Préservation; — Traitement; — Appareils nouveaux de Préservation et de Traitement aérothérapique.

Un vol. in-16, de 400 pages, avec 10 figures dans le texte. Deuxième édition (revue et augmentée), par le Docteur Goupil.

Chacun de ces ouvrages, publiés dans un but de propagande et de vulgarisation, est délivré directement au BUREAU DES PUBLICATIONS POPULAIRES DE MÉDECINE ET D'HYGIÈNE, 14, RUE DE RIVOLI, ou envoyé par la poste (sous large bande cachant les titres), au prix de un franc vingt centimes (Mandat ou Timbres-Poste) représentant la dépense matérielle d'impression et d'envoi.

BROCHURES DE MÉDECINE ET D'HYGIÈNE

14, Rue de Rivoli, 14

Les monographies suivantes, détachées des ouvrages du docteur Goupil, sont, dans un but de propagande et de vulgarisation, délivrées gratuitement ou adressées par la poste sous *large bande cachant les titres*, à toute personne qui en fait la demande, accompagnée d'un timbre-poste de quinze centimes pour frais d'envoi, au bureau des Publications populaires de Médecine et d'Hygiène, 14, rue de Rivoli.

I. — Les Trois Ages de la femme : Age de formation, Age adulte, Age de retour.

Misère physique de la jeune fille, de la Femme, de l'âge critique. — Diagnostic des Maladies de la Femme. — Curabilité et traitement des Maladies de la Femme. — Traitement préservatif du Cancer de la Matrice. — Nouvelles méthodes, nouveaux appareils (avec 20 figures).

II. — La Grande Faucheuse.

ÉTUDE SUR LA PHTISIE PULMONAIRE

Le Bacille de la Maladie de Poitrine. — Comment il se développe. — Influence des Bronchites et de la Consomption sur son développement. — Causes, symptômes et traitement de la Bronchite et de la Consomption. — Contagiosité, Curabilité, Diagnostic et traitement préservatif et curatif de la maladie de poitrine. — Description et mode d'emploi de l'aérofiltre saturateur comme moyen de préservation et de traitement de la Phtisie.

III. — Les Pertes séminales et leurs complications.

Épuisement, Hypochondrie, Troubles cérébraux, Impuissance, Tabes lombaire, etc.

IV. — Écoulements et plaies de l'appareil sexuel.

Diagnostic microscopique, traitement préservatif, abortif et curatif des Maladies contagieuses et autres de cet appareil. Microbes virulents de la Blennorragie et de la Syphilis. Destruction immédiate de ces microbes avant implantation définitive, et avortement assuré de ces maladies contagieuses à l'aide d'un nouvel appareil antiseptique spécial (avec 10 figures).

CABINET MÉDICAL & LABORATOIRE

D'UROSCOPIE ET DE MICROBIOLOGIE

FONDÉS EN 1861 ET DIRIGÉS

Par le Docteur GOUPIL

APPLICATION DE L'EXAMEN CHIMIQUE ET MICROSCOPIQUE

Des Urines, des Crachats, etc.

à l'étude et au traitement

DES MALADIES CHRONIQUES

Anémie, Nervosisme, Consomption, Maladie de l'oitrine	**Maladie de la Femme**
Diabètes sucrés et non sucrés, aigus et chroniques, — Albuminurie, Catarrhe vésical, Gravelle et Pierre, Incontinence et Rétention d'urine, Pertes séminales, Impuissances, Maladies virulentes, contagieuses de l'appareil génital, Maladies de peau.	Chlorose, Désordres de la Menstruation, — Névroses et Névropathies utéro-ovariennes (Hystérie, etc.) — Maladies de la Matrice, des Ovaires et des Reins, — Stérilité.
Consultations particulières DE MIDI A CINQ HEURES LES MARDIS ET JEUDIS	**Consultations particulières** DE MIDI A CINQ HEURES LES MERCREDIS ET SAMEDIS
Consultations gratuites LES SAMEDIS A CINQ HEURES	**Consultations gratuites** LES VENDREDIS A CINQ HEURES

Il n'y a pas de consultation les jours de fêtes légales :
Premier Janvier
Quatorze Juillet, Assomption, Toussaint et Noël

14, Rue de Rivoli, 14

TRAITEMENT PAR CORRESPONDANCE

Apporter ou envoyer, en deux vases séparés, l'urine du soir (cent cinquante grammes environ) et du matin (tout le produit de l'émission du matin, au lever). — Pour les crachats, demander le récipient spécial et les instructions, ou recueillir dans une ou deux verres de verre, bien clos, un des premiers crachats du matin. — Le laboratoire d'Uroscopie et de Microbiologie est toujours à la disposition de MM. les Médecins et Pharmaciens pour l'analyse et l'examen microscopique des Urines, des Crachats, etc.

TABLE DES MATIERES

DEUXIÈME PARTIE

Maladies.

LIVRE I

INFLAMMATIONS

LIVRE II

FLUX

LIVRE III

VIRUS (Syphilis)

TROISIÈME PARTIE

Hygiène.

LIVRE I

HYGIÈNE SEXUELLE DE L'ENFANCE

4143. — Impr. réunies, D., rue Mignon, 2. — MAY, MOTTEROZ, direct.